AF537634

Jelena Voss • Michael Mandak

Natur Seifen

Alles über Zusammensetzung, Herstellung und Anwendung

braumüller

Inhalt

Praxis

Seifenrezepte

Inhalt

Vorwort

Seit Urzeiten stellen Menschen Naturseifen her. Irgendjemand muss wohl vor Jahrtausenden als Erster entdeckt haben, dass sich damit Schmutz und Fett weit besser von der Haut oder aus der Kleidung entfernen lassen als mit Wasser allein, seither ist die Seife Mittel zum reinigenden Zweck.

Aus hygienischer Sicht leistet Naturseife mit ihrer hohen Waschkraft im Vergleich zu Flüssigseifen einen zuverlässigen und nachhaltigen Beitrag zur Bekämpfung von Viren und Bakterien - ein Aspekt, der in Zeiten „neuer" viraler Erkrankungen des Menschen nicht hoch genug einzuschätzen ist.

Wissenschaftliche Untersuchungen gerade aus neuester Zeit belegen, dass hygienisches Händewaschen die Übertragung von Krankheitserregern effektiv verhindert.

Aber Seife spricht natürlich über ihre Form, Farbe, Konsistenz, Duft und Schaumbildung auch unsere Sinne an. Wir betrachten, fühlen und riechen sie. Das Einseifen unseres größten Sinnorgans, der Haut, kann ein sinnlicher Moment sein, der unsere Emotionen beeinflusst. Mit dem Abspülen des Seifenschaums verfliegt der Alltagsstress!

Es macht Spaß, Seifen nach bewährten Rezepten handwerklich herzustellen, ja sogar selbst neue Seifenrezepte zu entwickeln, Rohstoffe in optimaler Kombination geschickt auszuwählen, die Eigenschaften und das Design des Produkts zu bestimmen, und – nachdem die Seife gereift ist – diese selbst zu verwenden oder zu verschenken. Naturseifen nach dem Kaltverfahren selbst zu produzieren, ist ein großartiges Hobby, der eigenen Kreativität sind dabei fast keine Grenzen gesetzt. Voraussetzung für den Erfolg ist es aber, die chemischen und physikalischen Grundlagen zu verstehen und folgerichtig anzuwenden. Aus ihnen ergeben sich die Antworten auf viele Fragen: Was sind Fette?

Warum schwimmt Fett oben? Wie entstehen Seifenblasen? Was ist Verseifung und wofür steht die Verseifungszahl? Welche Fette und Öle sind für Naturseifen geeignet? Sind alle Farb- und Duftstoffe sinnvoll? Sind Seifen mild, können sie auch pflegend sein?
Naturseifen sind frei von synthetischen Schaumverstärkern, Emulgatoren, Konservierungs- und Eindickungsmitteln, kationischen Tensiden und Parfümstabilisatoren, ihre Zusammensetzung kann auf jeden individuellen Hauttyp abstimmt werden. Die Rohstoffe für unsere Naturseifen bestimmen letztendlich die Eigenschaften des Produkts: Härte, Schaumverhalten, Hautverträglichkeit, Farbe, Geruch und Haltbarkeit. Aber auch Nachhaltigkeit, Umweltverträglichkeit und der „ökologische Fußabdruck“ müssen bei der Herstellung berücksichtigt werden.
Wir gehen die Arbeitsabläufe Schritt für Schritt durch. Konkrete Beispielrezepte dienen dabei als Startpunkt für diejenigen, die mit der Seifensiederei beginnen. Fortgeschrittene werden durch die Theorie und die Tabellen in die Lage versetzt, die Rezepte mit individuellen Zugaben zu ergänzen, wobei das Für und Wider kritisch hinterfragt wird.

Ich wünsche Ihnen beim Herstellen
handwerklicher Seifen viel Erfolg!

Jelena Voss

Grundlagen

Was Sie vor dem Start Ihrer eigenen Seifenproduktion wissen sollten

Eine kleine Einführung in die Seifensiederei

Seife ist das älteste und meistgebrauchte Reinigungsmittel in der Geschichte der Menschheit. Das erste Seifenrezept ist etwa 4500 Jahre alt. Es ist auf einer Tontafel der Sumerer, einer frühen Hochkultur in Mesopotamien, in Keilschrift verewigt. Damals wurde die zufällige Entdeckung gemacht, dass durch das Verkochen von Fetten mit alkalischer Pottasche eine waschaktive Substanz entsteht, die Schmutz und Fett löst. Im alten Ägypten wurde Pottasche mit Soda vermischt, was die Waschkraft der Seife erhöhte. Diese wurde für die Reinigung von Textilien und für die Körperhygiene verwendet.
Am Prinzip, Fette durch alkalische Substanzen (Laugen) aufzuspalten, hat sich seither nichts geändert. Heute ist die chemische Reaktion bekannt, die jeder Seifenherstellung zugrunde liegt. Sie wird in der Chemie als Verseifung bezeichnet. Als Laugen werden Natron- oder Kalilauge verwendet. Verseift man mit Natronlauge, so entstehen feste, mit Kalilauge hingegen flüssige bis halbfeste Seifen.

Fett + Lauge → Alkalisalz (Seife) + Glycerin

Die Lauge spaltet das Fett in Seife, bzw. wasserlösliche Alkalisalze, und Glycerin. Das sichtbare Ergebnis dieser Reaktion ist die Bildung eines Seifenleims. Der bei der Verseifung freigelegte Alkohol Glycerin ist ein wichtiger industrieller Rohstoff und wird daher aus dem Seifenleim entfernt. Durch die Zugabe von Kochsalz kommt es zur Schichtenbildung, der Seifenkern schwimmt auf und das Glycerin setzt sich ab. Dieser Prozess wird „Aussalzen“ genannt.

Der abgeschöpfte Seifenkern durchläuft verschiedene Reinigungsstufen und einen Trocknungsprozess. Das Endprodukt ist feste, reine Kernseife.
Noch bis Anfang des 19. Jahrhunderts erhitzten Seifensieder Fett und Lauge in offenen Kesseln auf Siedetemperatur und mussten das Gemisch bis zur Bildung eines Seifenleims stundenlang händisch verrühren – ein mühsamer und langwieriger Prozess. Mit voranschreitender Industrialisierung wurde diese Handarbeit nach und nach durch mechanische Rührvorrichtungen ersetzt.
Diesen Fortschritt nutzte auch der schottische Seifensieder John Sharp Douglas, der 1821 in Hamburg eine wirtschaftlich sehr erfolgreiche Seifenfabrik gründete. Dank moderner Herstellungsverfahren verkürzte er den Verseifungsprozess, und die Seife konnte binnen

J. S. Douglas & Söhne, 1821

weniger Stunden abgeschöpft werden. Damit reduzierte Douglas seine Produktionskosten und war in der Lage, seine preiswerten Seifen einer breiteren Käuferschicht anzubieten. Heute läuft die industrielle Produktion vollautomatisch und prozessorgesteuert in geschlossenen Anlagen unter Einsatz maschineller Rührtechnik im kontinuierlichen Betrieb.

Derselbe chemische Prozess liegt auch der Produktion unserer Naturseifen zugrunde. Das Glycerin wird hier allerdings nicht abgetrennt, sondern verbleibt im Seifenkern und stellt ein wesentliches Qualitätsmerkmal dar. Naturseifen können grundsätzlich im Kalt- oder Heißverfahren hergestellt werden, die vorgestellten Rezepte in diesem Buch verwenden jedoch ausschließlich das Kaltverfahren.

Heißverfahren (OHP = Oven Hot Process)

Zur Beschleunigung der Fettspaltung wird dem Seifenleim von außen Hitze zugeführt, er wird auf bis zu 100°C erwärmt. Dadurch wird sowohl die Reaktion als auch die Wasserverdunstung beschleunigt. Nach Abkühlung ist die Seife bereits reif. Man erhält damit gröber strukturierte Seifen mit rauer Oberfläche.

Kaltverfahren (CP = Cold Process)

Beim Kaltverfahren wird von außen keine Hitze zugeführt, allerdings wird durch die chemische Reaktion Wärme frei. Der Seifenleim erreicht am Höhepunkt der Verseifungsreaktion eine Temperatur von ca. 60–80°C. Ist ein Großteil der Fettsäuren verseift, lassen die Reaktionsgeschwindigkeit und damit auch die Wärmebildung nach, die Seife kühlt langsam ab. Der Vorgang läuft bei Zimmertemperatur weiter, bis die gesamte Lauge verbraucht ist. Die unreife Seife hat einen hohen Wassergehalt (20–30%) und muss nun einige Wochen reifen. Während dieser Zeit verdunstet etwa die Hälfte des Wassers, 10–20% bleiben in der reifen Seife erhalten. Das Ergebnis sind feine Seifen mit glatter Oberfläche.

< Moderne Seifenproduktion

Was sind Seifen?

Seifen sind Tenside[1] und werden gemeinsam mit Wasser als Reinigungsmittel verwendet. Tenside werden auch Detergenzien genannt und sind waschaktive Substanzen, die die Oberflächenspannung einer Flüssigkeit herabsetzen. So bewirken sie, dass zwei nicht mischbare Stoffe, wie z. B. Fett auf der menschlichen Haut und Wasser, in Kontakt treten. Seifen verringern also die Oberflächenspannung des Wassers und es bildet sich Seifenschaum. Seifenblasen sind nichts anderes als ein dünner Wasserfilm, an den sich innen und außen Seifenmoleküle anlagern.

Der Begriff „Seife" wird in der Chemie und im Alltag unterschiedlich verwendet. Chemisch sind Seifen als Stoffe definiert, die durch die Verseifung von natürlichen Fetten und Ölen mittels Lauge entstehen. Die Hautwaschprodukte, die wir in der Kosmetikabteilung des Supermarkts kaufen, sind zwar als „Seifen" gekennzeichnet, es handelt sich dabei aber in Wirklichkeit um sogenannte synthetische Detergenzien, oder kurz „Syndets". Dies sind waschaktive Stoffe, die nicht durch eine Verseifungsreaktion, sondern durch chemische Synthese industriell produziert werden. Handwerklich hergestellte Naturseifen sind hingegen auch im chemischen Sinne echte Seifen.

Funktion der Seife

Die Funktion der Seife als Waschmittel ist es, Schmutz und Fett von Oberflächen zu lösen. Mit Wasser alleine gelingt dies nicht, da sich Fett und Wasser nicht vermischen. Aber wieso?
Die Löslichkeit eines Stoffes ist umso besser, je ähnlicher die Wechselwirkungskräfte zwischen dem Lösungsmittel und dem zu lösenden Stoff sind. Wasser und Fett unterscheiden sich aber in ihrem molekularen Aufbau und in ihren Wechselwirkungskräften.

Fett ist unpolar

Ein Fettmolekül besteht hauptsächlich aus langen Ketten von Kohlenstoff- und Wasserstoffatomen. Die elektrischen Ladungen sind in diesen Ketten gleichmäßig verteilt. Daher sind diese Moleküle elektrisch unpolar.

Wasser ist polar

Wasser (H_2O) besteht aus einem negativ geladenen Sauerstoffatom und zwei positiv geladenen Wasserstoffatomen. Aufgrund deren Anordnung ist eine Seite des Wassermoleküls negativ und die andere Seite positiv geladen. Diese unregelmäßige Verteilung der Ladung wird als „polar" und das Wassermolekül deshalb als Dipol bezeichnet. Die negativ

geladene Sauerstoffseite zieht die positiv geladene Wasserstoffseite eines anderen Wassermoleküls an wie ein Magnet. Durch die Polarität des Wassermoleküls verbinden sich alle Wassermoleküle untereinander und bleiben in sogenannten Clustern unter sich. Mit den unpolaren Fettmolekülen kann sich das Wasser nicht verbinden.

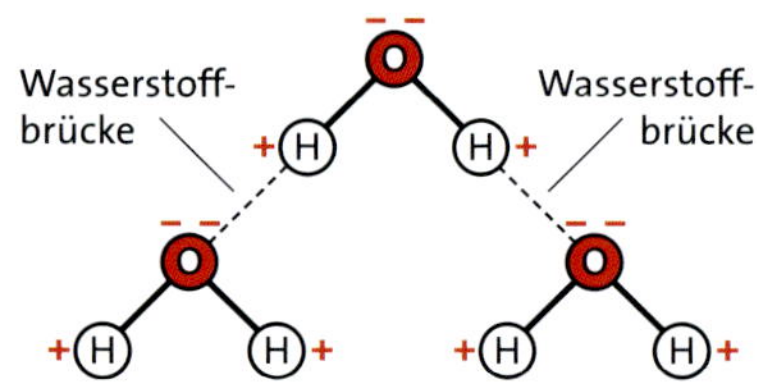

Seife als Lösungsvermittler

Seife ist ein „Vermittler" zwischen Fett und Wasser auf molekularer Ebene. Die Moleküle der Seife haben eine wasseranziehende (hydrophile) und eine wasserabweisende (hydrophobe) Seite. Die wasserabweisende Seite zieht Fett an und umschließt die Fetttröpfchen in Form kleiner Kugeln. Das wasseranziehende (hydrophile) Ende verbindet sich mit dem Wasser. Das Ergebnis ist ein Öl-in-Wasser-Gemisch, eine sogenannte Dispersion.

Durch die Waschbewegung (das Reiben der Handflächen) lösen sich die im Schmutz enthaltenen Fette und werden in winzige Tröpfchen portioniert. Die Fett-/Schmutzdispersion wird anschließend mit dem Wasserstrahl abgespült. Die folgende Abbildung zeigt die Stufen der Schmutzablösung beim Waschvorgang.

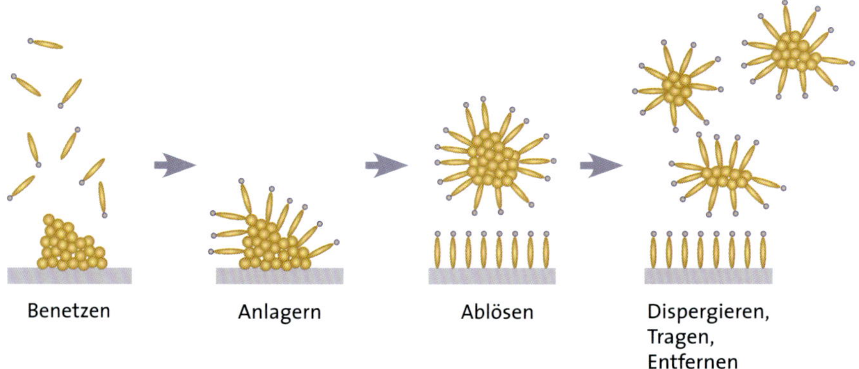

Seifenarten

Es gibt eine Vielzahl von Seifenarten, die sich durch die Zusammensetzung der Rohstoffe, das Herstellungsverfahren und den Verwendungszweck unterscheiden. Mittels Zusätzen können die Konsistenz der Seife, ihre Haptik und Emulsionsfähigkeit optimiert werden.

Kernseifen

Kernseifen sind feste Seifen, die durch Aussalzen des Seifenleims gewonnen werden, wobei das Glycerin abgetrennt wird. Die „echte Kernseife" ist eine unparfümierte, preiswerte Haushaltsseife zum Wäschewaschen oder Filzen. Die Qualität der Rohstoffe ist oft nicht sehr hoch.[2] Bevor moderne Waschmittel zum Reinigen der Wäsche den Markt eroberten, wurde die Wäsche im Haushalt mit Waschbrett und Kernseifen gewaschen. Kernseifen bilden die Grundlage für industriell gefertigte Feinseifen.

Feinseifen (Toilettenseifen)

Feinseifen werden in der Regel auf Basis von reinen, geruchlosen Kernseifen hergestellt und dienen heute überwiegend dem Reinigen der Hände. Sie enthalten bis zu 50% Kokosöl im Fettansatz und sind bis ca. 5% überfettet. Feinseifen werden Duft- und Farbstoffe sowie Glycerin zugesetzt. Der Duftstoffanteil beträgt ca. 2%, in Luxusseifen ca. 5%. Cremeseifen werden mit rückfettenden Stoffen (z. B. Lanolin, Paraffinöl angereichert. Durch unverseiftes Fett, „Rückfetter" und Glycerin wird die Waschkraft der Seife reduziert und die Haut schonend gereinigt. Industriell gefertigte Feinseifen enthalten u. a. Schaumverstärker und Konservierungsmittel.

Kinderseifen

Kinderseifen sind Feinseifen, die besonders mild und hautschonend sind. Sie enthalten einen hohen Anteil an unverseiftem Fett und Zusätze wie z. B. milde Hydrolate, Weizenkeimöl, Milcheiweiß,

Sheabutter usw. Sie werden nur mild parfümiert, optimalerweise wird auf Duft- und Farbstoffe ganz verzichtet.

Papierseifen

Papierseifen sind Einwegfeinseifen, die die Bezeichnung ihrer äußeren Form verdanken. Das erzeugte Seifenstück wird maschinell in hauchdünne Blättchen geschnitten. Die Blätter sind einzeln verpackt oder lassen sich von einer Rolle abreißen. Diese Seifenvariante dient gerne als Reisebegleiter, man findet sie aber auch in öffentlichen Toiletten.

Rasierseifen

Die Rasierseife für die Nassrasur braucht als Rohstoffe gut schäumende Fette und Öle. Zur Verseifung nimmt man entweder Kalilauge allein oder ein Gemisch aus Natron- und Kalilauge. Zusätze machen den Schaum cremig und stabil. Glycerin, Extrakte und Sheabutter schonen die Haut, Kaolin stellt die Haare auf und erleichtert das Schneiden. In industriell gefertigten Rasierseifen sind außerdem Konservierungsstoffe enthalten.

Antibakterielle Seifen, Arztseifen

Diese Festseifen enthalten oft bakterienhemmende Zusätze, wie z. B. Schwefel. In der Medizin haben antibakterielle Seifen keinen Stellenwert mehr, da sie in den Kliniken und Arztpraxen ohnehin zur Gänze von Desinfektionsmittel abgelöst wurden.
Die früher verwendeten Zusätze zeigen im Vergleich zu normalen Seifen keine bessere Entfernung von Keimen von der Hautoberfläche.

Gallseife

Die Gallseife ist eine Kernseife zur Textilreinigung, der Rindergalle zugesetzt wurde. Gallensäuren wirken hierbei als Emulgatoren. Durch die eiweißspaltenden Enzyme der Rindergalle wird ihre Waschkraft verstärkt und Flecken (z. B. Fett-, Blut-, Obst-, Stärke-, Eiweißflecken) werden besser gelöst.

Glycerinseifen (Transparentseifen)

Grundlage der Glycerinseife ist eine Basisseife mit hohem Glyceringehalt, die in Alkohol gelöst und durch Zusatz von Zucker stabilisiert wird. Dabei entsteht eine trübe bis glasig-durchsichtige, leicht schmelzende Seifenmasse. Die industriell gefertigte Glycerinseife wird u. a. als Block vertrieben und gerne hobbymäßig unter Zugabe von Duft- und Farbstoffen oder sonstigen Zusätzen zu handlichen und dekorativen Seifenstücken umgeschmolzen.

Leimseifen

Leimseifen sind nichts anderes als unsere hausgemachten Seifen. Sie entstehen durch Verseifung der Fette mit Natronlauge und enthalten natürliches Glycerin. Je nach Vorlieben und Anwendungszweck werden die Seifen mit Zusätzen wie z. B. Duft- und Farbstoffen, Butter, und Peelingmitteln angereichert.

Schmierseifen

Schmierseifen sind hausgemachte Flüssigseifen. Sie entstehen durch die Verseifung der Fette mit Kalilauge und werden als Haushaltsseifen verwendet. Viel häufiger sind jedoch jene „Flüssigseifen", bei denen es sich tatsächlich um synthetisch hergestellte waschaktive Substanzen (Syndets) handelt.

Flüssigseifen

Industriell hergestellte „Flüssigseifen" enthalten in der Regel keine Seife, sondern einen hohen Anteil an Wasser (bis zu 80%), Konservierungsstoffe, oft Farb- und Duftstoffe, Perlglanzgeber und Glycerin. Die Entwicklung von Syndets war Folge der Mangelwirtschaft während des Ersten Weltkriegs, als auf sogenannte Kriegsseifen zurückgegriffen werden musste.

Kriegsseifen

Im Ersten Weltkrieg kam es in weiten Teilen Europas zu Hungersnöten. Die vorhandenen Fette wurden als Nahrungsmittel benötigt und standen für die Seifenherstellung nicht mehr zur Verfügung. So wurden nicht nur Lebensmittel und Konsumgüter, sondern auch Waschmittel zu rationierter Mangelware. Seifenkarten regelten die behördlich genehmigte Bezugsmenge.[3]

„Kriegsseifen" wurden durch Füllmittel und Zusatzstoffe ohne jeglichen Reinigungseffekt gestreckt. Man war erfinderisch und „verlängerte" die Seifen mit Harzen, Wasserglas, Weizen-, Roggen- oder Kartoffelmehl, Talkum, Stärke, Leim, geschliffenem Ton, Sand, Kieselkreide, Ziegelerde, Kreide, Sirup, Zucker usw.[4] Der Fettanteil bestand aus Abfallfetten und Knochenfetten und wurde auf 20%, in einigen Produkten sogar auf 7% reduziert. Für die Farbe sorgten Teerfarbstoffe.[5]

Die Industrie, soweit noch funktionsfähig, bemühte sich, Ersatz zu schaffen: Im Jahr 1917 wurden die ersten synthetischen waschaktiven Substanzen auf Basis von Kohle entwickelt. Als nach dem Krieg natürliche Fette wieder ausreichend vorhanden waren, konnten sich die neuen „synthetischen“ Waschrohstoffe gegenüber Seife aus wirtschaftlichen Gründen nicht mehr behaupten. Sie wurden nur in speziellen Bereichen, z. B. in der Textilherstellung, weiterhin gebraucht. Dennoch wurden in Deutschland weitere Anstrengungen unternommen, synthetische Waschmittel aus Kohle herzustellen und so die starke Importabhängigkeit zu reduzieren.

Ein Durchbruch in der Forschung gelang 1936: Mit der Erfindung der Chlorsulfoalkane wurde eine neue Stoffklasse entdeckt, die durch Neutralisation waschaktive Substanzen bildet – ein preiswertes synthetisches Waschmittel auf Kohlebasis war gefunden. Eine wesentliche Voraussetzung dafür war das 1925 entwickelte Syntheseverfahren der Chemiker Fischer und Tropsch, mit dem man Kohle in flüssige Produkte umwandeln konnte. Die synthetischen Kraftstoffe, Motoröle und der sogenannte „Paraffingatsch“ wurden zu wichtigen Rohstoffen für die chemische Industrie. Aus dem Paraffingatsch konnte man Fettsäuren und damit Seifen produzieren. Ab 1938 wurden sogar Speisefette in größerem Umfang synthetisch hergestellt. Die synthetischen waschaktiven Substanzen (Syndets) entwickelten sich in Notsituationen als Alternativen zur Seife, haben sich aber bis heute als Reinigungsmittel für vielfältige Zwecke etabliert.

Vergleich: Syndets – Naturseifen

Zur Reinigung der Haut werden sowohl Syndets als auch Naturseifen verwendet, beide lösen effektiv Schmutz und Keime. Jedes Mittel hat seine Vor- und Nachteile. Verwendungszweck, Hauttyp, Hautverträglichkeit, Hautgefühl, Waschkraft, pH-Wert, Zusatzstoffe, Umweltverträglichkeit etc. bestimmen die Produktauswahl. In folgender Tabelle wurden die Eigenschaften von Naturseifen und Syndets einander gegenübergestellt.

Kriterium	Naturseifen	Syndets
Chemische Stoffgruppe	Tenside (waschaktive Substanzen)	Tenside (waschaktive Substanzen)
Rohstoffe	Fette und Öle auf pflanzlicher Basis und aus artgerechter, ökologischer Tierhaltung	synthetische Detergentien
Herstellungsprozess	Verseifung von Fetten in Lauge	chemische Synthese
Zusatzstoffe	unter Berücksichtigung des Hauttyps frei wählbar; beschränken sich auf Farb-, Duft- und Füllstoffe; bei empfindlicher Haut oder in Kinderseifen wird auf Zusatzstoffe verzichtet	neben Farb-, Duft-, Füllstoffen eine Vielzahl weiterer Zusätze wie Parfümstabilisatoren, Emulgatoren, Schaumbildner, Stabilisatoren, Konservierungsmittel, Eindickungsmittel, kationische Tenside, u. U. Rückstände von Mineralöl
Glycerin	als natürlicher Bestandteil enthalten	nicht natürlich enthalten, allerdings häufig künstlich zugesetzt
pH-Wert	alkalisch (pH ca. 9)	mild sauer bis neutral (pH 5,5–7)
Anwendung bei hartem Wasser	bilden „Kalkseifen" (Waschkraft und Schaumbildung sind reduziert); Kalk kann Ausführungsgänge der Talg- und Schweißdrüsen verstopfen (nachteilig bei Seborrhoe und bei Ekzemen); durch Rezeptanpassung ist die Bildung von Kalkseifen vermeidbar	bilden keine Kalkseifen

Kriterium	Naturseifen	Syndets
Chemische Stoffgruppe	Tenside (waschaktive Substanzen)	Tenside (waschaktive Substanzen)
Waschkraft	hoch	bei festen Syndets vergleichbar mit Naturseifen; bei flüssigen Syndets („Flüssigseifen") reduziert durch den hohen Wasseranteil (bis zu 80%)
Verbrauch	sparsam	flüssige Syndets verbrauchen sich schnell; Überdosierung leicht möglich; feste Syndets verhalten sich wie Seifen und sind sparsam im Gebrauch
Hautverträglichkeit	gut verträglich; Rohstoffe werden auf den Hauttyp abgestimmt	gut verträglich; Vielfalt von Produkten für verschiedene Hauttypen; durch Zusatzstoffe allergische Reaktionen möglich; einige Zusatzstoffe stehen besonders in der Kritik, wie z. B. kationische Tenside
Vermehrung von Krankheitserregern	keine Verkeimung bei korrekter Lagerung (siehe S. 125)	feste Syndets: keine Verkeimung bei korrekter Lagerung; flüssige Syndets: Keimübertragung durch unsachgemäße Reinigung des Behälter (refills) und Spenders leicht möglich
Umweltschutz	biologisch abbaubar; kein Verpackungsmüll; nachhaltig bei Verwendung nachwachsender Rohstoffe, Fairtrade-Produkte, Produkte aus der Umgebung; nachhaltig bei Verwendung tierischer Neben- und Abfallprodukte aus ökologischer regionaler Landwirtschaft; je weniger Zusatzstoffe, desto umweltfreundlicher	zahlreiche synthetische, nicht biologisch abbaubare und bioakkumulierende Komponenten; aufwendige Verpackung (z. B. Kunststoffflaschen, Pump- und Sprühsysteme, Umverpackung) bestimmt wesentlich den Preis und erzeugt eine Menge Plastikmüll
Haltbarkeit	Naturprodukte mit eingeschränkter Haltbarkeit	durch Konservierungsstoffe lange haltbar
Individualität	regionales Handwerk in Kleinstmengen	industrielle Massenware

Fette als Seifenbasis

Was sind Fette?

Fette sind Triglyceride. Jedes Fettmolekül besteht aus aus drei (lat. tri-) Fettsäuren und einem Molekül des dreiwertigen Alkohols Glycerin.

Fettsäuren sind unterschiedlich lange Ketten von Kohlenstoffatomen (C-Atomen) mit einer Säuregruppe an einem Ende. Es gibt kurzkettige (bis sieben C-Atome), mittelkettige (acht bis zwölf C-Atome) und langkettige Fettsäuren (mehr als zwölf C-Atome). In der Regel sind die C-Atome der Kette durch eine einfache Bindung verbunden, es können aber an verschiedenen Positionen auch Doppelbindungen vorkommen. Eine Fettsäure mit nur einer Doppelbindung wird als einfach ungesättigt bezeichnet, mit mehreren Doppelbindungen als mehrfach ungesättigt. Eine gesättigte Fettsäure hat keine Doppelbindung.
Natürliche Fette bilden ein Gemisch verschiedener Fettsäuren mit unterschiedlichen Kettenlängen und Doppelbindungen. Dadurch weisen sie unterschiedliche physikalische, chemische und pharmazeutische Eigenschaften auf (siehe S. 361, Tab. A1 im Anhang).

Fette sind bei Raumtemperatur fest, Öle dagegen flüssig. Feste Fette enthalten hohe Anteile an gesättigten Fettsäuren, flüssige Fette hingegen überwiegend einfach oder mehrfach ungesättigte Fettsäuren. In natürlichen Fetten und Ölen kommen neben den Fettsäuren – die an der Verseifungsreaktion teilnehmen – auch Komponenten vor, die nicht verseifen, wie z. B. Steroide und Vitamine (siehe folgende Abb.).

Fette und Öle enthalten auch freie Fettsäuren, die nicht an Glycerin gebunden sind. Diese können mit dem Sauerstoff in der Luft sehr schnell reagieren und beeinträchtigen deren Haltbarkeit.

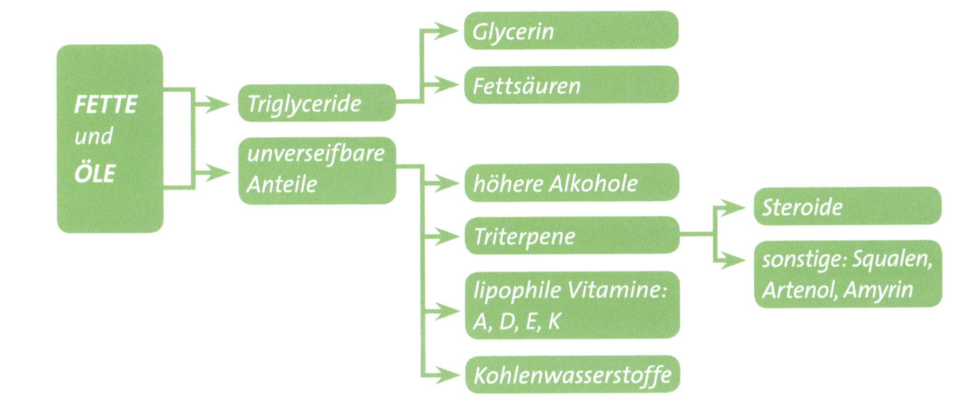

Charakterisierung von Fetten

Fette können durch Kennzahlen charakterisiert werden. Für unsere Zwecke ist die Verseifungszahl die wichtigste Kennzahl.

Verseifungszahl

Die Verseifungszahl (VZ_{KOH}) ist die Menge an Kaliumhydroxid (KOH) in Milligramm, die zur vollständigen Verseifung von einem Gramm Fett notwendig ist. Je höher die Verseifungszahl, desto mehr kurzkettige Fettsäuren enthält das Fett und desto mehr KOH wird zur Verseifung benötigt. Im Kapitel „Lauge“ (siehe S. 66) wird auf die Ermittlung der jeweiligen Verseifungszahlen detailliert eingegangen.

Fettsäuren

Die Verseifungsreaktion, der Reifungsprozess und die Eigenschaften der Naturseife werden vor allem durch jene Fettsäuren bestimmt, die im Fettansatz dominieren. Durch geschickte Auswahl und Dosierung geeigneter Fette/Öle kann ein optimales Fettsäuregemisch erzielt werden. Für Naturseifen eignen sich Fette/Öle, die überwiegend gesättigte und einfach ungesättigte Fettsäuren mit 12–18 Kohlenstoffatomen enthalten. Sie ergeben in Kombination mit Natronlauge feste, formstabile und schäumende Seifen mit guter Haltbarkeit. Fette/Öle mit einem hohen Anteil an mehrfach ungesättigten Fettsäuren spielen zwar für eine gesunde Ernährung eine wichtige Rolle, sind jedoch für die Seifenherstellung wenig geeignet. Mehrfach ungesättigte Fettsäuren haben eine kurze Haltbarkeit und erzeugen weiche, instabile Seifen, die schnell ranzig werden.

Fettansätze mit vorwiegend gesättigten Fettsäuren verseifen leicht, jene mit einem hohen Anteil an einfach und mehrfach ungesättigten Fettsäuren schwer, da Doppelbindungen das Anspringen der Verseifung verzögern.

Neben den gebundenen Fettsäuren enthalten alle natürlichen Fette und Öle in kleinen Mengen auch freie (ungebundene) Fettsäuren. Diese sind reaktionsfreudig, verseifen leicht und fördern das Anspringen der Verseifung, verkürzen allerdings auch die Haltbarkeit der Seife.

Zur besseren Übersicht werden die Fettsäuren in Fettsäure-Familien[6] mit ähnlichen Eigenschaften eingeteilt:

- Laurin-Familie (gesättigte FS)
- Palmitin-Familie (gesättigte FS)
- Olein-Familie (einfach ungesättigte FS)
- Ricinol-Familie (einfach ungesättigte FS)
- Linol-Familie (mehrfach ungesättigte FS)
- Linolen-Familie (mehrfach ungesättigte FS)

Die Fettsäurefamilien, die dazugehörigen Fette und Öle, deren Verhalten bei der Verseifung, die Reaktionsbedingungen, die Trocknungszeit und die Eigenschaften der Seife werden in folgender Tabelle dargestellt.

FS-Familie	Fette/Öle	Verseifung, Reifung (Trocknungszeit)	Seifeneigenschaften nach Reifung
Laurin-Familie (gesättigte FS)	Kokosnussfett Palmkernfett Babassufett	verseift leicht Arbeitstemperatur[2]: 30–35°C Wasseranteil[4]: 27–33% Rührerdrehzahl: niedrig Reifezeit: 1,5–2,5 Monate	Einkomponentenseife: hautaustrocknend; hart und formstabil; großblasiger, instabiler Schaum; in Wasser leicht löslich und leicht aufschäumend; gute Haltbarkeit; bindet größere Mengen Wasser, ohne ihre feste Konsistenz zu verlieren
Palmitin-Familie (gesättigte FS)	Palmfett Rindertalg[1)] Schweine-schmalz[1)] Gänseschmalz[1)]	verseift leicht Arbeitstemperatur[2]: 30–35°C Wasseranteil[4]: 27–33% Rührerdrehzahl: niedrig Reifezeit: 1,5–2,5 Monate	Einkomponentenseife: mild und hautverträglich; hart und formstabil; kleinblasiger, stabiler Schaum; gute Haltbarkeit

FS-Familie	Fette/Öle	Verseifung, Reifung (Trocknungszeit)	Seifeneigenschaften nach Reifung
Olein-Familie (einfach ungesättigte FS dominant)	Aprikosenöl Avocadoöl Distelöl HO Erdnussöl[3)] Haselnussöl Macadamia-nussöl Mandelöl Olivenöl Sonnen-blumenöl HO Rapsöl HO[3)] Reiskeimöl[3)]	verseift schwer Arbeitstemperatur[2]: 35–45°C Wasseranteil[4]: 27–30% Rührerdrehzahl: mittel bis hoch Gelphase fördern: Wärmezufuhr (Seifenleim 4 Stunden bei 50°C im Backrohr erwärmen) Reifezeit: 3–15 Monate	Einkomponentenseife: mild und hautverträglich; hart[3)]; kann direkt nach Anwendung aufweichen, wird nach Trocknung wieder fest; kleinblasiger, stabiler Schaum; reduziertes Schaum-volumen; bei geringem Gehalt an Linol- und Linolensäure recht gute Haltbarkeit
Ricinol-Familie (einfach ungesättigte FS)	Rizinusöl	verseift leicht Arbeitstemperatur[2]: 30–35°C Wasseranteil[4]: 27–33% Rührerdrehzahl: niedrig nur zum Stabilisieren des Schaumes empfohlen (4–10%), in höherer Konzentration bleibt die Seife länger weich; Reifezeit verlängert sich	Einkomponentenseife: unangenehmes Hautgefühl; nach verlängerter Reifezeit hart und formstabil; kleinblasiger, stabiler Schaum; reduziertes Schaum-verhalten; gute Haltbarkeit

1) Palmitin- und Laurinsäure (gesättigte FS) sind die dominanten FS.

2) Arbeitstemperatur ist die Temperatur, die nach Mischung der Lauge mit dem Fettansatz entsteht. Beachte: Zusätze oder aufwendige Farbtechniken können eine Änderung der Arbeitstemperatur erforderlich machen (beim „Swirlen" Temperatur auf 27-30°C reduzieren (Seifenleim bleibt länger flüssig); Erstarrungstemperatur von Butter oder Wachsen darf nicht unterschritten werden).

3) Linol-und Linolensäure machen Seifen weicher und fördern den Verderb.

4) Je höher der Wasseranteil, desto länger die Reifezeit (Trocknungszeit); soll der Seifenleim länger flüssig bleiben (z. B. beim „Swirlen"), ist ein Wasseranteil von 30-33% zu empfehlen.

Manche Fettansätze verseifen leicht, andere schwer. Die Reaktionsbedingungen (Arbeitstemperatur, Rührerdrehzahl, Flüssigkeitsanteil/Laugenkonzentration) sollten dem Fettansatz angepasst werden. So kann z. B. durch eine höhere Arbeitstemperatur, höhere Laugenkonzentration und höhere Rührerdrehzahl die Verseifung schwer verseifbarer Ansätze (z. B. Olein-Familie) beschleunigt werden.

Unverseifbares

Als „Unverseifbares" wird jener Anteil an Begleitstoffen in natürlichen Fetten und Ölen bezeichnet, der der Verseifung widersteht und die Seife anreichert. Dabei handelt es sich je nach Herkunft des Fettes um tierische oder pflanzliche Stoffe, wie Vitamine, Antioxidantien, Geschmacks- und Geruchsstoffe, Sterine (Cholesterin bzw. Phytosterin), Kohlenwasserstoffe und Lipochrome.
In Lebensmitteln oder Hautpflegeprodukten sind viele dieser Fettbestandteile sehr wertvoll, bei der Seifenherstellung müssen diese Stoffe aber anders bewertet werden. Ein höherer Anteil an Unverseifbarem macht die Seife weicher und vermindert ihr Schaumvolumen. Sterine fördern den Verderb, Antioxidantien wirken dem entgegen. Der Geschmack der Fette und Öle spielt in der Seife keine Rolle. Der natürliche Duft unverseifbarer Anteile steht in Wechselwirkung mit der Parfümierung der Seife und verändert die eingesetzte Duftkomposition.

Zur genauen Charakterisierung der Fette können wir uns noch mit weiteren Kennzahlen vertraut machen:

Säurezahl

Die Säurezahl (SZ) eines Fettes ist ein Maß für dessen Gehalt an freien Fettsäuren. Je höher die Säurezahl, umso schneller kann sich das Fett/Öl zersetzen und ranzig werden.

Öl/Fett	Säurezahl (SZ)
raffinierte Speiseöle, tierische Speisefette	0,2–1
rohe Pflanzenöle, techn. tierische Fette	1–10
Fettsäuren	80–260

Peroxidzahl

Die Peroxidzahl (POZ) ist ein Maß für die Menge an aktivem Sauerstoff im Fett/Öl und dient der Beurteilung des Oxidationsgrades und des Fettverderbs.

Jodzahl

Die Jodzahl (JZ) ist ein Maß für den Gehalt an ungesättigten Fettsäuren. Je höher die JZ, desto größer ist der Anteil an mehrfach ungesättigten Fettsäuren. Gesättigte Fettsäuren enthalten keine Doppelbindungen und haben damit eine niedrige Jodzahl.

Die Jodzahl sagt auch etwas über das „Trocknungsvermögen" (Vermögen zum Aushärten) von Fetten, Ölen und Wachsen durch Oxidation mit Luftsauerstoff aus. Das Trocknungsvermögen wird, wie in folgender Tabelle[7] gezeigt, in drei Gruppen eingeteilt: trocknend, halbtrocknend und nichttrocknend.

Trocknungsvermögen von Fetten/Ölen/Wachsen				
Jodzahl	**Typ**	**Beispiele**	**Oxidationsempfindlichkeit**	
< 10	nicht-trocknend	Kokosnussfett Bienenwachs	-	lange haltbar
10–20		Palmkernfett Babassufett	-	
20–50		Kakaobutter Rindertalg	-	
50–100		Olivenöl, Avocadoöl Jojobaöl, Mandelöl, Palmöl	-/+	eingeschränkt haltbar
100–130	halb-trocknend	Rapsöl, Sesamöl Maiskeimöl, Weizenkeimöl	+	
130–170		Sojaöl, Traubenkernöl Walnussöl, Distelöl, Erdnussöl Johannisbeerkernöl	+	
>170	trocknend/ härtend	Leinöl	++	nur kurz haltbar

Eigenschaften der Seifen

Eigenschaften einer Seife – insbesondere Waschkraft, Festigkeit, Schaumverhalten, Hautverträglichkeit und Haltbarkeit – werden durch deren Fettsäurezusammensetzung sowie durch die Art der Lauge (Kali- oder Natronlauge) bestimmt. Die Tabellen A1, A2 sowie A4 und A5 im Anhang (ab S. 360) zeigen die Fettsäurezusammensetzung wesentlicher Fette und Öle, ihre Kennzahlen und den Einfluss dieser Parameter auf die Eigenschaften der Seifen.

Waschkraft

Die Waschkraft der Seife wird bestimmt durch:

- Verseifungsgrad der Fette
- Härtegrad des Waschwassers
- Emulsionsneigung auf der Hautoberfläche
- Wassertemperatur
- Zusätze zum mechanischen Lösen von Schmutzpartikeln (Peelingmittel)

Bei vollständiger Verseifung mit Natronlauge entstehen Alkaliseifen mit maximaler Waschkraft. Nicht verseifte Fette in der Seife reduzieren die Waschkraft, wirken jedoch bei der Reinigung schonend auf unsere Haut. Die Menge an Schaum hat im Gegensatz zum subjektiven Empfinden nichts damit zu tun, wie gut unsere Haut gereinigt wird![8, 9] Auch eine Emulsion ohne Schaum kann Schmutz vollständig lösen.
Die Waschkraft wird überdies von der Wassertemperatur beeinflusst; sie ist im warmen Wasser stärker. Auch Peelingzusätze „rubbeln" Verschmutzungen ab und sorgen so für eine gründlichere Hautreinigung.

Festigkeit

Bei Verseifung mit Natronlauge entstehen prinzipiell harte Seifen.

Seifen mit einem hohen Anteil an gesättigten Fettsäuren werden besonders hart bis spröde. Harte Seifen bleiben beim Waschvorgang in Form, sie quellen und schmieren nicht bei Berührung mit Wasser – eine äußerst erwünschte Eigenschaft.
Die Härte wirkt sich auf die Langlebigkeit und damit auf den Verbrauch aus: Harte Seifen verbrauchen sich nicht so schnell wie weiche. Nicht ohne Grund konzentriert sich die Industrie auf Flüssigseifen. Schneller Verbrauch bedeutet größeren Umsatz!

Schaumverhalten

Bei der mechanischen Bearbeitung der Haut mit Seife und Wasser entsteht Schaum. Der Schaum wird durch die Leichtigkeit der Schaumbildung, seine Beständigkeit und Blasengröße charakterisiert.[10] Er soll feinblasig und für die Dauer der Waschprozedur stabil sein. Der Verbraucher wünscht sich viel Schaum und assoziiert damit eine hohe Qualität der Seife. Unverseiftes Fett, unverseifbare Bestandteile und Härtebildner (Wachse, Butter, Salz) bremsen die Schaumbildung. Hautfett wirkt als Schaumzerstörer.

Schaumwilligkeit

Das Anschaumvermögen[11] charakterisiert die Schnelligkeit der Schaumbildung unter Belastung mit Fett und Schmutz. Eine niedrige Oberflächenspannung ist Voraussetzung für die leichte Schaumbildung. So schäumen Laureate und Myristate (Kokosseifen) bereits in kaltem Wasser stark, Oleate (Olivenseifen) schäumen hingegen nur leicht bei Zimmertemperatur.

Schaumbeständigkeit

Die beständigsten Schäume erhält man aus Seifen mit einem hohen Anteil an langkettigen gesättigten Fettsäuren, wie z. B. aus Seifen auf Palmölbasis (reich an Palmitinsäure) oder Rindertalgbasis (reich an Stearinsäure). Seifen mit mittelkettigen Fettsäuren (Laurate, Myristrate) bilden zwar leicht Schäume, diese sind aber wenig beständig.

Schaumvolumen und Blasengröße

Die Blasengröße wird von der Leichtigkeit der Schaumbildung und der Beständigkeit des Schaums beeinflusst, beide Mechanismen wirken allerdings entgegengesetzt. Großblasige Schäume sind leichter herzustellen, sind dafür aber unbeständiger als kleinblasige. Große Seifenblasen haben gewöhnlich eine geringere Wandstärke als kleine und zerreißen schneller. Je geringer das Schaumvolumen, desto kleinblasiger der Schaum.

Hautverträglichkeit

Zahlreiche dermatologische Untersuchungen zeigen, dass prinzipiell jeder Waschvorgang (auch der mit reinem Wasser!) unsere Haut irritiert. Je besser eine Seife reinigt, desto stärker greift sie in die Barrierefunktion der Haut ein. Denn die alkalische Seifenlösung löst nicht nur die Verschmutzungen von der Hautoberfläche, sondern auch das Fett der tieferen Hautschichten und wirkt dadurch hautreizend und austrocknend. Ein guter Kompromiss zwischen einer hautschonenden und einer gut reinigenden Naturseife besteht darin, die Zusammensetzung nach Anwendungszweck und Hauttyp optimal auszuwählen. Um hautverträglichere Seifen zu erhalten, kann die Laugenmenge und damit die Waschkraft bewusst reduziert werden, ein Teil des Fetts bleibt also unverseift. Diese Seifen werden als „rückfettend“ oder „überfettet“ bezeichnet.

Haltbarkeit

Als Naturprodukte sind Fette grundsätzlich verderblich. Durch Einwirkung von Licht, höheren Temperaturen, Luftsauerstoff und Luftkeimen können Seifen ranzig werden. Auch Metalle und Metallverbindungen, die z. B. durch verunreinigte Ackerböden, Futtermittel und mit Feinstaub belastete Luft in natürliche Rohstoffe gelangen,[12, 13] fördern oxidative Prozesse. Dabei zersetzt Luftsauerstoff die Fettsäuren, es bilden sich Abbauprodukte und die Seife verdirbt. Fette mit einem hohen Anteil an mehrfach ungesättigten Fettsäuren sind besonders reaktionsfreudig und werden schneller

ranzig. Antioxidantien im Fett (Vitamin A, C und E) können die Zersetzungsreaktion hingegen verzögern. Ranzige Fette dürfen nicht in Seifen verarbeitet werden.
Mehrfach ungesättigte Fettsäuren, unverseiftes Fett und unverseifbare Bestandteile, verderbliche Zusätze sowie in der Seife gebundenes Wasser machen Naturseifen besonders empfindlich für den Verderb. In Naturseifen wird auf chemische Konservierungsstoffe verzichtet. Durch Verwendung hochwertiger alkali- und temperaturbeständiger Rohstoffe, eine optimale Fettsäurezusammensetzung und entsprechende Lagerung (trocken, staubfrei, luftig, kühl, vor UV-Strahlen geschützt) erreichen Seifen dennoch eine Haltbarkeit von gut einem Jahr, harte Seifen mit einem hohen Anteil an gesättigten und einfach ungesättigten Fettsäuren sogar weit mehr. Je weicher die Seife, umso verderblicher ist sie.
Ranzige Seifen sind daran zu erkennen, dass sie Farbveränderungen aufweisen, fleckig werden und unangenehm riechen. Diese Seifen dürfen nicht mehr verwendet werden.

Hautreinigung

Aufbau unserer Haut

Die Haut, unser größtes Organ, ist gleichzeitig Schutzhülle und Kontaktfläche zur Umwelt. Eine gesunde Haut bildet eine wirkungsvolle Barriere gegenüber Fremdstoffen, wie beispielsweise chemischen Substanzen, Allergenen, Viren, Pilzen und krankheitserregenden Bakterien.
Sie schützt uns vor physikalischen äußeren Einflüssen (Kälte, Hitze, Verletzungen) und verhindert die Austrocknung unseres Körpers, aber auch im Stoffwechsel und in der Immunabwehr übernimmt sie wichtige Funktionen.
Sie ist ein wichtiges Sinnesorgan, über das wir Berührungen, Kälte, Wärme, Druck und Schmerzen wahrnehmen.

Die Haut ist dreischichtig aufgebaut:

- Oberhaut (Epidermis),
- Lederhaut (Dermis, lat. Corium) und
- Unterhaut (Subcutis).

Schematischer Aufbau der Haut:

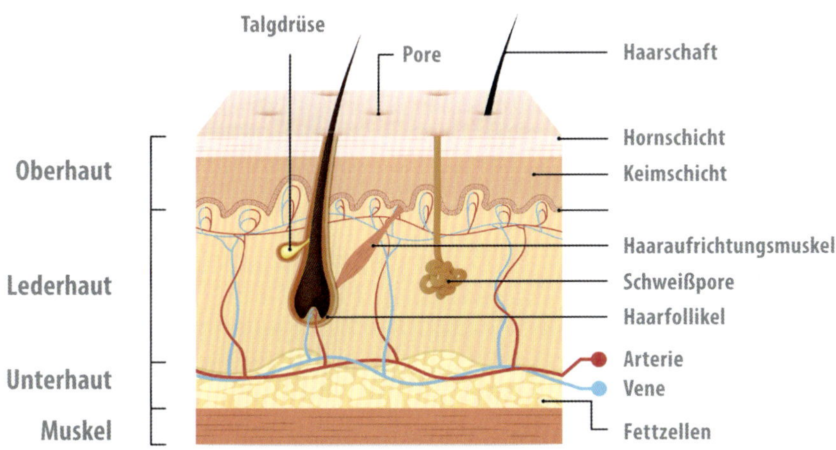

Die beiden untersten Schichten der Oberhaut (Stratum germinativum) bestehen aus Zellen, die sich ständig teilen. Innerhalb von vier Wochen werden sämtliche Zellen der Oberhaut erneuert, indem die unteren Zellen sich nach oben schieben und die obersten, verhornten Zellen sich fürs Auge unsichtbar abschuppen. Ab dem 25. Lebensjahr verhornen die Zellen schneller und speichern weniger Feuchtigkeit.

Die eigentliche Barriere zur Umwelt bildet die Hornschicht, die mit einem dünnen Wasser-Fett-Film überzogen ist. Sie besteht aus geschichteten Hornzellen, die durch Hornfette (epidermale Lipide) zusammengehalten werden.

Hornschicht mit Säureschutzmantel:

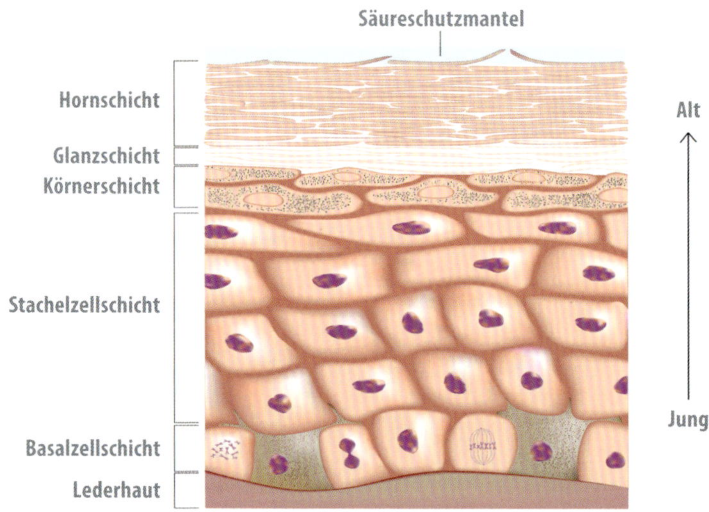

Die Dichte dieses Verbundes ist eine wesentliche Voraussetzung für eine gesunde und widerstandsfähige Haut.
Der Wasser-Fett-Film setzt sich aus Talg, Schweiß und Bestandteilen abgestorbener Hornzellen zusammen und ist vor allem durch unseren

Schweiß leicht sauer. Dieser Film wird auch als „Säureschutzmantel" unserer Haut bezeichnet. Die gesunde Haut hat einen pH-Wert von ca. 5,5. Das saure Milieu schafft ideale Bedingungen für die Bakterien unserer normalen Hautflora und verhindert die Vermehrung schädlicher Fremdkeime.
Bei einer gestörten Hautbarriere fehlen der Hornschicht Feuchthaltefaktoren und Hornfette. Das Gewebe wird durchlässig, Körperflüssigkeit tritt aus, die Haut trocknet aus und wird empfindlich. Schadstoffe aus der Umwelt können in die Haut eindringen. Nicht durch Entzug von Fett, sondern durch das Herauslösen wasserlöslicher Inhaltsstoffe wird die Hornschicht spröde, brüchig und wasserabstoßend. Durch Entfettung der Haut werden allerdings der Flüssigkeitsverlust und die Freigabe von wasserlöslichen Stoffen erhöht.[14, 15, 16]

Die Hornschicht der Haut erneuert sich ein Leben lang. Die Hautbeschaffenheit ist bei jedem Menschen individuell, verändert sich mit dem Lebensalter und wird weitgehend von der Talgproduktion bestimmt. Auf der Haut können, abhängig von der Körperregion, drei Mikromilieus unterschieden werden: fettig, feucht oder trocken.

Individuelle Typen unserer Haut

Der individuelle Hauttyp definiert die besonderen Anforderungen an Reinigung und Pflege.

Normale Haut

Normale Haut ist glatt, rosig und hat feine Poren. Talgproduktion, Abschuppung und Feuchtigkeitsgehalt stehen miteinander im Gleichgewicht.[17] Das Fett in der Hornschicht hemmt die Verdunstung der Hautfeuchtigkeit. Ab etwa dem 35. Lebensjahr lässt die Fettproduktion der Haut nach und der Wassergehalt verringert sich.

Zur Reinigung der normalen Haut können Naturseifen mit mäßiger Überfettung sowie ein- bis zweimal in der Woche Peelingseifen

verwendet werden. Das Glycerin in der Naturseife mindert den Flüssigkeitsverlust der Haut beim Waschvorgang. „Isotone" Naturseifen, die in der Waschlösung einen Salzgehalt von 0,9% erzeugen, und „hypotone" Naturseifen (Salzgehalt in der Waschlösung kleiner 0,9%) wirken ebenfalls dem Austrocknen der Haut entgegen.

Für die Pflege normaler Haut sind Cremes mit ausgewogenem Fett- und Feuchtigkeitsanteil optimal.

Trockene Haut

Trockener Haut fehlt es an Fett und Feuchtigkeit in der Hornschicht, sie ist schuppig und spannt, kann jucken und rissig werden. Feine Linien und Fältchen weisen auf Trockenheit hin. Trockene Haut ist leicht zu irritieren und neigt zu Allergien.

Hier sind besonders milde Naturseifen mit deutlicher Überfettung zu

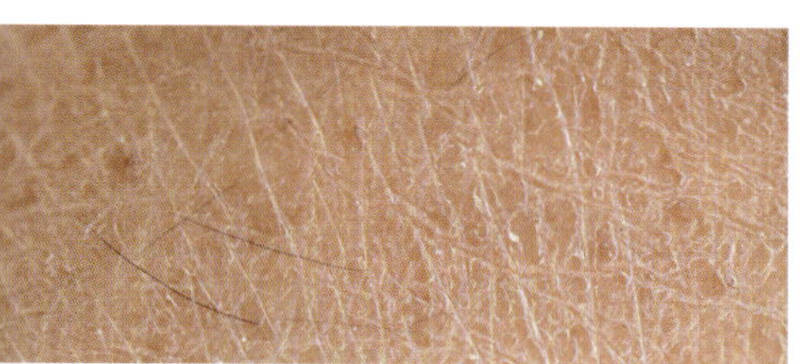

empfehlen. Auch wenig schäumende Seifen sind geeignet, da sie die Haut weniger austrocknen. Der Einsatz von Farb-, Duft-, und Füllstoffen ist kritisch zu sehen. Nach dem Waschen sollten Seifenrückstände besonders gründlich abgespült werden, da diese die Haut zusätzlich austrocknen. Nur kurz und eher kühl duschen, höchstens einmal in der Woche baden.

Peelingseifen mit zartem Peeling (z. B. mit Jojobeads) sparsam verwenden, einmal in der Woche bzw. alle 14 Tage. Glycerin, isotone und hypotone Naturseifen mindern den Flüssigkeitsverlust der Haut.

Nach der Reinigung die Haut trockentupfen und mit feuchtigkeitsspendenden Cremes pflegen.

Fettige Haut

Fettige Haut ist robust, häufig großporig, glänzt, neigt zu Mitessern und Hautunreinheiten. Die Talgdrüsen sind überaktiv und erzeugen auf der Hautoberfläche viel Fett. Die Talgproduktion ist stark hormonabhängig und wird durch Androgene (männliche Geschlechtshormone) gefördert. Demnach tritt fettige Haut häufiger bei Jugendlichen und jüngeren Erwachsenen in Phasen starker hormoneller Aktivität (Pubertät) auf. Im höheren Alter verringert sich normalerweise die Talgproduktion. Fettige Haut geht dann in normale oder trockene Haut über und offenbart sich als wesentlich straffer, glatter und ärmer an Fältchen als andere Hauttypen.

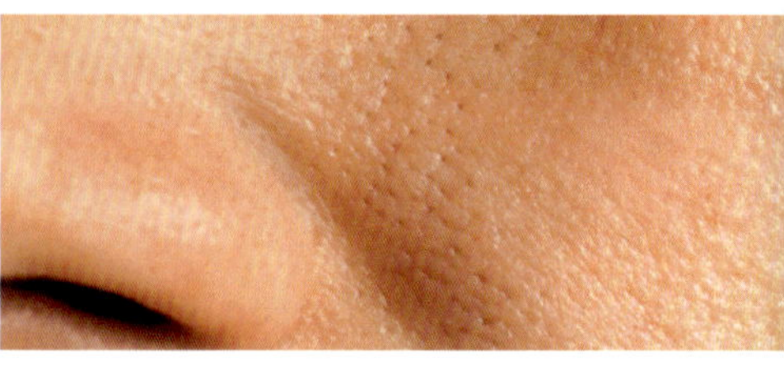

Hier ist eine sanfte Entfettung erwünscht. Zur Reinigung eignen sich Naturseifen mit sehr geringer Überfettung (nur in Höhe des Sicherheitsfaktors). Peelingseifen ein- bis zweimal pro Woche sind empfehlenswert. „Hypertone“ Naturseifen (Salz- und Soleseifen) erzeugen in der Waschlösung eine hohe Salzkonzentration. Die Haut trocknet aus, was bestimmten Hautbakterien den Nährboden entzieht und der Bildung von Mitessern entgegenwirkt. Fettige Haut wird nach der Reinigung nicht eingecremt. Creme verstopft Talgdrüsen und fördert die Bildung von Pickeln.

Mischhaut

Mischhaut ist an einigen Stellen trocken, an anderen fettig. Im Gesicht, um die Augen und an den Wangen neigt sie zu Trockenheit. Stirn, Nase, Kinn, Dekolleté und obere Rückenpartie sind dagegen oft fettig. Mit zunehmendem Alter, insbesondere bei Frauen nach der Menopause, verändert sich die Mischhaut in Richtung trockener Haut.
Die Mischhaut benötigt grundsätzlich die Reinigung und Pflege der normalen Haut, wobei man zur Pflege der trockenen Partien Fett und Feuchtigkeit zusetzen sollte.

Empfindliche Haut

„Empfindliche Haut" ist kein Hauttyp im eigentlichen Sinn, sondern ein Symptom, das durch verschiedene Faktoren, wie z. B. Zusatzstoffe in Seifen und Cremes, verursacht wird. Die Haut reagiert mit Juckreiz, Brennen, Rötung und Trockenheit.

Zu empfehlen ist die Reinigung wie bei trockener Haut mit rückfettenden, zusatzfreien Naturseifen, die nur aus wenigen Fetten/Ölen bestehen. Glycerin sowie isotone und hypotone Naturseifen mindern den Flüssigkeitsverlust der Haut. Für die Pflege sind milde Cremes mit ausgewogenem Fett- und Feuchtigkeitsanteil ohne Zusätze, am besten selbst hergestellt, oder ein pures, hautfreundliches Pflanzenöl optimal.

Reife Haut

Mit zunehmendem Alter lässt die Talgproduktion nach. Die natürliche altersbedingte Verminderung des Wassergehaltes der Haut führt zu einer faltigen, schlaffen, oft auch schuppigen Haut.

Für die reife Haut sind Naturseifen mit Überfettung, wenig Schaumbildung, ohne Zusatz von Farb-, Duft- und Füllstoffen sowie milde Peelingseifen zu empfehlen. Das natürliche Glycerin in der Naturseife mindert den Flüssigkeitsverlust der Haut. Isotone und hypotone Naturseifen trocknen die Haut weniger aus. Das Eincremen der Haut mit Pflegeprodukten für reife Haut ist besonders wichtig.

Körperpflege

Reinigung und Pflege der Haut gehören seit jeher neben Essen, Trinken und Schlafen zu unseren elementaren Bedürfnissen und zu den Voraussetzungen für unsere Gesundheit. Nur eine gepflegte Haut bietet gute Bedingungen für die Abwehr von Krankheitserregern, ist widerstandsfähig gegenüber physikalischen und chemischen Faktoren und sorgt für Vitalität. Hautreinigung steht am Beginn jeder kosmetischen Körperpflege und bedeutet sowohl die Entfernung von Schmutz, Hautschuppen, Schweißrückständen und unerwünschten Keimen als auch subjektiv die Erhöhung des psychischen und physischen Wohlbefindens.[18] Unsere Haut wird von Millionen von Keimen besiedelt. Aber keine Angst: Die residente Hautflora ist ein natürlicher Bestandteil der Hautoberfläche. Sie schützt die Haut vor dem Wachstum pathogener (krankmachender) Erreger und bildet sich nach der Reinigung schnell wieder nach. Mikroorganismen, die die Haut nur vorübergehend besiedeln, sind Teil der sogenannten transienten Hautflora. Dazu gehören sowohl pathogene (krankmachende) als auch apathogene (nicht krankmachende) Keime. Man entfernt sie beim Waschen durch das Einseifen und Abspülen. Bei der Hautreinigung werden aber nicht nur Keime, Verunreinigungen, Talg, Puder- und Cremereste entfernt, auch das schützende Hautfett wird angegriffen, indem fettlösliche und wasserlösliche Bestandteile der Hornschicht gelöst und mit dem Waschwasser abgespült werden. Es kommt zu einer vorübergehenden Quellung der Hornhaut und zu feinen Rissen in der obersten Hautschicht. Die eingelagerte Flüssigkeit der Hornschicht verdunstet: Die Haut trocknet aus. Außerdem verschiebt sich bei jedem Waschvorgang auch der pH-Wert der Haut. Der durchschnittliche pH-Wert der Haut liegt bei 5,5 und erhöht sich beim Waschen mit Wasser um 1,1. Saure Syndets führen zu einem Anstieg um 0,9, während alkalische Seifen den pH-Wert sogar um 1,2 nach oben verschieben.[19] Einer funktionstüchtigen Haut schadet das allerdings nicht,[20] sie ist selbst in der Lage, den pH-Wert kurzfristig wieder zu regulieren.

Wie stark ein Reinigungsmittel die Haut angreift, hängt ab von:

- Hautbeschaffenheit
- Hautverträglichkeit des Waschmittels
- Waschkraft des Waschmittels
- Häufigkeit der Waschungen
- Waschdauer
- Wassertemperatur

Optimale Hauthygiene heißt, einen guten Kompromiss zwischen Reinigung und Hautreizung zu finden. Zu viel ist genauso schlecht wie zu wenig. Man sollte Seife immer gründlich abspülen und die Haut nach dem Waschen durch Abtupfen (nicht Abrubbeln) trocknen. Auch Peelings greifen den Säureschutzmantel an und sollten daher eher selten, etwa einmal pro Woche, angewandt werden. Nach der Reinigung regeneriert sich gesunde Haut wieder. Pflegecremes unterstützen die Haut dabei, machen sie wieder glatt und elastisch.
An den Händen ist die Haut besonders starken mechanischen, chemischen und mikrobiellen Belastungen ausgesetzt und bedarf daher bei der Reinigung und Pflege spezieller Aufmerksamkeit. Vom Hauttyp her sind Hände normalerweise trocken. Ihre äußere Schicht unterliegt einer ständigen Regeneration.

Feuchtigkeitsmessungen in der Hornschicht zeigen, dass der Feuchtigkeitsverlust unmittelbar nach der Reinigung beginnt und nach ca. zehn Minuten seinen Höhepunkt erreicht.[21] Er verbleibt eine Zeit lang auf diesem Niveau und nimmt dann langsam ab. Nach ca. 2,5 Stunden Regenerationszeit hat sich der Flüssigkeitsmangel bei sauren Syndets zu ca. 70% und bei alkalischen Seifen zu ca. 60% ausgeglichen.[22]

Handhygiene

Laut Weltgesundheitsorganisation werden ca. 80% aller Infektionskrankheiten über Handkontakte verbreitet, deshalb wird Händewaschen als elementare Hygienemaßnahme allgemein empfohlen.[23, 24] 2009 hat die WHO den 5. Mai sogar zum Internationalen Tag der Handhygiene erklärt.
Aus Studien geht hervor, dass der Prozentsatz der Menschen, die sich nach der Toilette die Hände waschen, im globalen Durchschnitt bei etwa 20% liegt.[25] Dabei wäre das Händewaschen gerade in unserer globalisierten Gesellschaft, in der auch Krankheitskeime

im Blitztempo via Düsenjet von Kontinent zu Kontinent unterwegs sind, wichtiger als je zuvor. Auch unsere moderne Lebens- und Arbeitsweise, die mit dem ständigen Berühren von Handys, Tablets, Tastaturen, Schaltern usw. einhergeht, begünstigt die rasche Ausbreitung von Krankheitserregern, z. B. in einem klassischen Büroumfeld.[26]

Wie aus einer rezenten Studie des US-Landwirtschaftsministeriums[27] hervorgeht, waschen sich selbst geschulte Personen bei der Lebensmittelzubereitung nur zu ca. 33% die Hände, davon die meisten auf erstaunliche Arten fehlerhaft, z. B. ohne Seife oder sogar ohne Wasser! Der statistisch bei weitem häufigste Fehler beim Händewaschen ist das Auslassen der Fingerzwischenräume und Handrücken und die insgesamt zu kurze Waschzeit.

Wichtig ist die Verwendung einer ausreichenden Seifenmenge (Seifenemulsion). Eine höhere Wassertemperatur wirkt zwar fördernd für die Entfernung von Verschmutzungen, hat jedoch keinen Einfluss auf die Reduktion der Mikroorganismen. Auch antibakterielle Zutaten der Seife bringen beim normalen Händewaschen für die Gesundheit keinen zusätzlichen Nutzen.

Das Abtrocknen der Hände gehört zum wirksamen Händewaschen dazu, denn Mikroorganismen lieben Feuchtigkeit. In feuchten Händen vermehren sich Keime und Bakterien rasend schnell. Außerdem entfernt das Abtrocknen der Hände mit einem Handtuch durch sanfte Reibung zusätzlich jene Keime, die noch an den Händen oder im Wasserfilm auf der Haut haften.

Da unsere Hände besonders strapaziert sind, sind Schutz und Pflege mit einer guten Hautcreme besonders wichtig, auch um ein Rissigwerden der Haut zu verhindern, damit Keimen keine Eintrittspforte in die Haut geboten wird.

Richtiges und effizientes Händewaschen ist ganz einfach:

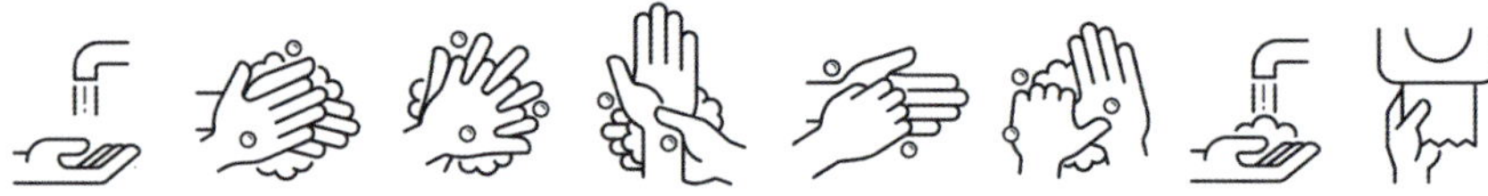

1. Hände unter fließendem Wasser nass machen. (Die Wassertemperatur spielt dabei für den Reinigungseffekt keine Rolle.)
2. Mit Seife vollständig einschäumen.
3. Auch die Zwischenräume der Finger und Fingerkuppen über 20 bis 30 Sekunden reibend einschäumen.
4. Die Seife gründlich unter fließendem Wasser abspülen.
5. Die Hände sorgfältig mit einem sauberen Handtuch oder mit Einmalhandtüchern abtrocknen.

Die kürzeste und präziseste Videoerklärung im Internet, wie Händewaschen richtig geht, stammt unserer Meinung nach von der Medizinischen Universität Wien. Sie ist unter folgendem QR-Code abrufbar:

Wann soll man sich die Hände waschen?

- bevor Sie Essen zubereiten
- bevor Sie Wunden reinigen oder ein Pflaster aufkleben
- bevor Sie Kontaktlinsen in die Augen einsetzen
- nachdem Sie rohes Fleisch oder Geflügel angegriffen haben
- nachdem Sie auf der Toilette waren
- nach einem Windelwechsel
- nach dem Berühren eines Tiers oder eines Tierspielzeugs
- nach Kontakt mit Abfällen

- nach dem Naseputzen
- nachdem Sie in die Hand gehustet oder geniest haben
- nach dem Versorgen von Wunden
- wenn die Hände sichtbar schmutzig sind.

Übertragen Seifen Keime?

In den 1980ern setzten sich vor allem in öffentlichen Bereichen, aber auch in den privaten Badezimmern Flüssigseifen (Syndets) gegenüber Festseifen zunehmend durch. Dies wurde mit hygienischen Bedenken begründet, die Festseife könne Krankheitskeime von Hand zu Hand übertragen – eine Sorge, die wissenschaftlich schon lange widerlegt ist.[28] Beim Händewaschen mit einem festen Seifenstück gelangen zwar auch Hautkeime auf die Seifenoberfläche, diese ist allerdings für sie kein gutes Nährmedium. Eine Vermehrung von Viren auf der Seife kann ausgeschlossen werden, da diese grundsätzlich nur in Zellen lebender Organismen, also z. B. in menschlichen, tierischen oder pflanzlichen Zellen, stattfinden kann. Bakterien und Pilze vermehren sich zwar eingeschränkt auf einem Seifenstück, eine Übertragung der Krankheitserreger ist allerdings bei korrekter Anwendung nicht möglich. Seifen haben generell keine keimtötende Wirkung, ermöglichen aber durch das Wegspülen eine effiziente mechanische Entfernung. Wenn sich Mikroorganismen auf festen Seifenstücken ansiedeln, werden sie in der Regel beim nächsten Waschgang fortgespült, eine Ansteckungsgefahr für gesunde Personen besteht nicht. Ein festes Seifenstück stellt kein hygienisches Problem dar, auch wenn es von verschiedenen Personen hintereinander verwendet wird. Dies gilt für den Haushalt genauso wie für Arbeitsplätze und Hotels. Im medizinischen Bereich werden an die Händedesinfektion andere Anforderungen gestellt. Wichtig ist die richtige Ablage der Festseife. Wird nach dem Händewaschen das Seifenstück in eine ungeeignete Ablage zurückgelegt und schwimmt es dort im Wasser, bietet das feuchte Milieu gute Lebensbedingungen für Mikroorganismen. Auch Schimmelbefall der Seife ist dann nicht auszuschließen. Viele Schimmelpilze bevorzugen zwar leicht saure und neutrale pH-Werte, es gibt jedoch Arten, die mit extrem sauren und extrem basischen pH-Milieus zurechtkommen, wie folgende Tabelle beispielhaft darstellt:[29]

Pilzart	pH-Minimum	pH-Optimum	pH-Maximum
Aspergillus flavus	2,5	7,5	10,5
Aspergillus niger	1,5	7,2	8,9
Penicillium	2,0	10,0	
Fusarium	2,0	9,0	

Die Seifenschale sollte daher regelmäßig mit heißem Wasser und Spülmittel gewaschen und abgetrocknet werden, um ein Wachstum von Nasskeimen zu verhindern. Optimal für Festseifen sind aus hygienischer Sicht perforierte Ablagen aus Glas, rostfreiem Edelstahl oder Porzellan sowie Magnethalterungen.

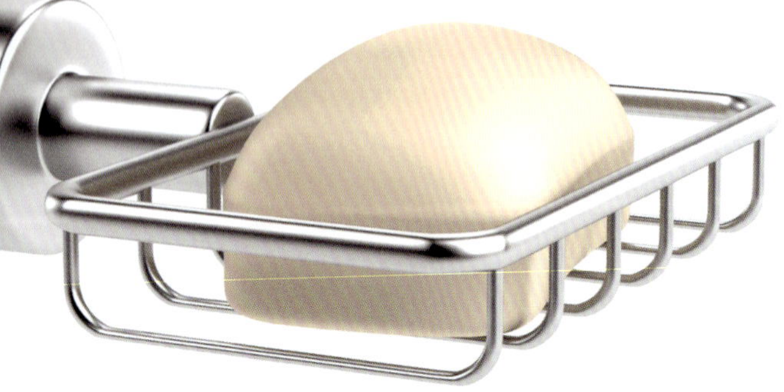

Vergleicht man in hygienischer Hinsicht Flüssigseifen mit Festseifen, entpuppt sich der vermeintliche Hygienevorteil von Flüssigseifen rasch als Illusion. Die größte Gefahr einer Keimübertragung liegt nicht in der Seifenlösung selbst, sondern im Spendersystem. Bei den meisten Spendersystemen im Alltag ist ein Anfassen des Pumpkopfs unausweichlich und bringt Keimkontamination mit

sich. „Feuchte Kammern" im Vorratsbehälter über der Seifenlösung und weitere im Schlauchsystem des Spenders geben speziell Feuchtigkeitskeimen Gelegenheit zur Vermehrung. Zahlreiche Studien im Bereich der Spitalshygiene haben ergeben, dass ein Viertel aller Flüssigseifenspender in öffentlichen Bereichen bakteriell kontaminiert war. Dies ist aber ebenso wie bei Festseifen noch kein Beweis dafür, dass auf diesem Weg tatsächlich Krankheiten übertragen werden. Flüssigseifenspender müssen vor dem Nachfüllen einer neuen Seifenlösung komplett zerlegt und desinfiziert werden, was in der Regel aus Zeitgründen oder auch aus Unkenntnis sogar in medizinischen Bereichen häufig unterbleibt. Das bloße Nachfüllen eines leeren Flüssigseifenspenders ohne begleitende gründlichste Reinigung und Desinfektion garantiert praktisch eine bakterielle Kontamination des Spendersystems!
So gesehen wäre die Festseife auch für öffentliche Bereiche keine schlechte Alternative. Aus ökologischer Sicht und im Sinne der Nachhaltigkeit bietet sie außerdem große Vorteile: Es ist keine Plastikverpackung nötig, es entsteht keine Umweltbelastung durch schwer abbaubare Chemikalien wie Konservierungsmittel, Farbstoffe etc., und nicht zuletzt ist der Verbrauch wesentlich geringer. Auch wenn die Rückkehr der festen Seifen im öffentlichen Bereich aufgrund der weit verbreiteten Hygienebedenken unwahrscheinlich ist, so können wir sie im privaten und familiären Umfeld ohne Weiteres verwenden.

Naturseifen – mild und pflegend?

Seifen wirken mild und pflegend – so suggeriert es uns die Werbung. Stimmt das? Durch hautverträgliche Rohstoffe, bewusste Reduktion der Waschkraft und natürliches Glycerin ist die Seife mild und hinterlässt nach dem Waschen ein angenehmes Hautgefühl. Dennoch: Seife ist und bleibt primär ein Reinigungsmittel und ein „Rinse-off"-Produkt. Im Gegensatz dazu verbleiben

Hautpflegemittel wie z. B. hochwertige, selbst hergestellte Cremes und native, hautfreundliche Bioöle lange auf der Haut, haben daher Zeit, ihre Wirkung zu entfalten, und weisen im Vergleich zu jeder Seife weit überlegene Pflegeeigenschaften auf. Naturseife sollte also weniger für die Pflege unserer Haut als für eine sanfte, effektive Reinigung eingesetzt werden.

Rückfetter in Seifen

Bei der Herstellung von festen Naturseifen wird die Laugenmenge, die nötig wäre, um den gesamten Fettansatz zu verseifen, immer bewusst reduziert, um eine hautfreundliche und milde Seife zu erhalten. Das Fett/Öl wird also nie vollständig verseift, ein Rest verbleibt als „Rückfetter" in der fertigen Naturseife. So soll eine Störung der Barrierefunktion der Hornhaut verhindert und die Entfettung und Austrocknung der Hautoberfläche minimiert werden. Dabei werden die abgewaschenen hauteigenen Fette allerdings nicht durch die im Reinigungsmittel enthaltenen körperfremden Fette ersetzt. Es bildet sich lediglich ein dünner Fettfilm, der den Feuchtigkeitsverlust der Haut reduziert. Rückfetter dringen also in ihrer üblichen Konzentration nicht in die Haut ein, lediglich bei sehr stark überfetteten Reinigungsmitteln (Überfettung über 50%) gelangt ein Teil der Fremdfette in tiefere Hautschichten.[30] Durch die Überfettung wird die Waschkraft reduziert. Damit das Reinigungsmittel seinen primären Zweck noch erfüllen kann, darf die Konzentration des Rückfetters nicht beliebig erhöht werden. Es macht also keinen Sinn, in hautpflegender Absicht die Überfettung von Hautreinigungsmitteln zu übertreiben. Rückfetter mindern die Schaumbildung und verkürzen die Haltbarkeit der Seife.

Glycerin in der Naturseife

Glycerin ist Bestandteil aller natürlichen Fette/Öle und damit auch der Naturseife. Der natürliche Glyceringehalt beträgt im Schnitt 9-14%, wie für einige Beispiele aus der folgenden Tabelle ersichtlich ist.[31]

Namen der Fette und Öle	Glyceringehalt in %
Erdnussöl	10,4
Hanföl	10,4
Kokosöl	13,9
Leinöl	10,5
Maiskeimöl	10,4
Olivenöl	10,3
Ricinusöl	9,8
Sesamöl	10,3
Sojabohnenöl	10,4
Sonnenblumenöl	10,4

Glycerin bindet in der Naturseife Wasser, dadurch enthält auch die gereifte, getrocknete Naturseife einen Wasseranteil von bis zu 20%. Beim Waschen wird das wasserlösliche Glycerin in die Waschlösung abgegeben und haftet durch seine klebrigen Eigenschaften als dünner Film auf der Haut. Dadurch perlen Wassertropfen ab, und das Austrocknen der Haut wird gemildert. Im Vergleich zu Kernseifen sind Seifen mit Glycerin weniger hart. Glycerin fördert die Schaumbildung der Seife, wirkt konservierend und verlängert ihre Haltbarkeit.[32]
In einer Konzentration größer als 10% entzieht Glycerin der Haut jedoch Feuchtigkeit und wirkt austrocknend. Glycerin kommt auch im menschlichen Stoffwechsel vor. Es ist ein Hilfsstoff zur Bindung

der Körperflüssigkeit und regelt die Feuchtigkeitsversorgung der Haut. Glycerin ist kein dermatologischer Wirkstoff.[33]

Fakten

- Auch mit einer milden Seife lässt sich eine geringe Hautirritation nicht ganz verhindern.
- Grundsätzlich trocknet jeder Waschvorgang die Haut aus.
- Seifen sind „Rinse-off"-Produkte, sogenannte „pflegende Bestandteile" der Seife werden nach dem Waschen abgespült.
- Pflegende Eigenschaften von naturkosmetischen Produkten lassen sich nicht einfach auf Seifen übertragen, indem deren Bestandteile der Seife zugesetzt werden. Die Verseifung verändert ihre chemische Struktur und damit die Eigenschaften der Zutaten.
- Überfettung von Seifen sorgt für eine schonende Reinigung der Haut. Die Haut wird nicht vollständig entfettet und der Säureschutzmantel wird weniger strapaziert.
- Durch hohe Qualität der Rohstoffe, wenige Zusätze, Verzicht auf chemische Konservierungsmittel und eine auf den Hauttyp abgestimmte Rezeptur sind Naturseifen sehr hautverträglich.
- Natürliches Glycerin in Naturseifen bindet Flüssigkeit in der Oberhaut.
- Naturseifen für empfindliche Haut bestehen nur aus verseiftem Fett und Glycerin. Sie sind frei von Duft- und Farbstoffen.

Warum runzeln Hände und Fußsohlen im Wasser?

Wir kennen alle den Effekt, dass bei längerem Baden unsere Fingerkuppen und Fußinnenflächen runzlig werden. Aber warum? Dafür sind zwei Phänomene verantwortlich:

1. Osmose

Die Kochsalzkonzentration in unseren Körperzellen ist 0,9%, (weshalb in der Medizin eine 0,9%ige NaCl-Lösung auch „physiologische Kochsalzlösung" genannt wird). Genießen wir ein Vollbad, so besteht ein Konzentrationsunterschied des Kochsalzes zwischen dem Körperinneren (0,9%ige Lösung) und dem Badewasser (0%, sofern wir nicht Kochsalz zugegeben haben). In der Natur sind alle Systeme bestrebt, Konzentrationsunterschiede auszugleichen. Logischerweise sollten also Kochsalzmoleküle aus unseren Hautzellen ins Badewasser wandern. Dies findet aber nicht statt, denn die Zellwände unserer Hautzellen bilden eine halbdurchlässige oder „semipermeable" Membran: Kleine Moleküle wie z. B. H_2O treten problemlos durch, größere Moleküle wie z. B. Kochsalz hingegen können die Zellwand nicht passieren. Um den Konzentrationsunterschied zwischen innen (Körperzellen) und außen (Wasserbad) auszugleichen, bleibt den Wassermolekülen im Badewasser nur übrig, sich durch die Zellwand zu bewegen, um gleichsam die höhere Konzentration an NaCl in der Zelle zu verdünnen: der „osmotische Effekt"!

Durch Eindringen von Wasser in die Haut quillt diese auf, die Zellen beanspruchen mehr Platz, die Haut schlägt quasi Wellen, sie wird runzlig. Das passiert vor allem dort, wo die Hornhaut relativ dick ist und keine Talgdrüsen hat, wie z. B. an den Fingerkuppen[34] und Fußsohlen. An anderen Körperstellen ist die Hornhaut viel dünner und kann nur wenig Wasser aufnehmen. Außerdem bilden die Talgdrüsen eine leichte Fettschicht, die das Eindringen von Wasser verhindert. Bei der Reinigung mit Seife bzw. sonstigen waschaktiven Stoffen wird die Fettschicht der Haut teilweise entfernt; Wasser tritt ein und die Haut quillt. Den osmotischen Effekt kann man durch Zugabe von Badesalz stoppen. Liegt die NaCl-Konzentration im Badewasser ebenfalls bei 0,9%, findet kein Aufquellen statt. Auch durch die Verwendung von isotonen Naturseifen kann der Osmose bei der Hautreinigung entgegengewirkt werden.

2. Neurohormonelle Regulation

Neuere Forschungsergebnisse[35] zeigen, dass auch unser Nervensystem aktiv das Schrumpeln der Finger, Handflächen und Fußsohlen hervorruft, indem es beim Baden ein Zusammenziehen der Blutgefäße auslöst.
Evolutionsbiologisch ist das Schrumpeln der Haut ein sehr interessanter Vorgang, denn durch die an der Hautoberfläche entstehenden Falten wird der „Griff" der Finger unter feuchten Bedingungen verbessert. Nasse Gegenstände lassen sich so besser greifen. Offenbar verändern sich dabei auch Hauteigenschaften wie Flexibilität oder Haftfähigkeit. Es gibt Hinweise darauf, dass es sich um sehr alte neurohumorale Reflexe handelt, die wir von den Amphibien übernommen haben. Die diesbezügliche Forschung ist sehr spannend und noch lange nicht abgeschlossen.

Rohstoffe für selbst gerührte Seifen

Um Naturseifen selbst herzustellen, brauchen wir als Hauptbestandteile einerseits Fette/Öle, andererseits Lauge. Diese beiden Reaktionspartner genügen bereits, um Seifen herzustellen. Zur Verstärkung z. B. haptischer oder sensorischer Eigenschaften können aber Duft-, Farb- und Füllstoffe zugesetzt werden. Bei der Auswahl der Rohstoffe sind nicht nur deren Qualität, sondern auch Umweltschutzaspekte und Ressourcenschonung entscheidend.

Pflanzliche Fette und Öle

Ausgangsstoffe zur Herstellung von Pflanzenölen sind Ölsaaten und -früchte. Pflanzenöle werden traditionell nach der ölgebenden Pflanze oder einem ihrer Teile benannt, z. B. Raps-, Sonnenblumen-, Kürbiskern- oder Olivenöl.

Es gibt verschiedene Techniken[36] zur Gewinnung der Pflanzenöle, man unterscheidet zwischen raffinierten und nicht raffinierten Ölen. Nicht raffinierte Öle können wiederum von unterschiedlicher Qualität sein. Wir sprechen von kalt gepressten, nativen oder extra-nativen Ölen.

Pflanzenöle bestehen zu mindestens 97% aus der entsprechenden Rohware, solche mit der Kennung „rein" oder „sortenrein" sogar zu 100%. Öle, die unter der Bezeichnung „Tafelöl", „Speiseöl", „Pflanzenöl" oder „Salatöl" angeboten werden, sind Mischungen unterschiedlicher Öle.

Pflanzliche Fette und Öle sind Naturprodukte mit schwankender Qualität von Charge zu Charge, von Packung zu Packung. Anbaugebiet (Ackerboden, Klima), Erntejahrgang, Erntezeit, Zucht- und Bewirtschaftungsart, Rohstofflagerung und Verarbeitungsmethoden beeinflussen die Produkteigenschaften.

Die nachfolgende Tabelle zeigt mittlere Preise ausgewählter Fette/Öle und Wachse. Der Preis wird nicht nur durch die Qualität des Rohstoffs bestimmt, sondern auch von Verfügbarkeit, Verarbeitung, Arbeitsbedingungen und -entlohnung, Verpackung sowie Transport. Billigpreise bedeuten oft Ausbeutung der Arbeiter in Niedriglohnländern und schlechte Arbeitsbedingungen.

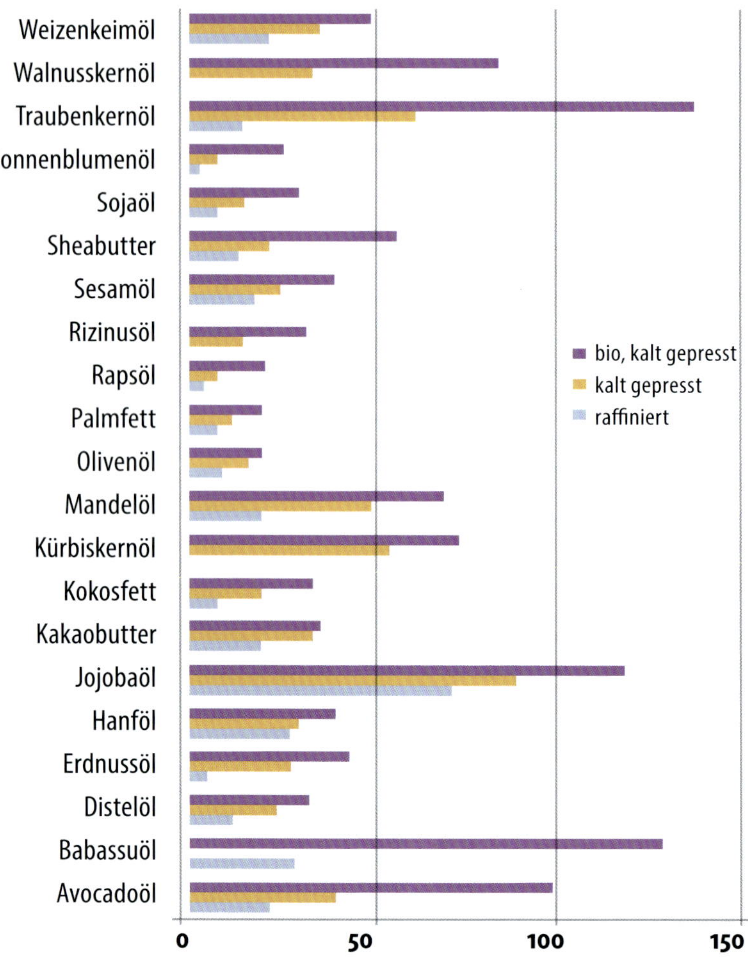

Raffinierte Fette/Öle

Das Öl wird durch Heißpressung der Rohware und/oder in einem chemischen Extraktionsverfahren (Raffination) gewonnen. Unerwünschte Bestandteile (Verunreinigungen, freie Fettsäuren) gehen dabei ebenso wie wertvolle Inhaltstoffe (sekundäre Pflanzenstoffe, Vitamine, Aromen) weitgehend verloren. Das Produkt ist geschmacks- und geruchsneutral, von heller Farbe, lange haltbar und universell einsetzbar.
Der Fettsäuregehalt verändert sich durch die Raffination kaum.[37]
Raffinierte Öle sind standardisiert und kostengünstig, daher für die Seifenherstellung gut geeignet.

Nicht raffinierte Fette/Öle

Nicht raffinierte Öle werden, basierend auf feinen Unterschieden in der Gewinnung, als kalt gepresst, nativ und extra-nativ kategorisiert. All diese Öle werden durch Pressung bei ca. 60°C schonend gewonnen. Zusammensetzung, Farben, Aromen und typischer Geschmack bleiben dabei weitgehend erhalten. Vor allem extra-native Öle gelten als besonders hochwertige Lebensmittel.
Nicht raffinierte Pflanzenöle sind naturbelassen und durchlaufen keine Reinigungsstufen. Alle erwünschten und unerwünschten Bestandteile bleiben im Öl. Sie sind dadurch reich an sekundären Pflanzenstoffen und Vitaminen, enthalten jedoch auch Verunreinigungen und sind von kürzerer Haltbarkeit als raffinierte Öle.

Freie Fettsäuren

Neben gebundenen Fettsäuren enthalten alle natürlichen Fette und Öle freie (ungebundene) Fettsäuren. Nicht raffinierte Öle enthalten um 85–98% mehr freie Fettsäuren als raffinierte Öle. Da freie Fettsäuren nicht an Glycerin gebunden sind, verseifen sie leicht. So verseift z. B. natives Olivenöl auf Grund seines höheren Gehaltes an freien Fettsäuren leichter als raffiniertes Olivenöl mit einem vernachlässigbaren Gehalt an freien Fettsäuren. Freie Fettsäuren sind reaktionsfreudig und fördern die Zersetzung von Fetten und Ölen.

Verunreinigungen in pflanzlichen Ölen

Die im Handel erhältlichen Öle sind zertifiziert, halten gesetzlich vorgeschriebene Grenzwerte ein und können ohne Bedenken konsumiert werden. In der Seife allerdings hinterlassen kleinste Verunreinigungen schnell ihre Spuren.

Schwermetallbelastung

Pflanzliche Rohstoffe können mit Spuren von Schwermetallen verunreinigt sein. Schwermetalle sind natürliche Bestandteile des Ackerbodens, deren Vorkommen allerdings durch synthetische und natürliche Bodendüngung (Gülle, Klärschlamm) erhöht wird. Ein ungereinigtes natives Pflanzenöl ist stärker mit Schwermetallen verunreinigt als ein raffiniertes.[38, 39] Obwohl diese Belastungen unter der zulässigen Schwelle für Lebensmittel liegen, fördern sie in der Seife bereits in kleinsten Mengen oxidative Prozesse und damit den Verderb.

Verunreinigungen durch Pestizide, Dünger und Kohlenwasserstoffe

Im konventionellen Ackerbau kommen chemische Pflanzenschutz- und Schädlingsbekämpfungsmittel sowie Mineraldünger zum Einsatz. Auch diese Stoffe können ins Öl gelangen. In der ökologischen Landwirtschaft sollten diese Verunreinigungen nicht vorkommen.
Ebenso kann der Ackerboden mit polyzyklischen Kohlenwasserstoffen und Fettabbauprodukten belastet sein, die durch Luftschadstoffe (Verbrennung von Holz, Motorabgase usw.) eingetragen werden.

Verunreinigungen mit Schimmelpilzgiften

Bei unsachgemäßer Handhabung und Lagerung der Pflanzen kann es zu Schädlingsbefall, Verunreinigung mit Kot und Fäulnisbakterien sowie zur Bildung von Schimmelpilzgiften kommen. Das ist sowohl in der konventionellen als auch in der ökologischen Landwirtschaft nicht auszuschließen.
Schimmelpilze, die durch kontaminierte Öle in die Seife gelangen, werden selbst durch die Verseifung nicht eliminiert: Sie halten auch

höhere Temperaturen aus und tolerieren ein saures bis basisches Milieu. Sie verderben die Seife und können Allergien verursachen.

Auswahl pflanzlicher Fette/Öle für selbstgemachte Seifen

Bei der Herstellung von Naturseifen werden Fette und Öle in Lebensmittelqualität verarbeitet: ein hoher Luxus! Nicht raffinierte Fette und Öle sind hochwertige Nahrungsmittel. Sie zeichnen sich u. a. durch ihre Geschmacks- und Geruchskomponenten aus. Diese Eigenschaften spielen jedoch bei der Seife keine Rolle, im Gegenteil: Eigengerüche von Fetten/Ölen in der Seife sind unerwünscht und verfälschen die Parfümkomposition. Auch aus ethischen Gründen sollten native und extra-native Öle vor allem der Ernährung dienen. Die aus ernährungsphysiologischer Sicht wertvollen Komponenten der Fette und Öle bringen der Seife keinen Vorteil. Sie werden während der Verseifung durch die hohen Temperaturen und die stark basische Umgebung weitgehend zerstört.
Für die Seifenherstellung eignen sich vor allem Fette/Öle mit einem hohen Anteil an gesättigten und einfach ungesättigten Fettsäuren wie beispielsweise:

- Kokosnussfett (reich an gesättigten FS)
- Babassufett (reich an gesättigten FS)
- Palmkernfett und Palmfett (reich an gesättigten FS)
- Olivenöl (reich an einfach ungesättigten FS)
- High-oleic-Öle: Sonnenblumenöl, Rapsöl, Erdnussöl und Distelöl (reich an einfach ungesättigten FS)

Die oben genannten Fettsäuren erzeugen feste Seifen mit guter Haltbarkeit. Raffinierte Fette/Öle sind weitgehend frei von Verunreinigungen, lange haltbar, geruchsneutral und hell im Farbton. Sie sind kostengünstig und leicht verfügbar. Durch diese Eigenschaften sind sie ideal für die Seifenherstellung. Nicht raffinierte Öle gehören in den Salat und nicht in die Seife.

Durch geschickte Kombination der Fette und Öle können die Eigenschaften der Seife optimiert werden. Bis auf wenige Ausnahmen (z. B. reine Olivenseifen) werden Fettgemische eingesetzt. Vorsicht: Einige Fette/Öle können Kontaktallergien verursachen (z. B. Nussöl).

Ökologische Bedenken bei der Auswahl der Fette/Öle

Die Verwendung von Palmöl, einem historisch wichtigen Grundstoff für Seifen, ist aus ökologischen Gründen sehr problematisch. Weltweit werden auf einer Fläche von etwa 20 Millionen Hektar Ölpalmen angebaut, vorwiegend rund um den Äquator in artenreichen Regionen wie Indonesien und Malaysia. Für neue Plantagen wird immer mehr Regenwald gerodet. Mit der global steigenden Nachfrage wachsen auch ökologische und soziale Probleme. Wir entscheiden mit der Nachfrage auch über das Schicksal bedrohter Tierarten und über die Zukunft des Regenwaldes.

Doch ein unkritischer Austausch von Palmfett/Palmkernfett durch andere Pflanzenfette/-öle löst diese Probleme leider nicht. Auch andere Ölsaaten und -pflanzen benötigen Anbauflächen. Monokulturen (wie z. B. Rapsfelder) schaden den Böden, nehmen Tieren ihren Lebensraum und beanspruchen Ackerboden, der auch zu Ernährungszwecken benötigt wird. So könnte der Umstieg von Palmöl auf andere Fette jährlich 308 Millionen Tonnen mehr Treibhausgasemissionen und einen Anstieg an illegalen Rodungen verursachen, sollte man z. B. großteils auf Kokosöl umsteigen. Demnach ist der ökologische Fußabdruck von Kokosöl größer als jener des schon in Verruf geratenen Palmöls.[40, 41]

Ob Palm- oder Kokosnussfett, Raps- oder Sonnenblumenöl – es führt kein Weg daran vorbei, den Anbau umwelt- und sozialverträglich zu gestalten und unser Konsumverhalten zu hinterfragen. Der Fair-Trade-Anbau garantiert gute Qualität, Nachhaltigkeit, Transparenz und Fairness. Dort, wo es möglich ist, sollten regionale Produkte verwendet werden. So werden lange Transportwege vermieden und die Umwelt wird geschont. Seifenrezepte sollte man daher minimalistisch gestalten. Weniger ist mehr für unsere Umwelt!

In Deutschland werden nach einer WWF-Studie jährlich ca. 1,8 Millionen Tonnen Palmöl verbraucht. Davon werden ca. 41% für Biodiesel, ca. 40% für Nahrungs- und Futtermittel und ca. 17% für Reinigungsmittel, Kosmetika und Pharmaprodukte verwendet. Etwa jedes zweite Supermarktprodukt enthält Palmöl.

Tierische Fette

Schlachttierfett (Schmalz oder Talg), das als Nebenprodukt bei der Fleischverwertung anfällt, bildet prinzipiell gute Seifen. Die im tierischen Fett enthaltenen Fettsäuren verseifen problemlos, ergeben feste Seifen, gutes Schaumvermögen und sind hautverträglich. Die Tabelle A5 im Anhang zeigt wichtige tierische Fettsäuren und Fettkennzahlen. Auch Milchprodukte finden als Zusatzstoffe in sogenannten Milchseifen Verwendung. Deren Proteine und die Milchsäure sorgen für einen cremigen Schaum.
Tierische Fette aus ökologischer, artgerechter Haltung sind natürliche Rohstoffe und können problematische pflanzliche Fette wie Palmfett ersetzen. Eine Seife aus regional anfallendem Schweineschmalz hinterlässt definitiv einen geringeren „ökologischen Fußabdruck“ als eine aus tropischen Ölen, die Transportwege von zehntausenden Kilometern hinter sich haben und oft unter menschenunwürdigen Arbeitsbedingungen produziert wurden.
Aber dies ist kein Aufruf, skandalöse Zustände in der Massentierhaltung in Kauf zu nehmen. Ökologische Viehwirtschaft basiert auf artgerechter Tierhaltung und achtet auf die Erhaltung der Rassenvielfalt. Durch Verwendung regionaler Produkte vom Bauernhof oder Bauernmarkt stärken wir die heimische Landwirtschaft, erhalten unser Ökosystem und die Lebensqualität künftiger Generationen.
Selbstverständlich ist es jedermann unbenommen und absolut legitim, aus weltanschaulichen oder persönlichen Gründen die Verwendung von tierischen Rohstoffen generell oder teilweise abzulehnen.

Aus meiner persönlichen Sicht ist es sinnvoll und nachhaltig, alle Neben- und Abfallprodukte der Tierhaltung zu verwerten, solange wir Menschen uns von Tieren ernähren und Kleidung aus ihren Häuten tragen.

Rinderfett (Rindertalg) [42, 43 44]

- sehr gutes Basisfett zur Seifenherstellung in einer Konzentration von bis zu 70% vom Fettansatz
- eignet sich wegen ähnlicher Fettsäurezusammensetzung als Ersatz für Palmfett
- Fett aus ökologischem Anbau verwenden (Metzger, Bauernmarkt, Bauernhof)
- grauweiße bis gelbliche Farbe (in Abhängigkeit vom Carotingehalt des Futters): Für Seifen sollte man am besten grauweißes Rinderfett verwenden, da das Gelb die Seife färbt.
- bei Zimmertemperatur sehr hart und nicht streichfähig, von der Beschaffenheit eher porös und bröckelig
- Schmelzpunkt 42–50°C, das Fett muss sehr schonend (auf kleinster Wärmestufe) geschmolzen werden
- das geschmolzene Fett immer filtrieren (z. B. durch feinen Mullstoff)
- erzeugt helle, harte und glatte Seifen mit einem feinen, cremigen Schaum
- frische Seifen haben einen leichten Eigengeruch, der sich jedoch schnell verflüchtigt
- ist im Kühlschrank gut verpackt monatelang haltbar, lässt sich einfrieren

Schweineschmalz [45, 46]

- sehr gutes Basisfett zur Seifenherstellung in einer Konzentrationen von bis zu 70% vom Fettansatz
- eignet sich wegen ähnlicher Fettsäurezusammensetzung als Ersatz für Palmfett
- Fett aus ökologischem Anbau verwenden (Metzger, Bauernmarkt, Bauernhof)
- perlmuttweiß, seidig glänzend
- bei Zimmertemperatur butterweich
- Schmelztemperatur 28–40°C, sehr schonend (auf kleinster Wärmestufe) schmelzen
- das geschmolzene Fett immer filtrieren
- sorgt für feste, helle, glatte Seifen mit gutem Schaumvolumen und neutralem Geruch
- ist im Kühlschrank gut verpackt monatelang haltbar, lässt sich einfrieren

Gänseschmalz [47, 48]

- eignet sich als Basisfett zur Seifenherstellung in einer Konzentration von bis zu 30% vom Fettansatz
- reines Gänseschmalz hat einen Schmelzpunkt nahe der Zimmertemperatur und kommt meist als 9:1-Gemisch mit Schweineschmalz in den Handel, um die feste Konsistenz zu erhalten
- aufgrund des geringeren Anteils an gesättigten Fettsäuren kein guter Ersatz für Palmfett
- Fett aus ökologischer, natürlicher Tierhaltung verwenden
- blassgelb bis beige (als Gemisch im Farbton heller)
- erzeugt helle, gelbliche Seifen mit cremigem Schaum
- zieht Gerüche an, daher gut verschlossen lagern
- gekühlt lange haltbar

Neben dem Grundrohstoff unserer Naturseifen, den Fetten und Ölen, benötigen wir einen weiteren wichtigen Reaktionspartner für die Verseifung: die Lauge!

Lauge

NaOH-Verseifung

Zur Herstellung von festen Hand- und Körperseifen werden Fette/Öle mit Natronlauge verseift. Natronlauge ist eine wässrige Lösung des Natriumhydroxids (NaOH), die mit einem pH-Wert von 14 stark alkalisch ist. NaOH ist ein weißer hygroskopischer (wasseranziehender) Feststoff und wird im Handel in Kristall- oder Plättchenform angeboten. Gefahren beim Arbeiten mit NaOH werden in Sicherheitsdatenblättern zusammengefasst und sind online verfügbar (siehe Gefahrstoff-Datenblattauszug im Anhang: Tab. A21, S. 404).

Berechnung der NaOH-Menge

Die zur Verseifung des Fettansatzes notwendige NaOH-Menge errechnet sich aus den Fettanteilen und jeweiligen Verseifungszahlen. Wie bereits im Kapitel „Charakterisierung von Fetten" erklärt, gibt die Verseifungszahl die Menge an Kaliumhydroxid (KOH) in Milligramm an, die zur vollständigen Verseifung von einem Gramm Fett notwendig ist.

Pflanzliche wie auch tierische Fette sind Naturprodukte, ihre Qualität ist nicht konstant und die Verseifungszahl variiert daher bei jeder Charge. In der Literatur ist es üblich, sowohl VZ-Bereiche als auch mittlere VZ anzugeben.

Die Formel zur Berechnung der notwendigen KOH-Menge lautet:

$$\text{Masse}_{KOH}\,[\text{mg}] = \text{VZ}_{KOH}\,[\text{mg/g}] \times \text{Masse}_{Fett}\,[\text{g}]$$

Kalilauge (KOH) wird allerdings als Lauge für Flüssigseifen verwendet. Wollen wir für die Herstellung unserer Festseifen also mit

NaOH anstelle von KOH arbeiten, müssen wir in die Berechnungsgleichung einen Korrekturfaktor einführen, um die unterschiedlichen Molekulargewichte (M) von NaOH und KOH zu berücksichtigen. Dieser Korrekturfaktor beträgt 0,71.
Nun können wir die zur Verseifung des Fettansatzes benötigte NaOH-Menge berechnen:

$$\text{Masse}_{NaOH}\ [mg] = (VZ_{KOH}\ [mg/g] \times \text{Masse}_{Fett}\ [g]) \times 0{,}71$$

Wollen wir die Menge in Gramm erhalten (für uns wesentlich brauchbarer, wir wiegen schließlich in Gramm und nicht in Milligramm), müssen wir die Verseifungszahl durch 1000 dividieren (oder mit 0,001 multiplizieren), wie in der folgenden Formel angegeben:

$$\text{Masse}_{NaOH}\ [g] = \text{Fett}\ [g] \times VZ_{KOH}\ [mg/g] \times 0{,}71 \times 0{,}001$$

Anmerkung

In Chemiebüchern bezieht sich die Verseifungszahl immer auf KOH und ist in Milligramm (Lauge) pro Gramm (Fett) [mg/g] angegeben. Diese Angaben werden oft weggelassen, da deren Kenntnis vorausgesetzt wird! In Büchern zur Seifenherstellung werden Verseifungszahlen hingegen oft in Gramm pro Gramm angegeben (meist ebenfalls ohne Angabe der Dimension).

Sicherheitsfaktor:

Fette und Öle sind Naturprodukte und schwanken in ihrer Qualität. Damit variieren die experimentell ermittelten Verseifungszahlen von Charge zu Charge. Wir sind daher gezwungen, mit mittleren VZ aus der Literatur zu rechnen. Auch bei exakter Berechnung bleibt in der Praxis zwangsläufig eine gewisse Unschärfe. Wir müssen aber sicherstellen, dass sich das NaOH nach Abschluss der Verseifung vollständig umgesetzt hat. Auf keinen Fall darf sich freies NaOH in der Seife befinden. Solche Seifen sind ätzend und nicht für die Hautreinigung geeignet!

Diese „Unschärfe“ wird durch einen sogenannten Sicherheitsfaktor ausgeglichen. Die aus den Verseifungszahlen berechnete NaOH-Menge wird generell um 3–5% reduziert, d. h., wir verseifen immer mit „NaOH-Unterdosierung“.
Zur Erzeugung milder und besonders hautverträglicher Seifen wird NaOH auch über den Sicherheitsfaktor hinaus unterdosiert. Bewusst wird nicht das gesamte Fett verseift und bleibt in der Seife als sogenannter Rückfetter. Oft werden Seifen mit einer NaOH-Unterdosierung von 7–10% hergestellt.

5 Schritte zur Verseifungszahl:

1. VZ_{KOH} nachschlagen
2. falls ein VZ-Bereich angegeben wird, den Mittelwert verwenden
3. von VZ_{KOH} auf VZ_{NaOH} umrechnen (VZ_{KOH} x 0,71)
4. von mg/g auf g/g umrechnen (x 0,001)
5. Sicherheitsfaktor berechnen und mit Laugenunterdosierung arbeiten

Die Schritte 3 und 4 entfallen, wenn VZ bereits als VZ_{NaOH} und in g/g angegeben ist.

Beispiel:
Mittlere VZ für Kokosnussfett = 255
Durch Umrechnung von mg/g in g/g (1 mg = 0,001 g) ergibt sich VZ = 0,255 in g/g (ohne Angabe ist VZ immer auf KOH bezogen!).

Berechnung der Laugenflüssigkeit

Das feste NaOH muss zur Herstellung der Lauge in einer sogenannten Laugenflüssigkeit aufgelöst werden. Dies kann destilliertes Wasser (Abk. Aqua dest.) sein, aber auch ein mit destilliertem Wasser angesetzter Kräuter- oder Blütenaufguss oder ein Hydrolat. Zur

Herstellung von Milchseifen kann die Laugenflüssigkeit aus einem Gemisch aus destilliertem Wasser und einem Milchprodukt bestehen. Die zum Lösen eingesetzte Flüssigkeitsmenge bestimmt die Konzentration der Lauge. Ihr Anteil bezieht sich auf die Menge des Fettansatzes. In der Literatur wird mit einer Laugenkonzentration von 25–40% verseift.
Viele Seifensieder bevorzugen eine Flüssigkeitsmenge von 33%, das heißt, bei einem Kilo Fettansatz wird das NaOH in 330 Millilitern Laugenflüssigkeit gelöst.

Zu beachten:

- Bei schwer verseifbaren Fettansätzen (ungesättigte Fettsäuren; geringer Gehalt an freien Fettsäuren) beschleunigt eine Reduktion der Flüssigkeitsmenge auf 25–28% und die dadurch höhere Laugenkonzentration das Anspringen der Verseifungsreaktion.
- Fettansätze aus überwiegend gesättigten Fettsäuren verseifen leicht, unabhängig von der Laugenkonzentration.
- Soll die Verseifungsreaktion gezielt langsam anlaufen (z. B. bei aufwendigem Färben des Seifenleims), ist es gut, mit einer höheren Flüssigkeitsmenge von 28–33% zu arbeiten.
- Quellende Zusätze erfordern ebenfalls eine höhere Flüssigkeitsmenge von 33%.
- Bei sonstigen flüssigen Zusätzen ist darauf zu achten, dass die Gesamtflüssigkeitsmenge erhalten bleibt. Es muss noch so viel Laugenflüssigkeit zur Verfügung stehen, dass das NaOH sich vollständig lösen kann.
- Der Wassergehalt darf nicht zu klein sein, denn sonst entstehen zu harte, splitternde Seifen. Sie lösen sich im Wasser nur schwer und schäumen dadurch unwillig.
- Die Berechnung der NaOH-Menge setzt die Kenntnis der Ölzusammensetzung voraus. Bei der Verseifung von Mischölen, wie z. B. Tafel- und Speiseöl, ergibt sich die Laugenmenge aus den jeweiligen Ölanteilen und Verseifungszahlen.

Der Lösevorgang des NaOHs ist ein exothermer Prozess, bei dem Reaktionswärme frei wird. Die Lösung erhitzt sich sehr stark (80–90°C). NaOH ist sehr ätzend; bereits ein Spritzer ins Auge kann zur Erblindung führen. Immer Schutzbrille tragen! Arbeitsschutzmaßnahmen sind unbedingt einzuhalten (siehe Kapitel „Seifenlabor")!

Anmerkung:

Die Trocknungszeit der Seife ist abhängig von der eingesetzten Flüssigkeitsmenge. Je weniger Wasser in der Naturseife, desto schneller verläuft der Trocknungsprozess (Reifung).

Die Härte einer Seife, die mithilfe eines „Soil Penetrometers" ermittelt werden kann, ist hingegen unabhängig von der Flüssigkeitsmenge. Nach abgeschlossener Reifung zeigen Seifen mit dem gleichen Fettansatz und unterschiedlich hohen Wasseranteilen dieselbe Härte.[49]

Mischverseifung mit NaOH und KOH

Für Rasierseifen verwenden wir eine Mischverseifung, d. h., die Lauge besteht aus NaOH und KOH. Wir kombinieren die Eigenschaften und erzeugen ausreichend feste Seifen mit üppigem, stabilem Schaum, die während des Gebrauchs in Form bleiben.
Das Verhältnis von KOH und NaOH wird festgelegt, die Einzelmengen werden mit Hilfe der Verseifungszahlen berechnet und mit den jeweiligen Anteilen multipliziert. KOH und NaOH werden unter Sicherheitsvorschriften (siehe Tab. A15 und A 16) in der Laugenflüssigkeit gelöst.

Zusatzstoffe

Zusatzstoffe können je nach Verwendungszweck unserer Naturseife eingesetzt werden, um deren Eigenschaften zu optimieren oder auch um sensorische Effekte zu verstärken.

Trotz aller Experimentierfreude sollte man Zusatzstoffe nur sparsam einsetzen und deren Notwendigkeit kritisch hinterfragen. Genau wie der Fettansatz müssen auch sie von hoher Qualität und frei von Verunreinigungen sein.

Wir unterscheiden:

- parfümierende und färbende Zusätze
- konsistenzgebende Zusätze
- Zusätze zur „Modellierung“ des Schaums und mit Schutzkolloidwirkung
- sonstige Zusätze

Parfümierende und färbende Zusätze

Es sind zwar im Verhältnis zur Seifenmasse nur geringe Stoffmengen, die den Seifen als Riech- und Farbstoffe zugesetzt werden, sie bestimmen aber den ersten Eindruck und beeinflussen unsere Wahrnehmung.

Zum Beduften von Seifen werden eingesetzt:

- ätherische Öle
- synthetische Duftöle
- Hydrolate und Aufgüsse (dezenter Duft)
- sonstige Naturprodukte (z. B. Honig, Mandeln, Gewürze, süße Milch)

Zu beachten beim Parfümieren der Seife:

- Duftstoffe können Allergien und Hautreizungen[50] verursachen und bei Akkumulation[51] zu Reizüberflutung führen. Konzentrierte Duftstoffe verätzen Haut und Schleimhäute.
- Arbeitsschutz einhalten (Handschuhe, Schutzbrille)!
- Duftstoffe bei Hautkontakt gründlich abspülen.
- Bei Irritation der Augen Arzt konsultieren.
- Intensives Inhalieren vermeiden und für Frischluft sorgen.

Einfacher Allergietest (Kontaktallergie):
1 Tropfen Duftstoff mit 10 Tropfen Olivenöl mischen. Auf dem Innenarm einen Kreis markieren und das Ölgemisch vor dem Schlafengehen auf dieser Stelle einreiben. Nach 12 h, 24 h und 48 h die Hautreaktion kontrollieren. Bei geröteter Haut kann man von einer Kontaktallergie ausgehen, der untersuchte Duftstoff darf nicht verwendet werden.

Riechstoffe

Alle parfümierenden Zusätze in der Seife gehören zur chemischen Gruppe der Riechstoffe. Diese werden auch als Geruchs- oder Duftstoffe bezeichnet und sind flüchtige Moleküle, die aus den Elementen Kohlenstoff, Wasserstoff und Sauerstoff, manchmal auch Stickstoff oder Schwefel bestehen. Sie verdampfen bereits bei Zimmertemperatur, breiten sich in der Luft aus und lösen im gasförmigen Zustand in den Riechzellen unserer Nase ein Signal aus. Das Riechvermögen des Menschen ist sehr individuell, Frauen nehmen Gerüche besser wahr als Männer.
Riechstoffe werden durch physikalische Verfahren aus natürlichen Rohstoffen (ätherischen Ölen, Extrakten, Harzen) gewonnen oder durch chemische Synthese hergestellt. Das Spektrum der Riechstoffe umfasst über 3.000 Substanzen,[52] die in unterschiedlichen Mengen in Parfümrezepturen eingesetzt werden. Ein Wohlgeruch eines Produktes suggeriert uns eine hohe Qualität und spielt daher für das Image einer Marke eine große Rolle.

Düfte werden komponiert! Das bedeutet, sie werden nach bestimmten Regeln gemischt und ergeben eine Duftkomposition, die sich aus Kopf-, Herz- und Basisnoten zusammensetzt. Diese zeichnen sich durch unterschiedliche Flüchtigkeiten der Duftnoten aus.
Die Kopfnote, geprägt durch leichtflüchtige Duftstoffe, nehmen wir unmittelbar in den ersten Sekunden wahr. Sie ist der erste Geruchseindruck und manipuliert unsere Kaufentscheidung. Die Herznote bildet den eigentlichen Duftcharakter eines Parfüms. Sie entwickelt

ihren Duft langsam, nachdem sich die Kopfnote verflüchtigt hat. Die Basisnote ist als letzte wahrnehmbar. Sie enthält langhaftende, schwere Duftstoffe.

Der Riechstoffchemiker Günter Ohloff definierte Grundgerüche und ordnete diesen einzelne Duftnoten zu.[53] Folgende Tabelle enthält einige Beispiele und bietet eine Hilfestellung für eigene Duftkompositionen.

Grundgerüche	dazugehörige Geruchsnoten
blumig	Jasmin, Rose, Veilchen, Mimose, Neroli, Maiglöckchen, Geranien, Hyazinthe, Lavendel, Osmanthus, Tuberose, Pelargonie, Hyazinthe, Orangenblüten, Ylang-Ylang, Tagetes
fruchtig	Zitrusfrüchte (Grapefruit, Limette, Orange, Zitrone), grüner Apfel, Himbeere, Erdbeere, Ananas, Passionsfrucht, Bergamotte, Pfirsich, Pflaume, Cassis, Kokos, Olive, Nüsse
grün	Avocado, Eukalyptus, Gurken, Heu, Gräser, Citronella, Lorbeer, Tonkabohne, Pfefferminze, Tee, Konifere
würzig	Zimt, Anis, Vanillin, Nelken, Ingwer, Kardamon, Koriander, Muskat, Rosmarin, Lavendel
holzig	Sandelholz, Zedernholz, Vetiver, Patschuli, Konifere, Benzoe (vanilleartig duftendes Harz), Emeli, Myrrhe, Weihrauch, Rosenholz, Styax, Teebaum
harzig	Benzoe, Bienenwachs, Weihrauch, Myrrhe, Labdanum, Kiefernholz, Styrax, Jojoba, Mastix
animalisch	Ambra, Moschus, Bibergeil, Schweiß, Fäkalien
erdig	Erde, Schimmel, Ozean, Bibergeil

Klassifikation der Gerüche nach Ohloff

In der Kosmetikverordnung der EU[54, 55] werden 26 Duftstoffe als potentiell allergieauslösend eingestuft (siehe Tabelle A13, S. 385) im Anhang), diese sind deklarationspflichtig und müssen daher bei Weitergabe oder Verkauf auf der Verpackung oder am Label angeführt werden! Duftstoffe sollte man immer sparsam einsetzen, denn auch nichtkennzeichnungspflichtige Duftstoffe können Hautirritationen auslösen.

Synthetische Düfte und ätherische Öle werden laut geltendem Chemikalienrecht als Chemikalien eingestuft, die Gefahren können der GHS/CLP-Verordnung entnommen werden.
Die EU-Verordnung Nr. 1272/2008 (CLP) ist eine EU-Chemikalienverordnung. **CLP** steht für **C**lassification, **L**abelling and **P**ackaging, also für die Einstufung, Kennzeichnung und Verpackung von Stoffen und Gemischen. Die CLP-Verordnung setzt das **G**lobal **h**armonisierte **S**ystem zur Einstufung und Kennzeichnung von Chemikalien **(GHS)** der UNO um.

Ätherische Öle

Ätherische Öle werden aus aromatischen Pflanzen durch Wasserdampfdestillation gewonnen, die Öle der Zitrusgruppen (Zitrone, Orange, Mandarine, Limette, Bergamotte usw.) auch durch Kaltpressung.[56] Die Produktion ist jedoch nicht sehr ertragreich. Aus einer großen Pflanzenmenge kann nur eine kleine Dosis ätherisches Öl gewonnen werden, was den hohen Preis erklärt. Zudem müssen die Stammpflanzen oft lange Transportwege zurücklegen, und dementsprechend haben viele ätherische Öle einen hohen „ökologischen Fußabdruck".
Ätherische Öle bestehen aus verschiedenen leichtflüchtigen chemischen Verbindungen. Sie sind fettlöslich, enthalten jedoch keine Fette. Sie verdampfen rückstandsfrei und hinterlassen keine Flecken. In Wasser sind sie nur gering löslich. Oft sind sie leicht entzündbar, haben also einen niedrigen Flammpunkt. Es gibt aber auch ätherische Öle, die fixativ wirken und den Duft längere Zeit binden. Auch die Beimischung der Stammpflanze verzögert die Flüchtigkeit eines Duftes.

Mittlere Preise ätherischer Öle (10 ml Öl in €)
(1: naturrein / 2: Kaltpressung)

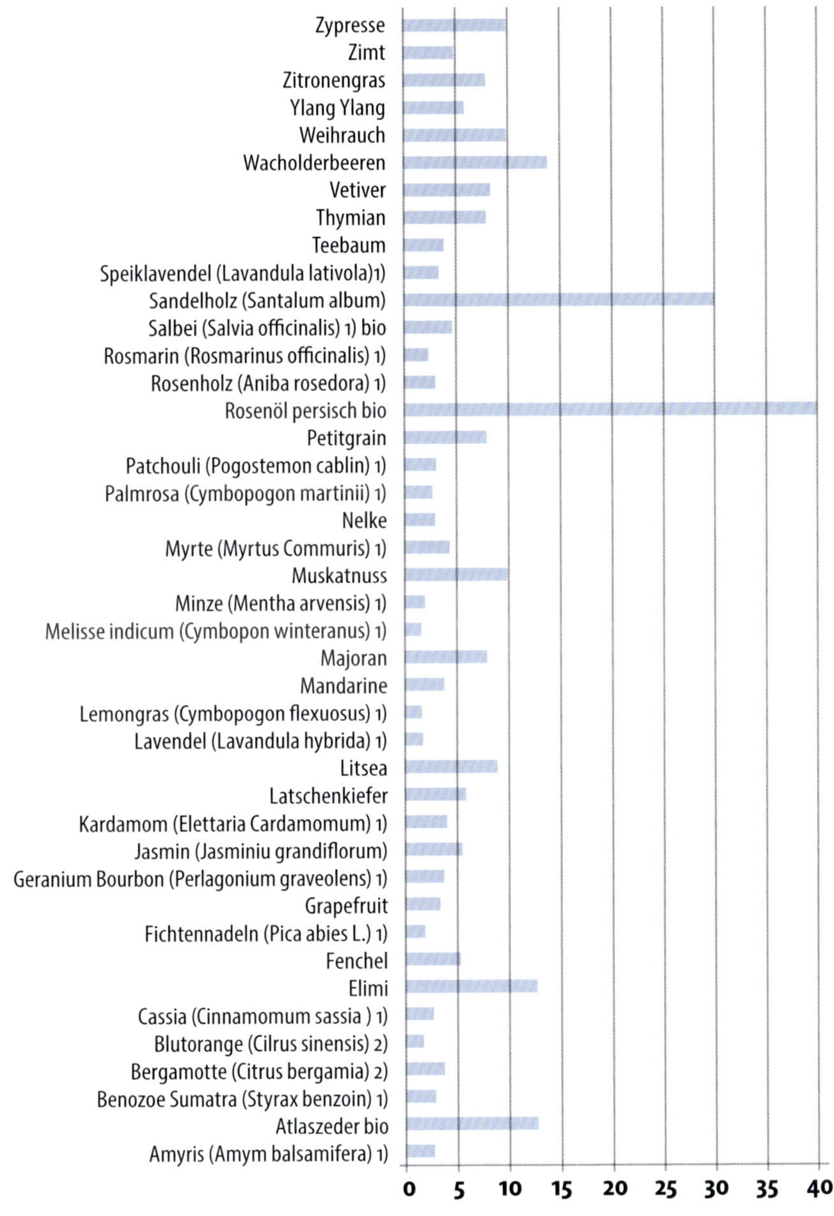

Nach Reinheit unterscheidet man:

- naturbelassene ätherische Öle (aus der Pflanze gewonnen)
- natürliche ätherische Öle (bestehen aus mehreren naturreinen Komponenten, die aber nicht ausschließlich aus der namensgebenden Pflanze gewonnen wurden; keine synthetischen Zusätze)
- naturidentische ätherische Öle (synthetische Öle, komponiert nach dem natürlichen Vorbild)
- natürliche/naturidentische ätherische Öle (Mischungen aus naturreinen und synthetischen Ölen)
- künstliche ätherische Öle (künstliche Geruchsnoten; werden in der Literatur oft als gesundheitlich bedenklich eingestuft)

Naturbelassene und natürliche ätherische Öle lassen sich nicht standardisieren. Bei verschiedener Herkunft und Reinheit der Chargen lassen sich Duftintensität und Variationen im Charakter kaum vorhersagen.

Ätherische Öle sind haut- und schleimhautreizend[57] (Arbeitsschutz beachten!) und können Allergien bzw. Hautirritationen verursachen. Geringes Allergiepotential haben:

- Atlaszeder
- Eukalyptus
- Pfefferminze
- Strohblume
- Rosmarin (Typ Verbenon)
- Rosmarin (Typ Campher)
- Schafgarbe
- Vetiver
- mit Vorbehalt: Salbei, Speiklavendel, Kampfer

Synthetische Duftstoffe

Mitte des 19. Jahrhunderts gelang es erstmals, natürliche Duftstoffe durch synthetische Stoffe nachzubilden. Heutzutage sind synthetische

Duftstoffe alltäglich. Ihre Herstellung ist kostengünstig, sie sind lange haltbar und ersetzen in vielen Produkten die natürlichen ätherischen Öle.

Beispiele für synthetische Duftnoten		
Aldehyde	Cumarin	Himbeerketon
Alpha-Jonon	Damascon	Linalool
Beta-Jonon	Ethylenbrassylat	Linalylacetat
Calone	Farnesol	Maltol
Citral	Galaxolid	Vanillin
Citronellol	Hexylacetat	

In der industriellen Kosmetik liegt der Duftanteil in Cremes und Shampoos meist bei 0,2–1% und in Deostiften bei bis zu 3%. Parfüms enthalten oft bis zu 100 Duftstoffe in Konzentrationen von je 0,002–0,03%.
Auch synthetische Düfte gelten als Chemikalien und können Komponenten enthalten, die für den Organismus schädlich sind. Sie können zu Kontaktallergien sowie zu Allergien durch Inhalation führen. Sie bauen sich in der Umwelt nur langsam ab und reichern sich in der Luft an.

Beduften von Seifen

Duftstoffe beeinflussen die physikalischen Eigenschaften der Seife, z. B. Löslichkeit, Quellung, Emulgierung, Härte und Sprödigkeit, was sich bereits bei einer Zugabe von 1% (bez. auf GFA = Gesamtfettansatz) zeigen kann.[58] Schlechte Gerüche, z. B. die einer ranzigen Seife, kann ein Parfüm nicht übertünchen. Es ist empfehlenswert, Duftstoffe generell nur sparsam in einer Dosierung von 2–3% (bez. auf GFA) zu verwenden. In Seifen für empfindliche Haut und in Kinderseifen sollte auf Duftstoffe generell verzichtet werden. Zur dezenten Beduftung dienen ggf. hautverträgliche Hydrolate und Aufgüsse.
Duftstoffe müssen grundsätzlich alkalibeständig sein, das bedeutet, dass sie von der Lauge nicht angegriffen werden dürfen. Zusätzlich müssen sie der Verseifungstemperatur standhalten. Parfümöle auf

Alkoholbasis sind als Duftstoffe generell ungeeignet, da Alkohol die Verseifung stört.
Leichtflüchtige Komponenten, vor allem Kopfnoten, aber auch Herznoten mit geringem Flammpunkt, gehen bereits während der Verseifung weitgehend verloren. Kopfnoten spielen daher für Seifen nur eine untergeordnete Rolle. Herznoten mit hohem Flammpunkt und schwerflüchtige Basisnoten sind von besonderer Bedeutung. Die Basisnote stabilisiert außerdem die Kopf- und Herznote.

Kopfnote: z. B. Bergamotte, Minze, Gräser oder Zitrusfrüchte
Herznote: z. B. Iris, Rose und Jasmin, milde Gewürze und Beeren
Basisnote: z. B. Patschuli, Moschus, Vanille, Sandelholz, kräftige Gewürze

Die Parfümierung von Seifen ist ein komplexer Prozess. Das Verhalten des Seifenleims wird durch die Zugabe von Duftstoffen beeinflusst, oft dickt er schnell an und wird im Extremfall in nur wenigen Sekunden fest. Er kann dann nur noch in die Form gespachtelt werden. Duftkompositionen können auch Farbreaktionen in der Seife bewirken. Es kann zu einem Nachdunkeln der Seife oder zu Farbflecken und Farbumschlägen kommen, auch noch nach längerer Lagerzeit. Der Grund für das sogenannte „Umschlagen“ der Seife ist allerdings in den wenigsten Fällen in der Parfümierung zu suchen, sondern viel häufiger in der Seifenzusammensetzung selbst.[59] Während der Verseifung, aber auch während der Reifung und Lagerung, können sich Duftnoten verändern oder verflüchtigen. Bei trockener und kühler Lagerung lässt sich der Duft länger halten. Auch Eigengerüche und Verunreinigungen der Seifenrohstoffe beeinträchtigen die Parfümkomposition. Metallverunreinigungen gehen mit Duftstoffen chemische Verbindungen ein, verändern den Duftcharakter und bewirken Farbreaktionen. Um aus den eigenen Erfahrungen lernen zu können, sollten alle Beobachtungen, wie z. B. Verhalten des Seifenleimes, Veränderungen und Beständigkeit des Duftes, Farbreaktionen usw., notiert werden. Erprobte Duftstoffe schützen vor negativen Überraschungen.

Duftstoffe mit färbenden Eigenschaften:[60]

- **Ätherische Öle:** Birkenteeröl, Cassiaöl (chinesisch), Zitronenöl, Edeltannenöl, Fichtennadelöl, Huon-Pine-Öl, Ingweröl, Lavendelöl, Spiköl, Zitronengrasöl, Macisöl (Muskatblüte), Nelkenöl, Opoponaxöl, Pimentöl, Rosenöl, Salbeiöl (spanisch), Ylang-Ylang-Öl, Zimtöl, Zimtblätteröl
- **Synthetische Riechstoffe:** Carvacrol, Eugenol, Hyacinthin, Indol, Isoeugenol, Iris, Jonone, Moschus-Ambrette, Moschusxylol, Skatol, Vanillin, Zimtaldehyd
- **Extrakte und Auszüge:** Benzoe Siam, Cassie, Zitrusblätter, Hyacinth, Eichenmoos, Jasmin, Immortelle, Iris, Kamille, Ladanum, Lavendel, Nelken, Orangenblüte, Ringelblumen, Speiklavendel, Tolu, Tonkabohne, Tuberose, Veilchenblätter

Arbeitstechnik zur Herstellung eines Seifenparfüms

- Die Anteile ausgewählter ätherischer Öle werden in eine kleine dunkle Glasflasche (mit Stopfen) oder in einen kleinen dunklen Glastiegel (mit Schraubdeckel) dosiert, verschlossen und durch sanfte Schüttelbewegungen vermischt.
- Die Flasche bzw. der Tiegel wird mit etwas farb- und geruchlosem Trägeröl aus dem Fettansatz aufgefüllt, um den Luftraum klein zu halten. Das Trägeröl ist bei der Berechnung der NaOH-Menge zu berücksichtigen.
- Das verschlossene und beschriftete Gefäß wird mehrmals sanft geschüttelt. Die Duftmischung entfaltet ihren Duft erst nach 2-4 Wochen.

- Zum Testen einen Papierstreifen in das Duftgemisch tauchen, an der Luft schwenken, leicht antrocknen lassen und riechen. Das Ausbalancieren erfolgt durch einige Tropfen einer Duftnote. Die Duftintensität lässt sich durch die Verdünnung mit Trägeröl steuern.

Je höher die Arbeitstemperatur, desto eher verschwinden die Duftnoten. Während der Reifung und Lagerung lassen Düfte aufgrund flüchtiger Komponenten und Wasserverdunstung langsam nach und können unter Umständen die Seifenfarbe verändern. Nicht-alkalibeständige Duftstoffe verlieren ihren Duft bereits während der Verseifung, führen zu Farbumschlägen und zur Fleckenbildung in der Seife.
Duftstoffe sollten als letzter Arbeitsschritt in den Seifenleim eingerührt werden, da sie das Andicken des Seifenleimes beschleunigen, sodass aufwendige Techniken zum Färben der Seife nicht möglich sind. Bei blitzartigem Erstarren lässt sich der Seifenleim nicht mehr in die Form gießen.
Verunreinigende Metallverbindungen in Duftstoffen beeinträchtigen die Haltbarkeit der Seife. Parfümöle auf Alkoholbasis sind für die Seifenherstellung generell ungeeignet. Duftstoffe können Allergien verursachen und wirken in konzentrierter Form ätzend. Arbeitsschutz beachten!

Die Tabellen A13-A18 im Anhang fassen eigene Erfahrungen und Literaturangaben beim Arbeiten mit Duftstoffen zusammen. Duft- und Rohstoffe beeinflussen sich wechselseitig. Naturrohstoffe schwanken von Charge zu Charge in ihrer Qualität. Auch die Arbeitsweise (Arbeitstemperatur, Rührerdrehzahl, Laugenkonzentration/Wasseranteil) bei der Verseifung ist nicht standardisiert. Dadurch können Ergebnisse von den Angaben in den Tabellen abweichen. Tabelle A11 zeigt Parfümkombinationen ätherischer Öle, die in der Seife einen stabilen, lang anhaltenden Duft erzeugen.

Farbmittel

Mit Farben gestalten wir unsere Umwelt. Wir tragen Kleidung in unseren Lieblingsfarben, möblieren unsere Zimmer farbig, tragen Make-up auf, verwenden bunte Seifen und Duschgels und bevorzugen farblich ansprechende Lebensmittel. Farben rufen Erinnerungen wach und beeinflussen unsere Stimmung. Das Farbempfinden wird auch vom Kulturkreis, in dem wir aufwachsen, beeinflusst.

„Farbmittel“ ist der Oberbegriff für alle farbgebenden Substanzen. Chemisch unterscheidet man anorganische und organische Farbmittel. Eine weitere Einteilung erfolgt nach dem Vermögen des Farbmittels, sich im Anwendungsmedium (in Seifen, Wasser oder Öl) zu lösen, dementsprechend unterscheidet man lösliche Farbstoffe und unlösliche Pigmente, wie folgende Abbildung zeigt.

Einteilung der Farbmittel:

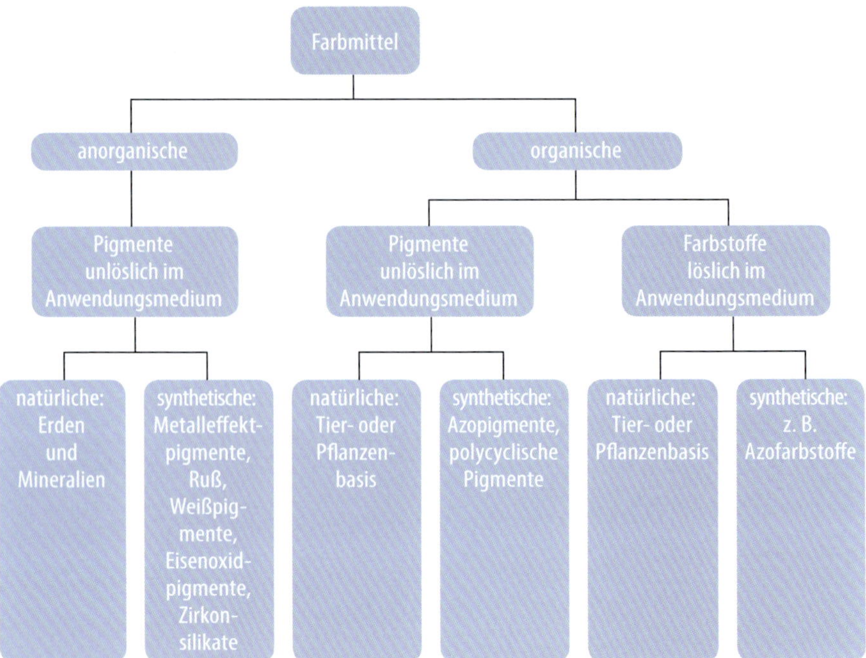

Ein wesentlicher Qualitätsparameter von Farbmitteln ist ihre Lichtbeständigkeit oder Lichtechtheit. Diese beschreibt die Veränderung optischer und physikalischer Eigenschaften eines Farbmittels bei längerer Beleuchtung. Je weniger lichtecht das Farbmittel ist, desto schneller und ausgeprägter wird es durch den hohen UV-Lichtanteil von direkter Sonneneinstrahlung zersetzt und ausgebleicht. Tab. A19, S. 403 im Anhang zeigt die Skala, auf der die Lichtechtheit von Farbmitteln bewertet wird.

Farbmittel werden als Chemikalien klassifiziert und können Kontaktallergien verursachen. Einige wirken sogar toxisch oder gelten als Umweltgifte. Bei der Verwendung von Farbmitteln sollte daher stets der Arbeitsschutz beachtet werden.

Farbstoffe

Farbstoffe sind chemische Verbindungen, die sich im Anwendungsmedium lösen und andere Stoffe färben. Es gibt natürliche und synthetische Farbstoffe. Die meisten synthetischen Farbstoffe werden aus Erdöl hergestellt, den ersten, „Mauvein" (violett), entdeckte der Brite Henry Perkin im Jahr 1856.
Naturfarbstoffe können tierischer und pflanzlicher Herkunft sein. Tierfarbstoffe werden aus Körpersäften, wie Galle oder Blut, gewonnen, der Farbstoff „Karmin" z. B. aus Cochenilleschildläusen. Grundlage für Pflanzenfarbstoffe sind hingegen Hölzer, Rinden, Wurzeln, Früchte, Blätter und Samen.
Die Qualität der Pflanzenfarbstoffe wird durch Klima, Anbaugebiet, Bodenbeschaffenheit, Verunreinigungen etc. bestimmt. Die Anbauflächen sind begrenzt, der Bedarf kann weltweit nicht gedeckt werden. Viele natürliche Farbstoffe sind licht- und hitzeempfindlich und leicht verderblich.
Synthetische Farbstoffe zeichnen sich hingegen durch standardisierte Produktionsbedingungen und gleichbleibende Qualität aus und stehen in fast unbegrenzter Menge und Vielfalt zur Verfügung. Sie sind licht- und hitzebeständig sowie kaum verderblich. Beim Einsatz in Kosmetikprodukten unterliegen sie strengen Zulassungsverfahren.

Pigmente

Pigmente sind farbgebende Substanzen in Form sehr feiner Partikel, die sich im Anwendungsmedium nicht lösen. Der Zerkleinerungsgrad bestimmt die Farbintensität. Pigmente können ihrer chemischen Struktur nach anorganisch oder organisch sein, ihrer Herkunft nach natürlich oder synthetisch.

Anorganische natürliche Pigmente werden aus Erden und Mineralien gewonnen. Ihre Qualität wird durch das Abbaugebiet bestimmt. Sie können natürliche Verunreinigungen wie z. B. Schwermetalle enthalten.

Anorganische synthetische Pigmente werden in verschiedenen chemischen Verfahren hergestellt und in großen Mengen produziert, z. B. Eisenoxidpigmente, Metalleffektpigmente, Weißpigmente (z. B. Titanoxid, Zirkonsilikate und Ruß).

Organische natürliche Pigmente werden aus Tier- und Pflanzenteilen hergestellt, wie beispielsweise das Pigment „Rebschwarz" aus unvollständig verbranntem Weinholz oder das Pigment „Indischgelb" aus dem Urin von Kühen.

Zu den **organischen synthetischen Pigmenten** gehören unter anderem sogenannte Azopigmente, nicht zu verwechseln mit Azofarbstoffen. In letzter Zeit sind einige Azofarbstoffe in Verruf geraten, die auch in der Lebensmittelindustrie angewendet werden. Es besteht der

Verdacht, dass sich beim Abbau im menschlichen Stoffwechsel krebserregende Stoffe bilden. Im Gegensatz zu Azofarbstoffen sind Azopigmente unlöslich, damit nicht bioverfügbar und nicht krebserregend. Dennoch sollte man bei deren Verarbeitung staubfrei arbeiten und den Arbeitsschutz beachten. Stäube sollten nicht eingeatmet werden.

Farbmittel für Seifen

Die Farbe der Naturseife ruft Emotionen hervor: Wir assoziieren grün automatisch mit Frische und Gesundheit, rot mit Aktivität und Wärme, blau mit Ruhe und Kühle. Die Grundfarbe der Seife wird durch den Farbton der verwendeten Öle bestimmt. Zum Färben eignen sich Farbmittel aus der Positivliste der EU-Kosmetikverordnung. Diese müssen folgende Kriterien erfüllen:

- Alkaliverträglichkeit (Laugenechtheit)
- Intensität
- Stabilität
- Löslichkeit/Mischbarkeit (keine Klumpenbildung)
- Lichtbeständigkeit
- Hautverträglichkeit
- Umweltverträglichkeit

Anorganische und organische synthetische Pigmente verfügen über eine gute bis sehr gute Licht- und Alkalibeständigkeit. Sie sind fast unbegrenzt haltbar. Zum Färben des Seifenleims reicht eine geringe Dosierung (¼ bis ½ TL pro Kilogramm Fettansatz) aus. Der deckende Effekt kann durch Zugabe von weißen Pigmenten (z. B. Titandioxid) verstärkt werden, der Farbton wird dabei heller, die Farbsättigung nimmt ab. Titandioxid sollte allerdings ebenfalls sparsam verwendet werden (max. ½ TL pro Kilogramm Fettansatz). Bei höherer Dosierung wirkt die Seife künstlich (porzellanähnlich). Anorganische natürliche Pigmente, wie z. B. bunte Erden, erzeugen in der Seife gedeckte Naturtöne ohne Leuchtkraft. Weitere unbedenkliche Farbmittel für Seifen werden in Tab. A20, S. 403 im Anhang aufgeführt.

Vorsicht:

Zum Färben der Seifen werden gerne auch Kakaopulver und Lebensmittelfarben verwendet. Diese Farbstoffe sind jedoch wasserlöslich. Es kommt zu einem „Ausbluten" der Farbe, wodurch Waschwasser, Hände und Waschbecken verfärbt werden. Vor allem von Kakao als Zusatzstoff für Naturseifen wird abgeraten. Die Farbe ist nicht lichtecht, verblasst also bereits nach kurzer Zeit. Zudem kann Kakao je nach Anbaugebiet mit Schwermetallen[61] und Pestiziden[62] belastet sein, die den Verderb der Seife fördern.
Blüten- und Kräutermazerate (Auszüge) sind ebenfalls beliebt. Doch viele dieser Farben sind weder alkali- noch lichtbeständig und verändern bzw. verlieren ihren Farbton bereits nach kurzer Zeit.
Pflanzenpigmente (z. B. Holunder, Rote Bete, Spinat, Petersilie, Kräuter) neigen zur Verklumpung in der Seife, sind nicht lichtstabil und verblassen schnell. Sie verkürzen darüber hinaus die Haltbarkeit der Seife.

Ungeeignete Farbmittel können:

- ausflocken
- inhomogen erstarren
- zur Fleckenbildung führen (oft durch Reaktion mit Duftstoffen)
- entmischen (Farbbereiche bilden)
- innerhalb der Seife ausbluten (z. B. in helle Bereiche)
- ins Waschwasser ausbluten (Hände verfärben)
- sich absetzen und einen Bodensatz bilden (unlösliche Farbstoffe)
- verblassen
- die Haut sensibilisieren und Allergien verursachen
- die Haltbarkeit der Seife verkürzen

Alle Inhaltsstoffe der Seife stehen in Wechselwirkung. Reaktionen können Farbumschläge verursachen. Besonders wichtig ist es, dass Farbe und Duft miteinander harmonieren. Farbmittel können mit Duftstoffen reagieren und Farbumschläge in der Seife verursachen.

Duftfixatoren binden Duftkomponenten, verhindern die rasche Ausbreitung und bewirken, dass das Farbmittel mit weniger konzentriertem Duft in Berührung kommt. Auch sogenannte Schutzkolloide verhindern das Zusammenspiel von Farb- und Duftstoffen und dadurch unerwünschte Farbumschläge. Schutzkolloide sind Zusatzstoffe (z. B. Stärke, Proteine), die die Farb- und Riechstoffmoleküle umhüllen und so ihre gegenseitige Berührung hemmen.

Zusammenfassung:
Farbe und Duft immer aufeinander abstimmen. Farbmittel müssen alkali- und temperaturbeständig, lichtecht und hautverträglich sein. Sie sollen auch mit anderen Zusätzen (z. B. Duftstoffen) keine chemische Reaktion eingehen und sich nicht auswaschen.
Arbeitsschutz beachten, mit Pigmenten staubfrei arbeiten und Stäube nicht einatmen!

Warum ist der Seifenschaum immer weiß, obwohl die Seife farbig ist?
Jede Farbe entspricht einer bestimmten Wellenlänge. Wir nehmen Farben mit speziellen Sinnesrezeptoren unserer Netzhaut wahr, sogenannten Zapfen. Es existieren drei Arten dieser Zapfen, jede davon ist empfänglich für eine andere Wellenlänge und damit andere Farbbereiche. Werden alle drei Arten Zapfen gleichzeitig erregt, sehen wir weißes Licht. Trifft Licht mit seinen Wellenlängen auf Seifenblasen, so wird der Großteil des Lichts an den gewölbten Oberflächen der Bläschen in alle Richtungen gestreut und kaum absorbiert. Abgelenkte Lichtstrahlen treffen auf umliegende Blasen und werden weiter gestreut. So werden fast alle Wellenlängen zurückgeworfen. Alle Zapfen sind erregt, es kann keine Farbe wahrgenommen werden, und wir sehen weißen Seifenschaum.

Konsistenzgebende Zusätze

Konsistenzgeber härten Seifen und stabilisieren den Schaum. Wird aus ethischen und/oder ökologischen Gründen auf Tier- und Palmfett verzichtet, muss der Fettansatz mit Konsistenzgebern angereichert werden.

Pflanzenbutter

Pflanzenbutter ist wasserunlöslich und bei Raumtemperatur fest. Sie ist ein wertvolles Nahrungsmittel und hat einen hohen ökologischen Fußabdruck, ihre Verwendung zur Verseifung will daher gut überlegt sein.
Die normale, aus der Milchverarbeitung gewonnene Haushaltsbutter ist zur Verseifung nicht geeignet. Sie bildet Natriumbutyrat (das Natriumsalz der Buttersäure), was mit einer stechenden, sehr üblen und beständigen Geruchsentwicklung einhergeht.

Kakaobutter

Arbeiten mit Pflanzenbutter

Pflanzenbutter kann der Seife in einer Dosierung von 5–10% (bezogen auf den Fettansatz) zugesetzt werden. In höherer Konzentration kann die Seife „buttrig“ werden.

Sie wird schonend geschmolzen und gemeinsam mit den Fetten des Fettansatzes verseift.

Sinkt die Arbeitstemperatur auf die Erstarrungstemperatur der Butter, so wird sie fest und nichtemulgierte Fette flocken aus. Das Gemisch erstarrt.

Übersteigt die Arbeitstemperatur die Schmelztemperatur der Pflanzenbutter, so kann sie ihre konsistenzgebenden Eigenschaften verlieren. Zusätze, die den Seifenleim aufheizen (z. B. Honig, Stärke und Proteine) sind zu vermeiden. Den ausgeformten Seifenleim nicht isolieren, keine Wärme von außen zuführen, auf Gelphase verzichten.

Generell gilt:

Die Verseifung springt bei höherer Arbeitstemperatur schneller an und beschleunigt das Festwerden des Seifenleims.

- ***Cupuaçubutter***[63] ist das Fett aus den Samen des Cupuaçubaums. Die native Butter ist gelb mit einem anis- bis nussartigen Geruch. Sie ist reich an Vitamin E und enthält ca. 43% einfach ungesättigte und ca. 40% gesättigte Fettsäuren. In raffinierter Form ist sie weiß bis gelblich und geruchlos.
  Cupuaçubutter schmilzt bei 27–33°C, besitzt eine hohe Emulgierfähigkeit und lässt sich gut verseifen. Sie wird in der Kosmetik vor allem für feuchtigkeitsarme, trockene und sensible Haut eingesetzt.

- ***Kakaobutter*** stammt aus den Samen der Kakaobohne. In nativer Form ist sie gelblich und duftet nach Kakao, raffinierte Kakaobutter entwickelt hingegen nur einen zarten Kakaogeruch. Bei Raumtemperatur ist sie fest und spröde, sie schmilzt zwischen 31–35°C. Sie ist ausgesprochen hitzeempfindlich, muss sehr schonend geschmolzen

werden, keinesfalls bei über 35°C. Höhere Temperaturen lassen sie körnig werden, sie verliert ihre Struktur und die konsistenzgebenden Eigenschaften.
Kakaobutter ist leicht verseifbar, sorgt durch einen hohen Anteil an gesättigten Fettsäuren (über 50%) für harte, stabile, glatte Seifen und unterstützt die Bildung einer kleinblasigen, cremigen Seifenemulsion. Der milde Kakaogeruch der Seife ist von kurzer Dauer und verfliegt während der Lagerung.
Die Butter zeichnet sich durch schlechtes Wasserbindevermögen aus und wirkt in großen Mengen hautaustrocknend. In geringen Konzentrationen ist sie jedoch gut hautverträglich und erzeugt ein weiches Hautgefühl. In der Kosmetik wird sie bei trockener, spröder und gereizter Haut eingesetzt.

- *Mangobutter* wird aus den Fruchtkernen des tropischen Mangobaums durch Raffination gewonnen. Sie ist weiß bis gelblich, geruchsneutral und sehr fest. Der hohe Anteil an Stearin- und Ölsäure macht sie zu einem reichhaltigen Konsistenzgeber. Ihr Schmelzpunkt liegt im Bereich von 31–39°C. Hohe Temperatur verändert ihre Struktur. Mangobutter fördert das schnelle Andicken des Seifenleims. Sie unterstützt die Bildung cremiger Seifenemulsionen. Außerdem zeichnet sie sich durch sehr gute Hautverträglichkeit aus und ist für jeden Hauttyp geeignet.

- *Sheabutter* erhält man aus den Nusskernen der Früchte des Sheabaumes (Karitébaumes). Nicht raffinierte Sheabutter ist hellgelb bis grünlich, mit leicht nussigem und kakaoartigem Geruch. Sie ist reich an Vitamin E und A. Je nach Anbaugebiet kann sie mit Verunreinigungen (Schwermetallen, Pestiziden) belastet sein. Raffinierte Sheabutter ist weiß, fest und geruchsneutral.
  Sheabutter wird schwer ranzig. Der Schmelzbereich liegt zwischen 32 und 44°C. Sie ist sehr hautfreundlich, zeichnet sich durch gutes Wasserbindungsvermögen aus und wird für feuchtigkeitsarme, trockene und sensible Haut eingesetzt.

- ***Olivenbutter*** wird durch Hydrierung von Olivenöl hergestellt. Sie ist geruch- und farblos. Der Schmelzbereich liegt bei 42–50°C. Olivenbutter ist gut verträglich und wird besonders bei trockener, rauer Haut eingesetzt.

Wachse

Wachse machen Seifen hart und geben dem Schaum Stabilität. Sie sind in der Regel bei Zimmertemperatur fest (ausgenommen Jojobaöl). Die meisten Wachse schmelzen bei Temperaturen über 60°C. Sie sind wasserunlöslich, wasserabweisend (hydrophob) und enthalten 37–50% unverseifbare Bestandteile. Die Verarbeitung ist nicht unproblematisch und erfordert eine hohe Arbeitstemperatur. Diese beschleunigt das Emulgieren des Seifenleims. Wird die Schmelztemperatur unterschritten, erstarrt das Wachs und der Rohleim wird fest.
Wachse in der Naturseife bilden beim Händewaschen einen feinen, gleitenden Oberflächenfilm auf der Haut und verringern die Verdunstung von Körperflüssigkeit. In Konzentrationen von 1–4% (bezogen auf den Fettansatz) hinterlassen sie auf der Haut ein angenehmes, in höheren Konzentrationen dagegen ein unangenehmes, stumpfes Hautgefühl.

Arbeiten mit Wachsen

Das Wachs muss getrennt vom Fettansatz geschmolzen und warmgehalten werden. Sobald der Seifenleim eine Emulsion bildet, kann das warme Wachs eingerührt werden. Überprüfen kann man den richtigen Zeitpunkt, indem man mit einem Löffel eine kleine Menge des Seifenleims entnimmt und wieder zurück in den Topf tropfen lässt. Bilden sich auf der Oberfläche Punkte und Linien heraus, hat sich eine Emulsion gebildet. Man sagt auch, der Seifenleim „zeichnet“. Danach sollte das Gemisch unverzüglich geformt werden, denn sobald die Schmelztemperatur des Wachses unterschritten wird, erstarrt der Leim und lässt sich nur noch in die Form spachteln.

- ***Bienenwachs*** wird von Honigbienen zum Bau der Waben produziert. Naturbelassen ist es gelb, in gebleichter Form weiß. Es hat je nach Qualität einen Schmelzpunkt von 55–65°C und sorgt dafür, dass der Seifenleim schneller andickt. Durch seine antibiotischen Eigenschaften wird es nicht ranzig und verlängert die Haltbarkeit der Seife. Im natürlichen Zustand hat es einen typisch süßlichen, honigartigen Geruch, der in der Seife jedoch nicht erhalten bleibt. Bienenwachs haftet auf der Haut, ohne einen spürbaren Film zu hinterlassen. In kleinen Konzentrationen wirkt es feuchtigkeitsbewahrend und sorgt für ein angenehmes Hautgefühl. In höheren Konzentrationen wird die Seife „wachsig" und die Schaumbildung gebremst. Die Haut wird dadurch trocken und stumpf.
  Bienenwachs kann Restbestände von Pollen enthalten. Für Menschen mit Pollenallergien ist die Verwendung von gebleichtem bzw. naturidentischem Bienenwachs zu empfehlen.

- ***Beerenwachs*** (Japanwachs) ist ein Gemisch aus Pflanzenfett und freien Fettsäuren, das aus Früchten verschiedener Pflanzen (z. B. Japanischer Wachsbaum, Lackbaum, Japanischer Zimt) hergestellt wird. Es ist eine weiße bis gelbliche, klebrige, feste Substanz, die in Wasser unlöslich ist. Der Schmelzpunkt liegt zwischen 48 und 54°C. Beerenwachs bildet auf der Haut einen dünnen, feuchtigkeitsbewahrenden Film und hinterlässt ein angenehmes Hautgefühl.

- ***Jojobaöl*** ist ein flüssiges Wachs. Der Jojobastrauch ist ein immergrüner, reich verzweigter Strauch. Das Öl wird aus seinen nussbraunen, erdnussähnlichen Samen gepresst, ist klar, hat einen gelben bis braunen Farbton und einen dezenten Geruch. Es ist extrem lange haltbar (ca. 25 Jahre) und hat einen hohen ökologischen Fußabdruck. Jojobaöl schmilzt schon bei ca. 7°C, damit ist es das einzige flüssige natürliche Wachs. Als oxidationsstabiles Basisöl eignet es sich hervorragend als Trägeröl für Naturparfüm. Es ist gut hautverträglich, für jeden Hauttyp

geeignet, bildet einen dünnen Film auf der Haut und macht sie geschmeidig. Bei Konzentrationen über 4% fühlt sich die Haut stumpf und „wachsig“ an.

- ***Sojawachs*** wird aus den Hülsen der Sojabohne durch Hydrierung des Öls gewonnen und enthält einen hohen Anteil an Stearinsäure. Es ist weiß und sein Schmelzpunkt liegt bei ca. 50–55°C. Kühlt man es wieder ab, bleibt es aber bis ca. 30°C flüssig. Sojawachs zieht auf der Haut schnell ein und macht die Haut geschmeidig.

- ***Wollwachs*** (Lanolin) ist das Sekret aus den Talgdrüsen von Schafen, das aus Schafwolle gewonnen wird. Im geschmolzenen Zustand ist es schwach gelblich, fast klar und hat einen dominanten Eigengeruch. Wollwachs hat eine klebrige Konsistenz, ist wasserunlöslich und wird nur schwer ranzig. Es ist hitzeempfindlich und schmilzt bei ca. 38–48°C. Mit anderen fetten Ölen ist es beliebig mischbar und kann ebenso als Emulgator eingesetzt werden. Sein Wasseraufnahmevermögen beträgt bis zu 200%. In Seifen wird Wollwachs vorwiegend als Konsistenzgeber verwendet und wirkt konservierend. In kleinen Mengen (ca. 5% bez. auf GFA) eingesetzt, fördert es die Schaumbildung mit cremigem Schaum. Es hinterlässt auf der Haut einen dünnen Film. Da Schafe häufig gegen Ungeziefer behandelt werden, kann reines Wollwachs mit Pestiziden[64] belastet sein. Zudem kann es allergische Reaktionen auslösen.[65]

Vorsicht:

Candelillawachs und Carnaubawachs sind durch ihre hohe Schmelztemperatur für kaltgerührte Seifen nicht geeignet.

Sonstige Konsistenzgeber

Auf die Konsistenz der Seife wirken auch Zusätze wie Kochsalz, Zucker, Stearin, Natriumlaktat und Stärke.

- ***Kochsalz*** (NaCl) dient in kleinen Mengen als Konsistenzgeber, es härtet Seifen bereits in einer Dosierung von 1–2 EL pro Kilogramm Fettansatz. Salz wird in die Laugenflüssigkeit eingerührt und muss vollständig gelöst sein, bevor das NaOH portionsweise hinzugefügt wird. Direkt in den Seifenleim dosiert, können die Salzkristalle sich nicht auflösen und verbleiben als Peeling in der Seife. Die Schaumwilligkeit und das Schaumvolumen der Seife werden durch die Zugabe von Kochsalz gebremst.

- ***Haushaltszucker*** macht den Seifenleim fließfähiger. Von Vorteil ist dies vor allem beim Swirlen, einer aufwendigen Färbetechnik (mehr ab Seite 114). Wie Kochsalz muss auch Zucker in die kalte Laugenflüssigkeit eingerührt werden. Eine Zugabe von 1–2 EL pro Kilogramm Fettansatz reicht aus, in höherer Dosierung macht er die Seife weich und klebrig. Haushaltszucker heizt den Seifenleim nicht an. Auf die vielfältige Wirkung von Zucker in unseren Naturseifen wird auf S. 97 noch genauer eingegangen.

- ***Stearin*** sorgt für harte Seifen mit einer guten Struktur und einem stabilen, cremigen Schaum. Es kann dem Seifenleim in einer Dosierung von 10%, bezogen auf den Gesamtfettansatz, zugefügt werden. Der Schmelzpunkt von Stearin liegt bei 55–70°C. Es muss getrennt vom Fettansatz geschmolzen und warmgehalten werden, erst wenn der Seifenleim leicht zeichnet, kann man das warme Stearin einrühren. Nun schnell arbeiten, denn unterschreitet die Arbeitstemperatur den Schmelzpunkt des Stearins, wird das Gemisch fest. Sobald es untergemengt wurde und eine homogene Masse entstanden ist, sollte man den Seifenleim unverzüglich ausformen.

- ***Natriumlaktat*** ist ein farbloser Feststoff mit leicht salzigem Geschmack. In der Lebensmittelindustrie dient es als Säureregulator, Feuchthaltemittel, Festigungsmittel oder Schmelzsalz. Natriumlaktat bindet Flüssigkeit in der Seife, fördert das Schaumvolumen, stabilisiert den Schaum und hellt die Seife auf. Es kann die Bildung von Sodaasche begünstigen (mehr zu Sodaasche auf S. 425). Als Konsistenzgeber kann es in einer Dosierung von 1–1,5% bezogen auf den Gesamtfettansatz direkt in den Seifenleim eingerührt werden. Im Handel wird Natriumlaktat verdünnt in einer Konzentration von 60% angeboten.

Modellierung des Seifenschaums

Viele Anwender wünschen sich Seifen mit cremigem Schaum. Das Schaumvolumen und die Blasengröße lassen sich durch natürliche Zusätze beeinflussen. Die Blasengröße und Stabilität des Schaumes stehen in Wechselwirkung. Je kleiner die Seifenblasen, desto stabiler und cremiger der Schaum.

Kohlenhydrate

Kohlenhydrate wirken in Seifen generell schaumfördernd und schaumstabilisierend. Für unsere Seifenherstellung widmen wir uns zwei Gruppen von Kohlenhydraten: Stärke und Zucker.

- ***Stärke*** ist ein wesentlicher Inhaltsstoff von Pflanzen, z. B. von Mais, Reis oder Kartoffeln. Es handelt sich um ein weißes, geruchloses und geschmacksneutrales Pulver. Die einzelnen Stärkekörnchen sind in kaltem Wasser unlöslich, bei Erwärmung binden sie allerdings Feuchtigkeit und quellen. So wirkt Stärke als Verdickungsmittel. Das Quellverhalten der Stärkekörner unterscheidet sich je nach Pflanzenart.

Arbeiten mit Stärke

Stärke kann in einer Dosierung von max. ½ bis 1 EL pro Kilogramm Fettansatz direkt in den Seifenleim eingerührt werden. Die Seife

wird dadurch stabilisiert und lässt sich leichter ausformen. Durch die gebundene Flüssigkeit verlängert sich allerdings die Trocknungszeit der Seife.
Stärke erhöht außerdem die Reinigungskraft der Seife, fördert die Bildung eines cremigen Schaums und wirkt als Schutzkolloid:[66] Durch das Umhüllen der Moleküle wird verhindert, dass Peelingstoffe zusammenklumpen, Duft- und Farbstoffe miteinander reagieren oder Kalkablagerungen sich auf der Haut und am Waschbeckenrand bilden.

Vorsicht:
In höherer Konzentration führt Stärke zu einem Temperaturanstieg im Seifenleim.

- *Zucker* ist ein chemischer Sammelbegriff, der eine ganze Klasse unterschiedlicher Kohlenhydrate umfasst. Es gibt Einfach-, Zweifach- und Mehrfachzucker.
  Einfachzucker sind z. B. Traubenzucker (Glucose) und Fruchtzucker (Fructose). Zu den Zweifachzuckern zählen Rohr- oder Rübenzucker (Saccharose), Malzzucker (Maltose) und Milchzucker (Lactose). „Haushaltszucker", „raffinierter" oder „weißer Zucker" sind weitere Bezeichnungen für Saccharose. Puder- bzw. Staubzucker sind deren fein gemahlene Formen. Dreifachzucker kommen viel seltener vor, z. B. im Honig als Melezitose.

Arbeiten mit Zucker
In einer Dosierung von 1–2 EL pro Kilogramm Fettansatz macht Zucker den Seifenleim fließfähiger, unterstützt die Schaumbildung der Seife, stabilisiert den Schaum, macht ihn cremiger und fixiert Düfte. In größeren Mengen macht er die Seife weich und klebrig.
Honig, Fructose, Glucose, Milchzucker und Maltose heizen die Lauge und den Seifenleim stark auf. Haushaltszucker (Saccharose, Rohr- bzw. Rübenzucker) hat jedoch keinen aufheizenden Effekt. Er wird in der kalten Laugenflüssigkeit gelöst, bevor das NaOH

portionsweise hinzugefügt wird. Stattdessen kann auch etwas Laugenflüssigkeit beiseitegestellt, der Zucker darin gelöst und später direkt dem Seifenleim zugefügt werden.

• *Honig:* Zucker ist auch Hauptbestandteil des Bienenhonigs. Die dickflüssige bis feste, teilweise auch kristalline Substanz besteht aus verschiedenen Zuckerarten, hauptsächlich Fruktose und Glucose, aber auch aus geringen Mengen an Saccharose, Maltose und der seltenen Melezitose. Bienenhonig ist ein reines Naturprodukt, dem laut EU-Verordnung nichts hinzugefügt und auch nichts entzogen werden darf.
Honig heizt Lauge und Seifenleim stark auf. Allerdings enthält er wärmeempfindliche Inhaltsstoffe, die den hohen Temperaturen nicht standhalten und unter Bildung eines stechenden Geruches denaturieren. Dabei werden pflegende Eigenschaften des Honigs zerstört. Es macht daher keinen Sinn, ihn in großen Mengen zuzusetzen. Je höher die Dosierung, desto stärker die Wärmeentwicklung.

Vorsicht:

Zucker karamellisiert bei hoher Temperatur. Wird die jeweilige Zersetzungstemperatur des Zuckers überschritten, entstehen unter Geruchsentwicklung gesundheitsschädliche Abbauprodukte. Insbesondere Fructose (Honig, Obst) bildet z. B. das sogenannte Hydroxymethylfurfural (HMF), das unter Verdacht steht, krebserregend zu sein.

Arbeiten mit Honig

- Dosierung: 1–2 EL pro Kilogramm Fettansatz. In höherer Dosierung wird die Seife klebrig und weich.
- Honig (genauso wie Haushaltszucker) wird immer erst in der kalten Laugenflüssigkeit gelöst, anschließend fügt man portionsweise NaOH zu.

- Beim Lösen von NaOH in einer Boniglösung entsteht Lösungswärme (starker Temperaturanstieg). Laugenbehälter muss im Wasserbad gekühlt werden!
- Honig färbt die Lauge rotbraun.
- Alternativ kann man etwas Laugenflüssigkeit beiseitestellen, den Honig darin lösen und diese Lösung direkt in den Seifenleim einrühren.
- Um Überhitzung zu vermeiden, Honig sparsam dosieren und kalt arbeiten. Die befüllte Seifenform nicht isolieren, sondern kühl stellen.

Proteine

Proteine (Eiweiße) sind Makromoleküle, die aus langen Ketten von Aminosäuren bestehen. Sie wirken in der Seife einerseits als Emulgatoren und Neutralisatoren,[67] andererseits als Schutzkolloide. Der Zusatz von Proteinen bewirkt besonders glatte Seifen mit dezentem, seidigem Glanz. Proteine machen den Schaum feinporiger und cremiger, bilden einen leichten Film auf der Haut, schützen diese vor Austrocknung und verleihen ein angenehm glattes Hautgefühl. Proteinzusätze können auch als Allergene wirken, wie z. B. bei Soja- oder Weizenallergien. Seifen sind allerdings „Rinse-off"-Produkte, und es ist ungewiss, ob dieser Gesichtspunkt angesichts der kurzen Kontaktzeit mit der Haut eine praktische Rolle spielt.

Arbeiten mit Proteinen

Proteine wie Weizen-, Soja- oder Seidenprotein werden manuell in den leicht „zeichnenden" Seifenleim eingerührt. Dabei kommt es zu einer starken Erwärmung der Lauge und des Seifenleims, durch die die Proteine gefährdet sind, unter Geruchsentwicklung zu denaturieren. Außerdem dicken Proteine den Seifenleim an. Die Seife muss daher schnell und kalt hergestellt werden. Nachdem die Proteine hinzugefügt wurden, sollte man den Seifenleim unverzüglich ausformen. Um Überhitzung zu vermeiden, sollten Proteine sparsam eingesetzt und die Seifenformen nicht isoliert werden.

Zudem ist es ratsam, Proteine nicht in Kombination mit anderen andickenden Zusätzen zu verwenden.

Weizenprotein wird aus Weizenkörnern gewonnen und ist im Handel in flüssiger Form als „Nutritin P" oder in Pulverform verfügbar.
Dosierung: 1–2 g pro 500 Gramm Fettansatz.

Sojaprotein wird aus Sojabohnen gewonnen und liegt als Pulver vor.
Dosierung: 1–2 g Pulver pro 500 Gramm Fettansatz.

Seidenprotein oder Silk-Protein (Hydrolyzed Silk-Protein) wird aus echten Seidenfasern hergestellt und in flüssiger Form angeboten.
Dosierung: 1–2 g pro 500 Gramm Fettansatz.

Seidenfasern sind tierische Fasern, die vor allem aus Proteinen bestehen. Das Material wird in kleinen Drüsen im Maul des Seidenspinners hergestellt. Die Fasern heizen die Lauge und den Seifenleim stärker auf als Silk-Protein.
Dosierung: 1 TL pro 500 Gramm Fettansatz.

Arbeiten mit Seidenfasern

- Gefärbte Seide vor der Seifenherstellung entfärben. Die Farben können Allergien verursachen.
- Seidenfasern in der Laugenflüssigkeit einweichen.
  Nach dem Aufquellen der Fasern die gesamte NaOH-Menge dazugeben und unter Rühren lösen. Die Seide braucht zum Lösen starke Hitze.
- Die Lauge mit den gelösten Seidenfasern nun durch ein Sieb zum Fettansatz gießen, ungelöste Seidenfasern aussieben.
- Bis zum Zeichnen des Seifenleims rühren.

Milch und Milchprodukte

Milch ist ein beliebter Zusatzstoff bei der Herstellung von Naturseifen und steht in einer großen Vielfalt von Produkten zur Verfügung.

Milchprodukte lassen sich einteilen nach:
- Sorte bzw. Fettanteil (Vollmilch, Magermilch)
- tierischer Abstammung (Kuh-, Schaf-, Stuten-, Ziegen-, Eselsmilch etc.)
- Art der Weiterverarbeitung (Quark, Frischkäse, Molke, Sahne, Buttermilch, saure Sahne, Joghurt etc.)

Wichtige Milchparameter zeigen die Tabellen A6–A8 (ab S. 375 im Anhang). Die Hauptkomponenten von Milchprodukten sind Milchfett, Milchproteine und Kohlenhydrate. Ferner enthält Milch Vitamine, Mineralstoffe und Wasser. Vergorene Milch enthält Milchsäure.
Das Milchprotein besteht aus zwei Eiweißgruppen: Casein und Molkeprotein. Das Kohlenhydrat ist die Laktose (Milchzucker). Milchfett besteht überwiegend aus gesättigten Fettsäuren und der einfach ungesättigten Ölsäure. Es hat daher eine optimale Zusammensetzung für unsere Seifenherstellung.

Arbeiten mit Milch und Milchprodukten

In Milchseifen wird flüssige Milch ganz oder teilweise statt destilliertem Wasser als Laugenflüssigkeit eingesetzt. In einer kleineren Dosis kann sie auch, unter Beachtung der Gesamtflüssigkeitsmenge, direkt in den Seifenleim gegeben werden. Milchprodukte mit cremiger bis fester Konsistenz werden in den Seifenleim eingerührt.
Milchproteine und Milchsäure sind natürliche Schaumbildner und sorgen für Glanz und Glätte der Seife. Aus Milchsäure und NaOH entsteht Natriumlaktat. Natriumlaktat macht Seifen fester und bindet Wasser (mehr auf S. 96, „Sonstige Konsistenzgeber – Natriumlaktat").
Das Milchfett verseift bei Kontakt mit der Lauge. Das Verseifen von Milchfett verbraucht zusätzliches NaOH, wodurch der „Überfettungsgrad" der Seife leicht erhöht wird.

Vorsicht:

Milchproteine und Milchzucker (Laktose) führen zu einer starken Temperaturerhöhung in der Lauge und im Seifenleim. Proteine dicken den Seifenleim an.

Pflanzliche Alternativen zur Milch

Milchprotein kann durch pflanzliche Proteine aus Milchersatzprodukten ersetzt werden.
Der Begriff „Milch“ ist geschützt und der Tiermilch (und der menschlichen Muttermilch) vorbehalten. Milchersatzprodukte werden als „Drinks“ bezeichnet. Eine Ausnahme bildet bisher die Kokosmilch.

Zu beachten:

Angesichts der Vielzahl an Milch- und Milchersatzprodukten fällt es schwer, eine Auswahl zu treffen und zu entscheiden, welches für die eigenen Zwecke und Ansprüche an die Naturseife der optimale Zusatz ist. Um diese Entscheidung zu erleichtern, haben wir ab S. 304 das Schaumverhalten von verschiedenen Produkten genau beschrieben. Zusätzlich haben wir in unserer ersten Testreihe Wirkungen von Milch- und Milchersatzprodukten auf den Schaum unserer Naturseife getestet und die Ergebnisse zusammengefasst.

Sonstige Zusätze

Saponine

Etwa 75% aller Pflanzenarten produzieren Saponine, eine heterogene Gruppe von Naturstoffen, die sie vor Bakterien, Pilzen und Insektenfraß schützen. Saponine sind Tenside, setzen also die Oberflächenspannung herab und zählen zu den waschaktiven Substanzen. Beim Schütteln mit Wasser ergeben sie einen seifenartigen Schaum.

Auswahl an saponinhältigen Pflanzen:	
Seifenkraut	Lungenkraut
Gänseblümchen	Ginseng
Ringelblume	Sonnenblume
Thymian	Luzerne
Schlüsselblume	Primel
kleines Fettblatt	Quinoa
Hafer	Hundsnelke
Alpenveilchen	Vogelmiere
bittersüßer Nachtschatten	Mungobohnen
verschiedene Teesorten	Linsen
Efeu	Waschnussbaum
Konrade	Kastanie (hochkonzentriert)
Seifenrindenbaum (hochkonzentriert)	

Auswahl an saponinhältigen Gemüsen:	
Fenchel	Sojabohnen
Auberginen	Erdnüsse
Spargel	Mungobohnen
Zuckerrüben	Linsen
Kartoffeln	Erbsen
grüne Paprika	Zwiebeln
Knoblauch	Saubohnen
Kichererbsen	

Saponine sind wasserlöslich und werden durch Einweichen in Wasser aus der Pflanze gelöst. Die wässrigen Auszüge können als Laugenflüssigkeit verwendet werden. Durch Abspülen und Einweichen des Pflanzenmaterials gehen etwa 10% der Saponine verloren.

Saponine erhöhen das Schaumvolumen und die Schaumstabilität. Da Saponine Zuckerstoffe sind, können sie bei der Verseifung die Wärmeentwicklung verstärken. Sie sind hitzeempfindlich, bei höheren Temperaturen geht ein Großteil ihrer Wirkung verloren.
Saponine setzen die Haltbarkeit von Naturseifen herab und können allergen wirken. Auszüge aus Knoblauch und Zwiebeln haben einen antibiotischen Effekt, ihr Duft kann allerdings in der Seife durchschlagen.
Dosierung: 1–2%, bezogen auf den Fettansatz.

Peelingmittel

Peelingzusätze verstärken die Reinigungskraft einer Seife. Verhornte Hautstellen werden mechanisch abgerubbelt, wodurch die Elastizität und Festigkeit der Haut erhöht und die Poren verkleinert werden sollen. Die Tiefe der Falten reduziert sich und die Wirkstoffaufnahme der Haut wird optimiert. Je stärker ein Peeling, desto tiefere Hautschichten werden abgetragen.
Als Peelingzusätze werden eingesetzt: Salzkristalle, Jojobeads, Kaffeesatz, zermahlene Kerne, Reiskleie, gemahlene Haferflocken und Mandeln, Tapiokaperlen, Mohnsamen, Tonerden, Sand sowie getrocknete und zermahlene Kräuter und Blüten. Pflanzliche Peelingzusätze können, abhängig von ihrer eigenen Haltbarkeit, die Seife schneller verderben lassen.

Arbeiten mit Peelingmitteln

- Dosierung: 1–2 TL pro Kilogramm Fettansatz.
- Trockene Kräuter und Blüten 1–2 Stunden in etwas Öl vom Fettansatz einweichen, um sie geschmeidig zu machen. Das Gemisch in den Seifenleim einrühren (mehr über die Wirkung und Handhabung von Kräutern und Blüten ab S. 105)
- Sonstige Peelingzusätze mit etwas Öl aus dem Fettansatz vermengen, dem Seifenleim zugeben und homogen verrühren.
- Bei quellenden Peelingzusätzen (z. B. Frauenmantel) darf die Flüssigkeitsmenge von 33% (bez. auf GFA) nicht

unterschritten werden – die Seife wird sonst zu trocken und bildet Risse.
- Um das mechanische Abrubbeln der Hornschicht zu unterstützen, kann ein Naturbadeschwamm (Laffaschwamm) passend zugeschnitten, in die Seifenform gelegt und schließlich mit dem fertigen Seifenleim übergossen werden.

Vorsicht:
Peelings sollten nicht öfter als ein- bis zweimal pro Woche angewandt werden.

Antioxidantien, antibakterielle und konservierende Stoffe

Naturseifen enthalten keine Konservierungsstoffe und sind dadurch nur begrenzt haltbar. Jede Seife unterliegt einem oxidativen Abbau, sie wird also ranzig. Es kommt zu schlechten Gerüchen und Fleckenbildung und die Haptik der Seife verändert sich.
Der Zusatz von Antioxidantien verlängert die Haltbarkeit der Naturseifen.[68] Antioxidantien wie Vitamin E und Vitamin C können die Oxidation vor allem ungesättigter Fette und Öle verzögern. Bei stabilen Ölen mit einem hohen Anteil an gesättigten Fettsäuren ist der Zusatz von Antioxidantien überflüssig. Der Verderb wird auch durch den Zusatz von natürlichen, antibakteriellen und schimmelhemmenden Stoffen (z. B. ätherischen Ölen, Rosmarinextrakt) sowie von natürlichen Konservierungsstoffen (z. B. Salz, Zucker, Zitronen- oder Milchsäure) gehemmt.

Pflanzenteile (Blätter, Blüten, Kräuter)

Zugaben von Blättern, Blüten und Kräutern in Naturseifen sind beliebt. Sie werden als Duftgeber und -fixator, Peeling- und Färbemittel eingesetzt. Ihr Einsatz bedarf allerdings viel Erfahrung. Auch bei sorgfältiger Beachtung der richtigen Arbeitstechnik sind Misserfolge, z. B. durch Schwermetallbelastung, Staubbeimengung, Keim- oder Pilzbefall, nicht immer vermeidbar. Bevor man also begeistert mit dem Kräutersammeln beginnt, sollte man um folgende Probleme wissen:

- Kräuter und Blüten sind UV-empfindlich. Farbänderungen nach Dunkelgrau, Braun bis zum Verblassen sind möglich.
- Die meisten Pflanzen sind weder hitze- noch alkalibeständig und verändern ihre Farbe und den Duft während der Verseifung. Weiter unten findet sich eine Auflistung der Kräuter und Blüten, die für die Seifenherstellung infrage kommen.
- Einige Pflanzeninhaltsstoffe (Einfachzucker, Eiweiß und Stärke) erhöhen stark die Temperatur der Verseifungsreaktion.
- Einige Pflanzen haben allergenes Potential.

Arbeiten mit Pflanzenteilen:
Blüten und Kräuter müssen höchste Qualität aufweisen. Welke Pflanzenteile, Verschmutzungen, Stäube und Insekten muss man entfernen, dann werden die Pflanzen staubfrei und lichtgeschützt getrocknet. Erst nach vollständiger Trocknung fein hacken. Zu grobe Teile sind in der Seife unangenehm kratzig. Für unsere Seife wählen wir eine Dosierung von 1 EL pro Kilogramm Fettansatz. Damit sich die Pflanzen besser im Seifenleim verteilen können, werden sie zuerst in etwas Öl vom Fettansatz eingeweicht. Danach wird das Gemisch in den Seifenleim gerührt.

Werden stark quellende Pflanzenteile zugegeben, ist die Flüssigkeitsmenge im Rezept zu erhöhen. Die Ringelblume behält ihren Farbton in der Seife. Johanniskrautblüten hinterlassen rotbraune Punkte in der Seife.

Obst und Gemüse

Bei der Herstellung von Naturseifen wird gerne mit eingedickten Frucht- und Gemüsesäften oder püriertem Obst und Gemüse experimentiert, in der Vorstellung, die gesunden Eigenschaften dieser Lebensmittel würden sich in den Seifenschaum und auf unsere Haut übertragen.
Dies ist aber nicht der Fall. Obst enthält Fruchtzucker, Stärke und Eiweiß und heizt demnach den Seifenleim stark auf. Die pflegenden Inhaltstoffe können der hohen Temperatur und der Lauge nicht standhalten, verändern ihre chemische Struktur und denaturieren. Die meisten werden durch die Verseifung zerstört. Was übrig bleibt, landet beim Waschvorgang im Schaum und innerhalb weniger Sekunden im Ausguss. Darüber hinaus verderben Obst und Gemüse schnell und tragen Keime in unsere Naturseife, wodurch diese schneller ranzig wird.

Kaffee

Kaffee bindet Gerüche. Der Seifenschaum von Kaffeeseifen neutralisiert nicht nur Gerüche der Hände (Zwiebel, Knoblauch, Fisch), sondern auch der Füße und Achseln (Fuß- bzw. Achselschweiß). Außer als Geruchskiller kann Kaffee auch als Peelingmittel eingesetzt werden.

Arbeiten mit Kaffeesatz:

Mit destilliertem Wasser aufgebrühter, starker Kaffee wird filtriert und als Laugenflüssigkeit verwendet. Zusätzlich dient trockener Kaffeesatz als Peelingmittel. Dieser wird zuerst in einer Dosierung von 1 EL pro Kilogramm GFA in etwas Öl aus dem Fettansatz eingeweicht, damit er sich schließlich im Seifenleim leichter verteilen lässt. Unmittelbar nach dem Ausformen verströmen Kaffeeseifen einen unangenehmen Geruch, der sich allerdings während der Lagerung verflüchtigt. Fertig gereift duften die Seifen charakteristisch nach Kaffee.

Vorsicht:

- Kaffee gibt nach der Röstung bis zu zwei Monate Gase ab (hauptsächlich CO_2). Frischer Kaffee ist deshalb zur Seifenherstellung nicht geeignet.
- Keine anderen Duftgeber einsetzen: Der charakteristische Geruch der Kaffeeseife verträgt keine zusätzlichen Düfte.

Salz (NaCl)

Salz wird nicht nur in kleinen Mengen als Konsistenzgeber verwendet (siehe S. 195), sondern dient vor allem zur Herstellung von Salz- und Soleseifen. Salz härtet die Seife, hellt den Farbton auf, bindet Wasser und hemmt die Schaumentwicklung. Selbst Schaumverstärker wie Lanolin oder Rizinusöl zeigen nur geringe Effekte. Da Salz Düfte bindet, bleiben auch parfümierte Salz- und Soleseifen geruchlos. Sie haben eine antiseptische sowie entzündungshemmende Wirkung und sind besonders lange haltbar.

Arbeiten mit Salz:

Als Zusatz eignet sich feinkörniges reines Kochsalz, da es nur wenige mineralische und metallische Beimengungen enthält.
Um Salzseifen herzustellen, wird Salz direkt in den leicht zeichnenden Seifenleim eingerührt. Die Haptik der Seife ist rau. Ungelöste Salzkristalle wirken als Peeling. Hochkonzentrierte Salzseifen eignen sich nur für unempfindliche Körperstellen wie z. B. Fußsohlen. Für Soleseifen hingegen wird Salz in destilliertem Wasser gelöst, das dann als Laugenflüssigkeit dient. Soleseifen sind besonders hart, zeichnen sich durch eine glatte Oberfläche aus und schäumen kaum.

Salz- und Soleseifen härten rasch aus. Der Seifenblock muss im warmen Zustand geschnitten werden, abgekühlt zerbröckelt er. Am besten eignen sich Einzelformen. Da Salz Wasser bindet, beträgt die Trocknungszeit der Seifen mindestens 12 Wochen.

Wirkung auf die Haut

Salz beeinflusst den Wassergehalt[69, 70] der Haut (siehe Kapitel „Hautreinigung“, ab S. 37). Die natürliche Salzkonzentration in menschlichen Zellen beträgt 0,9%. Hautzellen sind, wie alle anderen Zellen, von einer semipermeablen Zellmembran umschlossen, die den Stoffaustausch mit der Umgebung ermöglicht. Sie lässt kleine Moleküle wie z. B. Wassermoleküle hindurch, für große Salzmoleküle ist sie hingegen eine Barriere.
Bestehen innerhalb und außerhalb der Zelle unterschiedliche Salzkonzentrationen, ist die Natur bestrebt, diese Konzentrationsunterschiede auszugleichen. Da die Salzmoleküle die Zellmembran nicht passieren können, müssen die Wassermoleküle in Richtung der konzentrierteren Lösung wandern. Diesen Vorgang nennt man Osmose.

Salzlösungen und deren osmotische Auswirkung auf die Hautzellen

	reines Wasser	hypotone Lösung	isotone Lösung	hypertone Lösung
Salzkonzentration	0%	< 0,9%	0,9%	>0,9%
osmotische Strömung an der semipermeablen Zellmembran	Wasser wandert in die Zelle		Gleichgewicht	Wasser wandert aus der Zelle
Wassergehalt der Zelle	vergrößert sich (Zelle quillt)		bleibt konstant (im osmotischen Gleichgewicht)	verkleinert sich (Zelle schrumpelt)

Die optimale Salzkonzentration in der Seife ist abhängig vom jeweiligen Hauttyp. Naturseifen, die isotone Waschlösungen bilden, sind besonders mild und für trockene und empfindliche Haut sowie für das Gesicht zu empfehlen. Um einen annähernd isotonen Zustand in der Seifenemulsion, im Waschwasser und auf der Haut zu erreichen,

sollte die Seife 1% Salz, bezogen auf den Rohstoffeinsatz (Fettansatz und Lauge), enthalten.
Hypotone Naturseifen passen zu normaler und trockener Haut. Sie zeichnen sich durch einen leicht feuchtigkeitsspendenden Effekt aus. Für Mischhaut sind diese Seifen nur dann zu empfehlen, wenn sie frei von Pickeln ist. Hypertone Seifen eignen sich für die Reinigung fettiger Haut. Sie können auch zur Behandlung von Hauterkrankungen eingesetzt werden.

Vorsicht:

- Salzreste von der Haut gut abspülen. Angetrocknetes Salz entzieht der Haut Feuchtigkeit.
- Für die Reinigung von Verletzungen sind Salz- und Soleseifen ungeeignet.

Natriumzitrat

Naturseifen bilden mit hartem Leitungswasser Kalkseifen, die die Waschkraft beeinträchtigen und die Schaumbildung bremsen. Sie bilden Rückstände auf der Haut und in den Haaren und setzen sich am Waschbeckenrand und in den Abwasserleitungen[71] ab.
Um Kalkablagerungen vorzubeugen, kann der Naturseife Natriumzitrat zugefügt werden. Es handelt sich dabei um ein farbloses Salz, das in gemahlenem Zustand günstig im Chemiehandel angeboten wird. Es entsteht durch eine Neutralisationsreaktion von Zitronensäure (ZS) und ist ein unbedenklicher, biologisch abbaubarer Stoff. In der Lebensmittelindustrie dient er insbesondere als Säureregulator und bei der Wasseraufbereitung als Enthärter. Die Dosierung im Seifenrezept variiert zwischen zwei und fünf Prozent und hängt von der Wasserhärte des Leitungswassers ab. Diese kann beim Wasseranbieter erfragt oder mit einem Teststreifen selbst ermittelt werden. Bei sehr hartem Wasser sind 5%, bezogen auf den Fettansatz, zu empfehlen. Das Natriumzitrat wird in der Laugenflüssigkeit gelöst, bevor portionsweise das NaOH hinzugefügt wird. Beim Lösen des Stoffes entsteht keine Lösungswärme.

Kunsthandwerkliche Gestaltung

Naturseife selbst zu machen, bedeutet nicht nur das Aufgreifen jahrhundertealter Traditionen und die Herstellung eines hochwertigen, ökologisch unbedenklichen und nachhaltigen Produkts, sondern auch dessen künstlerische Gestaltung. Seifenmachen ist Kunsthandwerk!

Egal, ob man die Seife für den Eigengebrauch, als liebevolles Geschenk oder für den Verkauf herstellt: nicht nur Qualität und Haltbarkeit müssen stimmen, auch die äußere Erscheinung macht Erfolg oder Misserfolg unseres Produkts aus.

Schlichte Seifen in Pastelltönen werden mit Bodenständigkeit, Stabilität, Nachhaltigkeit und Natur assoziiert, weiße oder cremefarbene Seifen mit Seide und Luxus, kräftig gefärbte Seifen mit Lebensfreude.

Farbtechniken

Seifen können einfarbig, mehrfarbig oder mit komplexen Mustern gestaltet werden. Jede Farbtechnik fordert eine bestimmte Konsistenz des Seifenleims. Komplizierte Farbmuster brauchen Zeit, der Seifenleim darf nicht zu schnell andicken, sich aber auch nicht mit den andersfarbigen Leimen vermischen und so das Muster beeinträchtigen. Daher hängt die Wahl der jeweiligen Technik auch von den Zusätzen ab. Proteine und Pflanzenbutter dicken z. B. den Seifenleim schnell an, aufwendige Farbmuster sind damit nicht möglich.

Einfarbige Naturseifen

Die einfachste Farbtechnik: Der Seifenleim wird gefärbt, bis zur puddingartigen Konsistenz gerührt und in die Form gegossen. Wichtig ist nur, die Farbe im Seifenleim immer homogen zu vermischen, sonst bilden sich „Farbnester".

Mehrfarbige Naturseifen

Der Seifenleim wird in zwei oder mehrere Portionen geteilt, die individuell gefärbt werden. Das Zusammenspiel der Farben entsteht durch verschiedene Gießtechniken, Musterzeichnungen und Schichtungen in der Seifenform.

Farbschichten

Je nach gewünschter Schichtanzahl teilt man den Seifenleim in mehrere gleich oder verschieden große Portionen. Alternativ kann das Lauge-Fett-Gemisch auch vor der Verseifung getrennt und einzeln verseift werden. Die Portionen werden eingefärbt und nacheinander in die Form gegossen, wobei die jeweils untere Schicht bereits angedickt sein muss. Soll die Seife ein Parfüm enthalten, müssen die Leimportionen einzeln und direkt vor dem Formen beduftet werden. Ist die Seifenform eben aufgestellt, entstehen parallele Farbschichten. Diagonale Schichten erzeugt man, indem man eine Unterlage unter die lange Kante legt und die Form dadurch etwas kippt. Nachdem eine Schicht eingedickt ist, kann die Form neu ausgerichtet werden.

Farbverläufe

Der Seifenleim wird in zwei Portionen geteilt. Um Seifen mit heller oder dunkler werdenden Schattierungen zu erzeugen, darf nur eine Portion des Leims gefärbt werden.
Zuerst wird die Form um etwa fünf Zentimeter gekippt. Dann, um Schattierungen von dunkel nach hell zu erzeugen, wird eine kleine Portion des farbigen Leims entlang der langen Kante in die Form gegossen. Anschließend wird der restliche Leim um eine Nuance aufgehellt, indem etwas von der ungefärbten Portion untergerührt wird.

Wieder wird ein kleiner Teil in die Form gegossen. Dieser Vorgang wird so oft wiederholt, bis die Form zur Gänze gefüllt ist. Vor dem Eingießen der letzten Schicht wird die Seifenform gerade gestellt. Wird ein dunkler werdender Farbverlauf gewünscht, beginnt man mit dem ungefärbten Seifenleim. Diesem werden dann nach und nach Portionen stärker gefärbten Leims zugemischt.

Vorsicht:
Der Seifenleim muss bis zum Schluss fließfähig bleiben.

Marmorierung des Seifenleims: Swirltechnik
Das Swirlen ist eine Farbtechnik, mit der Muster im Seifenleim erzeugt werden können. Dazu wird der Seifenleim portioniert und unterschiedlich eingefärbt. Die bunten Seifenleime werden in die Form gegossen und bilden, abhängig von der Swirlart, dickere und dünnere Farblinien, Kreise und Punkte. Der Experimentierfreude sind dabei keine Grenzen gesetzt: Man kann die farbigen Leimportionen auf vielfältigste Arten in die Form gießen, aber

auch mit Werkzeugen (z. B. Stäbchen, Kamm, Bügel usw.) Muster kreieren. Fährt man z. B. mit einem Kamm durch die Farbschichten, entstehen parallele linien- oder wellenartige Muster. Der Abstand der einzelnen Zinken bestimmt die Dichte des Musters.

Zur Erzeugung von Mustern gibt es eine Vielzahl von Swirlarten:

- ***Column Swirl:*** In der Form wird mittig ein Klotz aufgestellt, die farbigen Seifenleime werden in kleinen Portionen abwechselnd über den Klotz gegossen.
- ***Drop Swirl:*** Die Farbportionen werden in Teilmengen und farblich abwechselnd in Streifen, Kreisen, Tropfen usw. übereinander in die Seifenform geschichtet.
- ***Zig Zag Circling Swirl:*** Die Farbportionen werden in Teilmengen und farblich abwechselnd als Streifen, Kreise, Tropfen usw. in die Seifenform geschichtet und mithilfe von Werkzeugen zu Mustern verbunden.
- ***Mantra Marbles Swirl:*** In der Seifenform werden Trennwände (z. B. aus Pappe) platziert. Die unterschiedlich gefärbten Leimportionen werden in jeweils eine Kammer gegossen. Vor dem Andicken des Leims entfernt man die Trennwände und mithilfe von Werkzeugen können nun Muster gestaltet werden.
- ***Spin Swirl:*** Die Farbportionen werden in Teilmengen und farblich abwechselnd als Streifen, Kreise, Tropfen usw. übereinander in die Seifenform gegossen. Durch gezieltes rasches Schwenken und Kreisen der Form übertragen sich Bewegungsimpulse auf den Leim und erzeugen dynamische Linien und Muster.
- ***Zig Zag Cosmic Wave Swirl:*** Die Farbportionen werden farblich abwechselnd, z. B. kreis- oder tropfenförmig, zuerst in einen „Zwischentopf" gegossen. Sie sollten sich dabei nicht vermischen. Anschließend wird der Leim in die Seifenform gefüllt. Je nach Art der Eingießtechnik entstehen Muster und bilden sich Farbstrudel.
- ***Ebru-Technik*** (Oberflächenmarmorierung): Kleine Farbportionen werden als Streifen, Kreise, Tropfen usw. auf der

Leimoberfläche verteilt, und mit Stäbchen, einem Kamm oder anderem Werkzeug werden Muster erzeugt.
- ***Trichtertechnik*** (auch „Dancing Funnel Technique"): Die Farbportionen werden in Teilmengen und farblich abwechselnd über einen Trichter oder mit einer Tube in der Seifenform verteilt.

Hilfsmittel und Werkzeuge zur Gestaltung von Farbmustern:
- Stäbchen und Spieße in allen Dicken zum Zeichnen von Mustern
- Kamm mit langen und weit auseinanderliegenden Zinken zum Zeichnen von Mustern
- Bügel zum Umrühren mehrerer Farbschichten
- Griffe von Farbrollen (ohne Farbrolle) zum Umrühren mehrerer puddingartiger Farbschichten
- Esslöffel zum mehrmaligen Wenden puddingartiger Farbschichten
- Schneebesen zum Verwirbeln der farbigen Seifenleime in der Form
- Trennwände
- Trichter

Die Konsistenz des Seifenleims spielt beim Swirlen eine entscheidende Rolle. Der Seifenleim muss einerseits gut gießbar sein und sich auf der Oberfläche einer Farbschicht ausbreiten können, andererseits sollen die Farben nicht ineinanderlaufen oder sich vermischen. Zügiges Arbeiten ist angesagt. Um das Andicken des Seifenleims zu verzögern, sollte man:
- mit einem erhöhten Anteil an Ölsäure im Fettansatz arbeiten (z. B. mit High-Oleic-Ölen)
- auf konsistenzgebende Zusätze wie Wachse, Stearin und Pflanzenbutter verzichten
- sonstige andickende Zusätze (Duftöle, Proteine usw.) vermeiden
- kühl arbeiten (Arbeitstemperatur unter 30°C)
- manuell rühren, den Stabrührer nur kurz und mit niedriger Drehzahl einsetzen
- einen höheren Flüssigkeitsanteil einsetzen, mindestens 28–33%, bezogen auf den Fettansatz

Farbänderungen im Seifenleim lassen sich vermeiden, indem man:

- alkali- und lichtbeständige Farbmittel verwendet
- keine färbenden Duftstoffe zusetzt
- auf sonstige Zusätze verzichtet
- hochwertige Rohstoffe ohne Verunreinigungen verwendet

Eine weitere Gestaltungsart ist die Ummantelung der Seife durch eine farbig abgesetzte Seifenschicht.

Ummantelte Seife

Für eine runde Mantelseife braucht man eine mittelgroße Blockform und eine zylindrische Form, z. B. eine Pappdose mit abnehmbarem Deckel. Wichtig ist, dass der Umfang des Zylinders kleiner ist als die Länge der Blockform.

Zuerst wird die Seife hergestellt, die später den Mantel bildet. Oft wird dieser zwei- oder mehrfarbig gestaltet, wofür sich alle bereits geschilderten Farbtechniken eignen. Der Seifenleim wird in die Blockform gegossen und, sobald er fest geworden ist, ausgeformt.

Die oberste, stumpfe und unebene Schicht wird mit einem Draht (z. B. mit einer Gitarrensaite) abgetrennt und der verbleibende Block mit dem Draht in 4–5 Millimeter dicke Platten geschnitten.

Nun muss die zylindrische Form mit einer Mantelplatte ausgekleidet und diese in die richtige Größe gebracht werden. Sie darf dafür nicht zu weich, aber auch nicht zu fest sein. Zuerst wird die Pappdose auf die Mantelplatte gelegt. Deren Breite muss jetzt so gekürzt werden, dass sie genau mit der Höhe der Dose übereinstimmt. Jetzt schneidet man von den Resten der Seifenplatten einen 1–2 Zentimeter breiten Probestreifen ab und legt damit den inneren Umfang der Dose aus.

Die überlappenden Enden dieses Streifens werden in der Dose mit dem Messer markiert. Der Streifen wird wieder entnommen und so zugeschnitten, dass seine Länge exakt dem Innenumfang der Dose entspricht. Anschließend wird die Länge des Probestreifens auf die Mantelplatte übertragen.

Damit sich die Seife später ohne Probleme ausformen lässt, kommt zwischen Form und Mantel ein Stück Butterbrotpapier, das dieselbe Fläche hat wie der Mantel. Dann wird der Bodendeckel der Dose abgenommen, ebenfalls mit passend zugeschnittenem Butterbrotpapier ausgekleidet und wieder aufgesetzt. Nun erst wird die Mantelplatte in die Form gelegt.
Der Mantel ist jetzt fertig. Für den inneren Teil der Seife wird ein neuer Leim angerührt und, sobald er zeichnet, in den Zylinder gegossen. Zum Entweichen von Luftblasen sollte die Form einige Male auf den Tisch geklopft werden. Anschließend wird die Form abgedeckt. Nach dem Festwerden kann der Seifenblock ausgeformt und in 2–3 Zentimeter dicke Stücke geschnitten werden.

Sonstige Gestaltungstechniken

Naturseifen mit Einlegern

Aus Kantenstücken, die beim Schneiden von blockförmigen Seifen anfallen, können kleine Seifenformen ausgestochen werden. Diese werden als Einleger am Boden einer Form platziert und mit dem Seifenleim einer neuen Produktion übergossen.
Mit dieser Technik lassen sich auch aufwendigere Muster herstellen: Platziert man z. B. einen bunten Seifenzylinder in der Form und füllt diese dann mit einfarbigem Leim, so entstehen nach dem Schneiden des Blockes Seifen mit kreisförmigen Farbeinlagen.

Naturseifen mit Konfettieffekt

Schnipsel und Flocken von Seifenzuschnitten können elegant weiterverwendet werden. Dafür müssen die bunten Reste einfach in den einfarbigen Leim einer neuen Seife eingerührt werden. Natürlich kann man hierbei ebenfalls mit mehreren Farben und verschiedenen Farbtechniken arbeiten (z. B. eine Schicht mit Seifenresten, eine Schicht ohne).

Naturseifen mit Reliefstruktur

Die Seifenform kann mit einer, gegebenenfalls auch eingefärbten, Strukturplatte ausgelegt werden. Der Leim wird in die Form gegossen und übernimmt nach dem Festwerden die Reliefstruktur. Es gibt im Handel auch Seifenformen mit festem Relief.

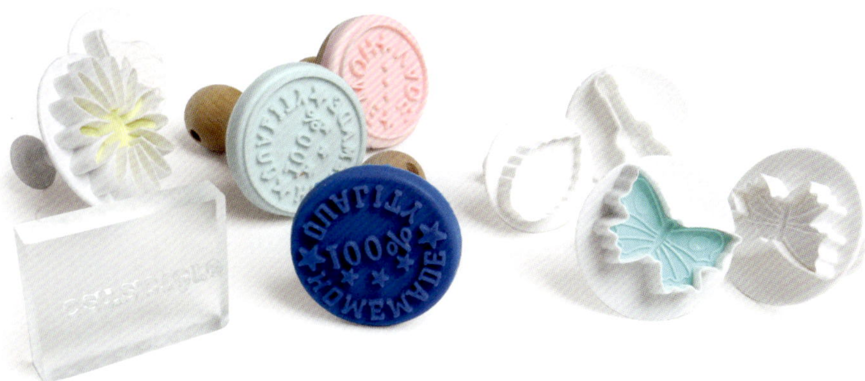

Gestempelte Naturseife

Gestempelte Seifen sind besonders eindrucksvoll. Seifenstempel müssen aus alkalibeständigem Material sein, Metall ist nicht geeignet. Im Handel gibt es für fast jeden Anlass geeignete Seifenstempel, man kann allerdings auch solche mit persönlichem Schriftzug, z. B. aus Acryl, fertigen lassen.

Der Stempel wird auf die gewünschte Stelle der festen Seife gelegt. Mit 1–2 leichten Hammerschlägen lässt sich das Motiv bzw. der Schriftzug übertragen. Gießharzstempel sind stoßempfindlich, die Prägung erfolgt durch Andrücken mit der Hand.

Umfilzte Naturseife

Filzseifen sind nicht nur dekorativ, sie haben bei der Anwendung auch einen Peelingeffekt und reinigen stark verschmutzte Hände besonders gründlich (z. B. nach Gartenarbeit). In der Umhüllung lassen sich Seifenreste oder Seifen mit schiefen Kanten, Lufteinschlüssen oder Farbfehlern verstecken.

Das Seifenstück wird zuerst vollständig mit ein- oder mehrfarbiger Filzwolle umwickelt. Auf der Oberfläche der Schicht können beliebige Muster (z. B. bunte Wollfransen) angebracht werden. Zur leichteren Handhabung wird das Seifenstück in ein passendes Netz gelegt, das durch einen Knoten verschlossen wird. Alternativ kann z. B. auch ein Nylonsocken verwendet werden. Nun ein Handtuch auf eine wasserdichte Unterlage legen, um einen guten Arbeitsplatz zu schaffen. In einer Schüssel wird mit warmem Wasser und einem Seifenrest eine schwache Seifenlösung hergestellt. Das umhüllte Seifenstück in die Schüssel legen und anseifen. Vorsichtig mit den Händen kneten, aufschäumen und in Form bringen. Starken Schaum unter fließendem Wasser abspülen. Bei der Bearbeitung der Filzschicht im Seifenwasser verfilzt die Wolle nach und nach, wird fest und verbindet sich mit der Seife. Nach Abschluss der Verfilzung das Seifenstück unter fließendem Wasser abspülen, auf ein Handtuch legen und an der Luft trocknen lassen.

Figuren gießen

Der zeichnende Seifenleim wird in Einzelformen gegossen. Nach Festwerden der Seife entstehen die jeweiligen Seifenfiguren.

Kordelseifen

Attraktiv und praktisch sind Naturseifen mit Kordel zum Aufhängen. Diese Seifen können nach der Verwendung abtropfen und trocknen. Sie sind dadurch besonders hygienisch und sparsam im Verbrauch. In die feste Seife wird ein Loch gebohrt, durch welches eine Kordel oder ein Band gezogen und verknotet wird.

Verpackung und Lagerung

Zuerst werden unebene Stellen der Seifenstücke mit einem Messer oder Seifenschneider, einem sogenannten Laib Cutter, begradigt. Kanten können auch mit einem Gemüseschäler abgerundet werden. Falls sich auf der Seifenoberfläche Sodaasche abgelagert hat, wird diese mit einem Tuch entfernt.

Naturseifen sollten trocken, dunkel, staubgeschützt und an der Luft gelagert werden. Sie geben Wasser ab und können daher aus sich heraus „schwitzen". Luftdichte Schränke und Verpackungen sind zum Lagern ungeeignet. Holzregale, Holzsteigen und Schuhkartons sind hingegen atmungsaktiv. Um optimal trocknen zu können, sollten sie auf eine saugfähige Unterlage (z. B. Küchenpapier) gelegt und alle paar Tage gewendet werden. Sie dürfen zudem nicht mit Metall (z. B. Nägeln) in Berührung kommen.

Auch die Einzelverpackung muss luftdurchlässig sein. Dafür kommen Pappe, Papier, Karton und Leinen- oder Jutestoff infrage. In Cellophan sollten die Seifen nur kurzfristig verpackt sein, da dieses nur eingeschränkt atmungsaktiv ist. Besonders edel ist das Einwickeln in Seidenpapier.

Die Seifen werden mit Angaben zu Inhaltsstoffen, Herstellungsdatum, Haltbarkeitsdauer und gegebenenfalls Chargennummer beschriftet.

caractère

Praxis

Wie Sie mit Ihrer eigenen Seifenproduktion beginnen

Das Seifenlabor

In diesem Kapitel werden Grundregeln, Arbeitsmaterial und Arbeitsschritte für die Seifenherstellung im Detail vorgestellt. Es folgen Rezepte für Hand- und Körperseifen, Rasierseifen und Spezialseifen (medizinische Soleseife). Eine Schritt-für-Schritt-Anleitung hilft den Einsteiger*innen beim Gelingen der ersten Seife.
Für Fortgeschrittene wird darüber hinaus die Herstellung von Hydrolaten beschrieben, an die bei der Verwendung in Naturseifen besondere Anforderungen gestellt sind. Eine Fehleranalyse veranschaulicht mögliche Fehler bei der Seifenherstellung und ihre Auswirkungen. In Testreihen wird gezeigt, wie verschiedene Zusätze die Eigenschaften von Naturseifen beeinflussen.

Schnörkellose Rezepturen

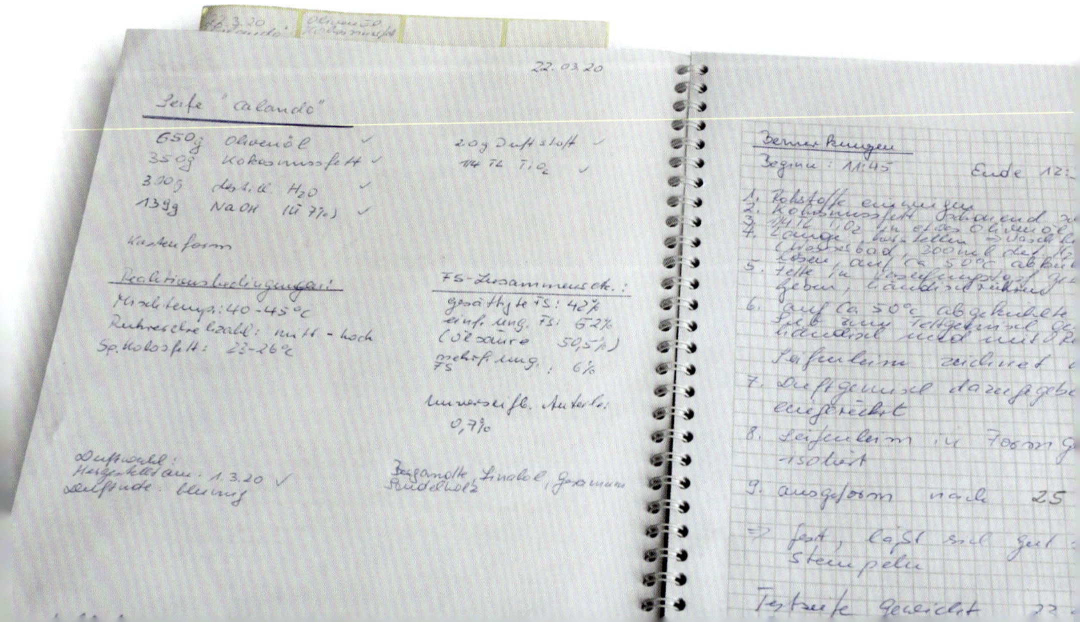

Minimalismus als neuer Trend in unserem Konsumverhalten bedeutet die bewusste Reduktion auf das Wesentliche. Dieser Ansatz hat in der Naturkosmetik[72, 73, 74] einen fixen Platz gefunden. Durch den Einsatz weniger hochwertiger Inhaltsstoffe werden natürliche Ressourcen geschont. Auch in unseren Rezepten steht das solide Grundrezept im Vordergrund, ganz ohne üppige Rohstoff-Cocktails. So erreichen wir, dass die Naturseifen hautverträglich, ökologisch unbedenklich und nachhaltig sind sowie einen möglichst kleinen ökologischen Fußabdruck hinterlassen.

Allgemeine Grundregeln

Grundregeln für ein sicheres, produktives und stressfreies Arbeiten:

- für die Seifenherstellung ausreichend Zeit reservieren
- für einen ungestörten Arbeitsablauf sorgen
- immer nach Rezept arbeiten
- Rezepte nicht unkritisch übernehmen, auf Plausibilität prüfen:
  - Ist die Fettsäurezusammensetzung sinnvoll?
  - Stimmt die Laugenmenge?
  - Sind alle Mengen in Gramm angegeben?
- vor Arbeitsbeginn alle Arbeitsmaterialien und Rohstoffe getrennt vom Küchenbereich zusammenstellen
- eine stabile, ausreichend große Arbeitsfläche wählen und mit aufsaugendem Material (z. B. Küchenrolle oder Zeitung) abdecken
- Kehrblech, Besen und Mülleimer bereitstellen
- Feststoffe und Flüssigkeiten genau abwiegen
- alle Gefäße beschriften, um Verwechslungen auszuschließen
- Arbeitsschutz beachten!
- erledigte Arbeitsschritte am Rezept abhaken
- nach der Arbeit Hände, Arbeitsmaterial, Arbeitsflächen und Schutzkleidung gründlich säubern
- Seifenbuch anlegen, darin alle Arbeitsschritte und Beobachtungen notieren
- auf Banderolen oder Begleitblättern Herstellungsdatum und Zusammensetzung der Seife angeben

Arbeitsmaterial

Das Arbeitsmaterial darf ausschließlich zur Seifenherstellung verwendet werden und muss säure-, laugen- und temperaturbeständig sein. „Haushaltskunststoff", „Haushaltsglas" und Holz leiden mit der Zeit unter der Lauge. Emaillierte Gefäße oder Produkte aus Laborglas, Polyethylen und -propylen sowie aus Edelstahl sind hingegen laugenbeständig und damit gut geeignet für die Seifenproduktion. Verwendete Gefäße nach Gebrauch mit Küchenpapier abwischen und abspülen. Sie können anschließend händisch oder, getrennt vom Essgeschirr, im Geschirrspüler gewaschen werden.

Zur Grundausrüstung gehören:

- Arbeitsschutzkleidung
- digitale Präzisionswaage, empfehlenswert ist auch eine Löffelwaage für kleinste Mengen
- kleiner Topf zum Schmelzen der Fette
- großer Topf für die Verseifung (sollte mindestens das Zwei- bis Dreifache der berechneten Gesamtmenge aufnehmen können)
- Löffel, Spachtel, Teigschaber, Schneebesen
- hohes Gefäß (1–1,5 Liter) aus hitzebeständigem Kunststoff oder Glas mit breitem Boden zum Herstellen der Lauge (sollte mindestens das Zwei- bis Dreifache der berechneten Flüssigkeitsmenge aufnehmen können)
- Glas- oder Kunststoffbecher für Einwaagen (z. B. Joghurtbecher für Farben und Füllstoffe, größere Becher für Fette und Öle, stabile Kunststoff- oder Glasbehälter für NaOH, kleine Glasbecher für Duftstoffe)
- elektrischer Stabrührer (ab 400 Watt mit verschiedenen Leistungsstufen), empfehlenswert ist auch ein Milchschäumer zum Verrühren von Farben
- feines Sieb zum Sieben der Lauge
- Thermometer, pH-Papier

- Werkzeuge für Färbetechniken (siehe Kap. „Swirltechnik“, S. 114)
- Frischhaltefolie bzw. Pergamentpapier zum Auskleiden und Abdecken von Formen
- Handtücher oder Decken zum Isolieren der Formen (wenn Gelphase erwünscht), empfehlenswert sind auch Styroporkisten
- Küchenrolle
- langes, schmales Messer zum Schneiden eines Seifenblocks (oder Handsäge mit Sägeblatt, Käseschneider, Seifenschneider)
- Schaber zum Begradigen von Seifenunebenheiten und Abrunden der Kanten
- Seifenformen

Seifenformen

Es gibt im Handel eine Vielzahl von Einzel-, Block- und Dividorformen aus Silikon, Holz oder Kunststoff.

Silikonformen sind extrem flexibel, die Seifen lassen sich daher besonders leicht ausformen. Formen aus Kunststoff sind hingegen starr, und das Ausformen der Seife ist dementsprechend schwieriger. Abhilfe schafft, die Form mit der Seife ins Gefrierfach zu legen. Nach dem Herausnehmen bildet sich Kondenswasser, und die Seife rutscht ohne Druckanwendung aus der Form.

Holzblockformen mit Frischhaltefolie oder Pergamentpapier möglichst glatt auslegen, das erleichtert das Ausformen und schützt das Holz vor der Lauge. Falten in der Folie oder im Papier bilden sich auf der Seife ab. Sehr praktisch und leicht auszuformen ist eine Holzform mit Silikoneinlage. Zum leichteren Ausformen sollte man Blockformen nicht bis zum Rand, sondern nur bis

ca. 1 cm unterhalb der Formkante füllen. Die Formen einzufetten hat keinen Effekt, denn auch dieses Fett verseift.
In Blockformen hergestellte Seifen müssen nach dem Ausformen geschnitten werden. Dabei ist zu beachten, dass die einzelnen Stücke eine angenehme Größe haben. Die Seife muss gut in der Hand liegen und beim mechanischen Reiben eine ausreichend große Reibefläche ermöglichen. Zu kleine und zu große Seifen schäumen schlechter und sind unhandlich.

Folgende Maße haben sich für einzelne Seifenstücke als praktisch erwiesen:

Tiefe: 2–3 Zentimeter
Breite: 5–7 Zentimeter
Höhe: 7–9,5 Zentimeter

Nach dem Schneiden sollten die Kanten der Seife abgerundet werden, damit sich die Seife bei der Anwendung gut in den Handflächen dreht und nicht aus der Hand rutscht.

Beachte: Blockformen aus Holz isolieren den Seifenleim besonders gut. In Einzelformen kühlt er hingegen schnell aus, die Gelphase verzögert sich oder bleibt aus.

Arbeitsschutz

Keine Arbeit und auch kein Hobby sind es wert, bleibende gesundheitliche Schäden zu riskieren. Deshalb steht der Arbeitsschutz immer an oberster Stelle. Die Gefahren beim Umgang mit Lauge und die nötigen Arbeits- und Umweltschutzmaßnahmen sind in Sicherheitsdatenblättern[75, 76, 77] erfasst und online abrufbar (siehe Tab. A21, Seite 404). Vor Beginn der Arbeit unbedingt durchlesen!

Lauge und Seifenleim sind alkalisch und wirken stark ätzend auf Haut und Schleimhäute.[78, 79] Spritzt Lauge oder Seifenleim ins Auge, entstehen schwere Hornhautverätzungen, die sogar zu Erblindung führen können. Das Tragen einer Arbeitskleidung ist daher absolut und ohne Ausnahme erforderlich. Diese besteht aus:

- Augenschutzbrille *mit Seitenschutz*: Eine normale Brille ist definitiv kein sicherer Schutz! Entsprechende Schutzbrillen gibt es in jedem Baumarkt oder im Onlinehandel.
- Kittel mit *langen* Ärmeln oder ausgediente Kleidung, die ausschließlich als Arbeitskleidung verwendet wird.
- Gummi- oder PVC-Handschuhe

Lange Haare vor der Arbeit zusammenbinden. Besondere Vorsicht gilt bei der Laugenherstellung. Beim Auflösen von NaOH/KOH in der Laugenflüssigkeit kommt es zu starker Hitzeentwicklung und zur Bildung reizender Dämpfe. Dämpfe nicht einatmen. Arbeitsräume immer gut belüften. Beim Rühren besteht Spritzgefahr (hohe Gefäße verwenden, NaOH/KOH portionsweise zugeben, langsam rühren). **NaOH/KOH immer der Flüssigkeit zugeben, nicht umgekehrt!**

Die Lauge nicht auf Vorrat herstellen, sondern nur in der Menge, die das Seifenrezept vorgibt.

Lauge und Seifenleim reagieren mit Metallen unter Bildung von Wasserstoffgas, das in Kombination mit Luft explosionsfähige Mischungen ergibt. NaOH/KOH greifen die meisten Gläser an und müssen in ihren Originalbehältern aus Polyethylen und mit Schraubverschluss kühl, trocken und verschlossen gelagert werden. Nie in Gefäßen mit Glasschliffstopfen aufbewahren: Mit dem Kohlendioxid aus der Luft bildet sich am Schliff Natriumhydrogencarbonat, eine Salzkruste, die den Schliff der Hülse verklebt.
Ätherische Öle und Parfümöle sind auf der Haut und den Schleimhäuten ätzend und können bei Kontakt schwere Verletzungen bewirken. Beim Arbeiten mit konzentrierten Duftstoffen Arbeitskleidung tragen und Raum gut belüften. Dämpfe nicht einatmen.
Pulverförmige Farbstoffe nicht einatmen. Stäube können die Lunge schädigen. Nur in gut belüfteten Räumen verwenden.

ACHTUNG:
Lauge ist stark ätzend! Bei **Hautkontakt** sofort mit viel Wasser abwaschen. Kontaminierte Kleidung sofort entfernen.

Gerät Lauge ins Auge, kann bereits ein Spritzer einer stark verdünnten Lauge die Hornhaut so schädigen, dass es zur Erblindung kommt.
Nach Augenkontakt mindestens 15 Minuten (!) bei weit gespreiztem Lidspalt (!) mit reichlich Wasser spülen. In einem Video des Österreichischen Roten Kreuzes wird dies praktisch gezeigt: https://bit.ly/2krYL13

Sofort die Rettung verständigen, auch wenn noch keine unmittelbaren Symptome bestehen.

Auch konzentrierte Duftstoffe können die Haut und Schleimhaut verätzen. Bei Augen- oder Hautkontakt gilt dasselbe Vorgehen wie bei Laugenverätzungen.

Arbeitsschritte im Überblick

Planungsphase

Festzulegende Punkte:	Dabei zu berücksichtigen:
Welche Fette will ich verseifen?	Zweck und gewünschte Eigenschaften der Seife
Welche Fettsäuren sind darin enthalten? (Fettsäurezusammensetzung)	optimal: Fettansatz, der zu 80–90% aus gesättigten und einfach ungesättigten FS besteht
Welche Zusätze (Füll-, Farb-, Duftstoffe, sonstige) will ich verwenden?	Zweck und Eigenschaften der Seife; Wirkung der Zusätze (eindickend, aufheizend...)
Welche Lauge will ich verwenden?	NaOH, NaOH/KOH (Mischverseifung)
Wie viel Lauge brauche ich gemäß Verseifungszahl?	eigene Berechnung oder Seifenrechner
Wie viel Laugenunterdosierung wähle ich?	mindestens 3–5% (Sicherheitsfaktor)
Wie viel zusätzliche Laugenunterdosierung („Überfettung“) möchte ich?	je nach Hauttyp; Starke Überfettung reduziert Waschkraft und Haltbarkeit der Seife.
Wie hoch ist der Flüssigkeitsanteil (Laugenkonzentration)?	In der Regel ⅓ vom Gesamtfettansatz, wird aber in Abhängigkeit von Fettansatz, Zusätzen und Färbetechnik zwischen 27–33% variiert. Hoher Flüssigkeitsgehalt kann die Verseifung verzögern, zu niedriger Flüssigkeitsgehalt macht die Seife brüchig. Je mehr Flüssigkeit in der Seife, desto länger die Reifezeit.
Gelphase erwünscht?	Nur wenn der Seifenleim keine aufheizenden und temperaturempfindlichen Zusätze enthält (Butter, Honig, Proteine, ...). Seifen mit Gelphase haben eine feinere, glattere Oberfläche als Seifen ohne Gelphase.
Welche Form(en) brauche ich?	Blockform verbessert Wärmespeicherung im Seifenleim; ideal für Gelphase Einzelformen kühlen schnell aus; ideal bei aufheizenden Zusätzen
Zusätzliche Wärmezufuhr? (Backrohr 50°C)	für schwer verseifbare Fettansätze, wenn die Gelphase nicht in Gang kommt
Seifenform isolieren (Wärme speichern)?	wenn Gelphase erwünscht
Seifenform kühlen?	wenn Gelphase nicht erwünscht (bei aufheizenden und temperaturempfindlichen Zusätzen)

Arbeitsphase

Fettansatz berechnen

Welche *Fettmenge* muss ich ansetzen, damit der Seifenleim in die gewählte Blockform passt (Füllung bis 1 Zentimeter unterhalb der Formkante)?

Das Fassungsvermögen unserer Blockform (V_{BF}) setzt sich überschlagsmäßig* zusammen aus dem Volumen des Fettansatzes (V_{GFA}) und dem der Laugenflüssigkeit (V_{H_2O}), in unserem Beispiel destilliertem Wasser.

$V_{BF} = (V_{GFA} + V_{H_2O})$

Damit ergibt sich für das Volumen des Fettansatzes:

$V_{GFA} = (V_{BF} - V_{H_2O})$

1.) Um das Volumen der Blockform zu ermitteln, wenden wir einen einfachen Trick an: Wir stellen die leere Seifenform auf die Waage und drücken die Tara-Taste (Gewicht wird auf Null gestellt). Nun füllen wir die Form bis auf einen Zentimeter unterhalb des Randes mit Leitungswasser** und messen das Gewicht des Wassers in Gramm. Da die Dichte des Wassers 1 g/ml beträgt, entspricht das Gewicht des Wassers seinem Volumen und dem Fassungsvermögen unserer Form.

Beispiel: Die Waage zeigt ein Gewicht von 1274 g an, d. h., unsere Form fasst ein Volumen V_{BF} von 1274 ml.

2.) Wir arbeiten im Rezept beispielsweise mit einem Flüssigkeitsanteil von 27% (bez. auf GFA), d. h., die Flüssigkeit beansprucht ein Volumen von 344 ml in unserer Seifenform.

V_{BF}: 1274 ml

V_{H_2O}: 0,27 x 1274 ml = <u>344 ml</u>

Ziehen wir das Flüssigkeitsvolumen vom Fassungsvolumen der Form ab, so ergibt sich für das Volumen des Fettansatzes:

V_{GFA} = (1274 ml - 344 ml) = <u>903 ml</u>

3.) Da wir alle Rohstoffe in Gramm abwiegen, müssen wir von Millilitern auf Gramm umrechnen. Wir erhalten die Masse in Gramm durch Multiplikation des Volumens mit der Dichte von Fett:
$Masse_{GFA} = V_{GFA} \times Dichte_{FETT}$

Fett hat eine Dichte von ca. 0,9 g/ml, somit errechnet sich die Masse des Fettansatzes wie folgt:
$Masse_{GFA}$ = 903 ml x 0,9 g/ml = <u>813 g</u>

Schlussfolgerung: Damit die Menge des Seifenleimes das Fassungsvermögen der Form nicht übersteigt, sollten maximal 813 g Fett im GFA verwendet werden.

* Unser Rezept besteht im vorherigen Beispiel aus den Teilmengen: Fettansatz, Laugenflüssigkeit (destilliertes Wasser), NaOH-Plättchen. Da sich das Volumen des destillierten Wassers beim Lösen der NaOH-Plättchen nur minimal vergrößert, wird die Änderung vernachlässigt (d. h.: $V_{H_2O} = V_{H_2O+NaOH}$).

** Zur leichteren Handhabung bei der Ausformung des Seifenblockes wird der Seifenleim nur bis etwa einen Zentimeter unter die Kante der Blockform gefüllt.

NaOH-Menge und Laugenkonzentration berechnen

Die zur vollständigen Verseifung des Fettansatzes notwendige Menge an NaOH-Plättchen errechnet sich aus den Verseifungszahlen der Fette. Diese Menge wird immer unterdosiert, da in der fertigen Seife keinesfalls freie Lauge übrig bleiben darf. Da die Verseifungszahlen der verwendeten Fettchargen meist unbekannt sind, arbeiten wir mit Mittelwerten aus der Literatur und vermindern das errechnete NaOH immer um 3–5% (Sicherheitsfaktor). Soll die Seife zusätzlich noch Rückfetter enthalten, wird die NaOH-Menge weiter reduziert (oft um zusätzliche 2–5%).

Zur Herstellung der Lauge wird mit einer Flüssigkeitsmenge von 27–33%, bezogen auf den Gesamtfettansatz, gearbeitet. Abhängig von den gewählten Roh- und Zusatzstoffen sowie der angewandten Färbetechnik variiert diese Menge im Einzelrezept.

Je weniger Flüssigkeit verwendet wird, desto konzentrierter ist die Lauge. Die Laugenkonzentration (Konz._{NaOH}) lässt sich in Prozent berechnen:

$\text{Konz.}_{NaOH}\ (\text{in}\%) = \text{Masse}_{NaOH} : (\text{Masse}_{NaoH} + \text{Masse}_{H2o}) \times 100$

$C_{NaOH}\ (\text{in}\%) = m_{NaOH} : (m_{NaOH} + m_{H2O}) \times 100$

Die Massen werden in Gramm eingesetzt. In der Literatur wird mit einer Laugenkonzentration von 25–40% verseift.

Beispiel: 126 g NaOH werden in 150 g H2O gelöst:

$m_{NaOH} = 126\,g;\ m_{H2o} = 150\,g$

$C_{NaOH} = 126g : (126 + 150)\,g \times 100 = 45{,}652\%$

Die Konzentration der Lauge beträgt rund <u>45,7%</u>.

Rohstoffe wiegen

Alle Rohstoffe werden in separaten Behältnissen genau abgewogen, dabei ist das Gewicht des Gefäßes (Tara) abzuziehen.

Für das Abwiegen der Fette, Farb- und Füllstoffe können Behälter aus Kunststoff, Glas oder rostfreiem Stahl verwendet werden. Für

NaOH wird ein laugenbeständiges Gefäß benötigt, für die Laugenflüssigkeit ein laugen- und hitzebeständiges, hohes Gefäß mit breitem Boden, das das Zwei- bis Dreifache der Laugenflüssigkeit aufnimmt. Für Duftstoffe eignen sich kleine Glasbehälter.

Lauge herstellen

Arbeitsschutz beachten! Für gute Belüftung im Raum sorgen.
Das hohe Gefäß mit der abgewogenen Laugenflüssigkeit in ein mit etwas Kaltwasser gefülltes Waschbecken stellen und darauf achten, dass das Gefäß stabil steht. Bei unbeabsichtigter Freisetzung der Lauge kann diese durch den Abfluss ablaufen (Abfluss mit Wasser nachspülen).
NaOH portionsweise der Flüssigkeit zugeben und unter händischem Rühren vorsichtig auflösen. Dazu eignet sich z. B. ein gewöhnlicher Esslöffel aus Edelstahl. Beim Lösen kommt es zu starker Hitzeentwicklung (80–90°C). Es besteht Spritzgefahr und es entstehen reizende und ätzende Dämpfe. Unbedingt Schutzbrille tragen und Dämpfe nicht einatmen! Die portionsweise Zugabe von NaOH verhindert eine unkontrollierte Erwärmung der Lauge und reduziert die Freisetzung von Dämpfen. Ist NaOH vollständig gelöst, klärt sich die trübweiße Lauge.
Die Lauge wird in Abhängigkeit zum Rezept auf 35–50°C abgekühlt und durch ein Sieb zum Fettansatz gegossen. Da die Temperatur des Fettansatzes in der Regel 25–30°C beträgt, stellt sich eine Mischtemperatur (Arbeitstemperatur) von 30–45°C ein. In einigen Fällen, wie z. B. beim Swirlen, ist eine niedrigere Mischtemperatur von Vorteil, die Lauge wird dann auf 25–30°C abgekühlt. Beim Einsatz von Rohstoffen mit einem höheren Schmelzpunkt, wie z. B. bei Rasierseifen, wird die Lauge nur so weit abgekühlt, dass die Mischtemperatur beim Zusammengießen von Fettansatz und Lauge die Schmelztemperatur der Rohstoffe nicht unterschreitet.

Fettansatz vorbereiten

Feste Fette schonend schmelzen und in den Verseifungstopf füllen. Flüssige Öle dazu gießen und verrühren. In der Regel wird das Fett/Öl-Gemisch auf Zimmertemperatur abgekühlt.

Verseifung

Anspringen der Verseifung

Die Lauge vorsichtig durch ein Sieb in das Fett/Ölgemisch gießen. Das Sieb verhindert, dass ungelöstes NaOH eingetragen wird. Die sich einstellende Mischtemperatur sollte den Angaben im jeweiligen Rezept entsprechen.

Öl und Lauge erst manuell, z. B. mit einem Teigschaber, dann abwechselnd manuell und mit Stabmixer rühren. Dabei auch das Öl vom Topfrand mitnehmen. Unter stetigem Rühren kommt es zu einer homogenen Verteilung und die Phasen verbinden sich. Vollständiges Eintauchen des Rührers verhindert, dass Seifenleim verspritzt oder Luftblasen eingetragen werden.

Den Leim bis zur Bildung einer Emulsion mit puddingartiger Konsistenz rühren. Wenn eine vom Löffel ablaufende Probe Linien auf der Oberfläche schreibt, die längere Zeit bestehen bleiben, spricht man vom „Zeichnen". Die Masse ist jetzt bereit zum Formen.

Farb- und Füllstoffe werden je nach Rezept schon zuvor in die Fettmischung oder nach Zugabe der Lauge gleichmäßig untergerührt. Aufheizende oder andickende Zusätze (z. B. Proteine, Duftstoffe) werden dem leicht zeichnenden Seifenleim immer zuletzt zugefügt. Durch abschließendes manuelles Rühren können Luftblasen aus dem Leim entweichen.

Anmerkung:

- Ölsäurehaltige Fettansätze verseifen schwer. Das Anspringen der Reaktion kann durch Erhöhung der Arbeitstemperatur und der

Laugenkonzentration sowie durch Rühren mit hoher Drehzahl beschleunigt werden.[80, 81]

- Eine unzureichende Vermischung von Fett und Lauge durch mangelndes Rühren kann in der fertigen Seife zur Schichtentrennung oder Bildung harter Knoten und „Narben" führen.

Des Öfteren stößt man in Rezepten auf die Anweisung, das sogenannte „Überfettungsöl" dem Seifenleim als Letztes zuzugeben. Es macht allerdings keinen Sinn, Öle gestuft zu verseifen. Sobald die Verseifungsreaktion anspringt, verseift die Lauge alles, worauf sie trifft, unabhängig von der Reihenfolge der Zugaben. Außerdem verseift im Topf erst ca. 8% des Fettes. Erst in der Form kommt die Verseifung so richtig in Gang und dauert mehrere Stunden.[82]

Bewährte Reaktionsbedingungen in Abhängigkeit von der dominanten Fettsäure im Fettansatz:

	hoher Anteil an gesättigten Fettsäuren:	**hoher Anteil an einfach ungesättigten Fettsäuren:**
Arbeitstemperatur:	30–35°C	35–45°C[1]
Wasseranteil:	27%–33%[2]	27–30%[2]
Rührerdrehzahl:	niedrige Stufe	mittlere bis hohe Stufe
sonstige Maßnahmen:	keine	Gelphase durch Wärmezufuhr fördern[3]; Seifenleim 4 Stunden bei 50°C im Backrohr warmhalten

[1] beim Swirlen Arbeitstemperatur ggf. senken (25–27°C, Seifenleim soll länger flüssig bleiben)
[2] quellende Zusatzstoffe berücksichtigen; Flüssigkeitsmenge beim Swirlen nicht reduzieren
[3] ohne Zusatzstoffe, die zu einer starken Temperaturerhöhung führen

Selbständige Verseifungsreaktion

Nach Anspringen der Verseifung und Bildung der Seifenemulsion wird der Seifenleim in Formen gegossen. Durch mehrmaliges Klopfen der Formen auf den Tisch können Luftblasen entweichen. In der Form läuft die Verseifung unter Wärmeentwicklung selbständig weiter.

Gelphase

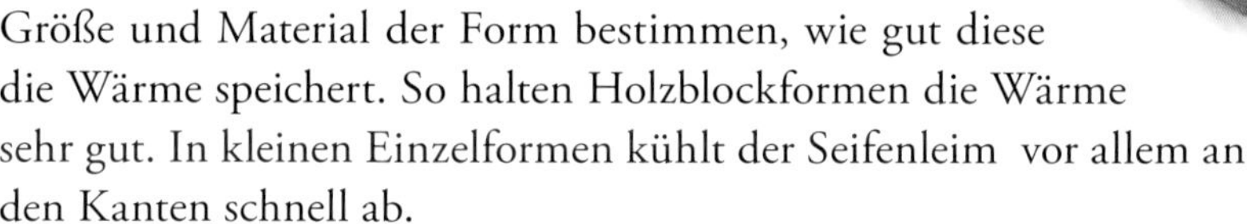

Ist eine Gelphase erwünscht, wird die Seifenform z. B. mit einem Deckel abgedeckt und mit Handtüchern und Decken isoliert. Dadurch wird die Reaktionswärme im Leim gehalten und die rasche Abkühlung verhindert. Styroporkisten eignen sich zur zusätzlichen Isolierung. Die Temperatur steigt im Seifenkern auf ca. 70–80°C, der Seifenleim wird gelartig. Jetzt läuft die Verseifung auf Hochtouren.
Größe und Material der Form bestimmen, wie gut diese die Wärme speichert. So halten Holzblockformen die Wärme sehr gut. In kleinen Einzelformen kühlt der Seifenleim vor allem an den Kanten schnell ab.
Kommt die Gelphase nicht in Gang, kann sie durch Wärmezufuhr von außen gefördert werden. Die Formen werden dafür ins Backrohr gestellt und auf 50–60°C erwärmt. Damit Flüssigkeitstropfen verdunsten können, werden sie dabei nicht abgedeckt.

Ist keine Gelphase erwünscht, werden die Formen nicht isoliert, sondern in einem kühlen Raum oder mithilfe von Kühlakkus kalt gestellt. Dies ist notwendig, wenn der Seifenleim aufheizende oder temperaturempfindliche Zusätze enthält, wie z. B. Proteine, Stärke, Milchzucker, Fruchtzucker oder Honig. Auch bei Zugabe von Pflanzenbutter muss die Gelphase verhindert werden, da diese bei hoher Temperatur ihre konsistenzgebenden Eigenschaften verlieren kann.
Seifen, die eine Gelphase durchlaufen, trocknen schneller und zeichnen sich durch eine glatte Oberfläche mit feiner Haptik aus.
Seifen ohne Gelphase verseifen wegen der niedrigeren Temperatur im Seifenleim langsamer. Sie brauchen mindestens zwei Wochen länger zur Reifung, haben eine rauere Oberfläche und eine hellere Farbe.

Zusammenfassung:

Gelphase erwünscht:	Gelphase unerwünscht:
• Flüssigkeitsmenge im Rezept reduzieren • Arbeitstemperatur erhöhen • große Formen verwenden (Holzblockformen) • Formen gut isolieren • bei Einzelformen Wärmezufuhr von außen	• Flüssigkeitsmenge im Rezept erhöhen • Arbeitstemperatur absenken • Formen nicht isolieren, kühl lagern • Seifenleim in Einzelformen kühlt leichter aus

Bildung von Sodaasche

Solange die Verseifung nicht abgeschlossen ist und noch freies NaOH zur Verfügung steht, kann es mit Kohlendioxid aus der Luft reagieren. Es bildet sich Natriumbicarbonat, die sogenannte Sodaasche. Diese setzt sich auf der Oberfläche der Seife als weißes Pulver ab. Nach Abschluss der Verseifung ist kein freies NaOH vorhanden, und es kann sich keine Sodaasche mehr bilden. Der Belag lässt sich mit einem feuchten Tuch leicht von der festen Seife entfernen.
Die Bildung von Sodaasche wird durch Abdeckung der Form (z. B. Frischhaltefolie) minimiert. Natriumbicarbonat ist ein ungefährlicher Stoff und wird im Haushalt u. a. als Backnatron (E 500) verwendet.

Auslaufen der Verseifungsreaktion

Nach 24–60 Stunden ist die Seife zu ca. 99% verseift.[83] Die Verseifungsgeschwindigkeit wird durch die Zusammensetzung des Fettansatzes bestimmt. So härten Seifen mit einem hohen Anteil an Laurinsäure schnell aus, solche mit überwiegend Ölsäure hingegen langsam. Zusätze, wie z. B. Honig, können das Festwerden der Seife verzögern. Ohne Gelphase verläuft die Verseifung langsamer.

Nach Abschluss der Verseifungsreaktion kühlt der Seifenleim ab, wird fest und kann ausgeformt werden.

Seifenblöcke schneiden und Kanten hobeln

Einen Seifenblock teilt man mit einem großen, schmalen Küchenmesser, Schneidedraht, Käse- oder Seifenschneider in handliche Stücke. Die Seife muss für den Schnitt die richtige Konsistenz haben. Ist sie zu weich, klebt sie am Schneidegerät und der Schnitt wird uneben, ist sie zu hart, kann sie zerbröckeln.

Unebenheiten und Kanten können mit einem Hobel geglättet werden. Seifen mit abgerundeten Kanten und Ecken lassen sich angenehmer greifen.

Seifen beschriften

Die Seife wird mit einer Banderole versehen, auf der die Inhaltsstoffe, das Erzeugungs- und das voraussichtliche Ablaufdatum festgehalten sind.

Reifephase

Wie ein guter Wein muss auch die Seife reifen. Erst nach Abschluss der Reifung zeigt sie ihre wahren Eigenschaften (Härtegrad, Formstabilität, Schaumverhalten). Die chemische Verseifungsreaktion ist in wenigen Tagen abgeschlossen, nicht aber die Reifung.

Die Seife trocknet, indem Wasser von ihrer Oberfläche verdunstet. Die Trocknungsdauer wird vom Flüssigkeitsanteil der Seife und ihrer Fettsäurezusammensetzung bestimmt. Je kleiner die Flüssigkeitsmenge, desto schneller ist die Seife trocken. Seifen, die eine Gelphase durchlaufen haben, trocknen schneller, solche mit wasserbindenden Zusätzen (z. B. Salzseifen) hingegen langsamer.
Ölsäurehaltige Seifen geben Wasser nur ungern ab. So braucht z. B. eine reine Olivenseife zum Reifen zwölf Monate und mehr. Dagegen sind Naturseifen mit einem hohen Anteil an gesättigten Fettsäuren oft schon nach wenigen Wochen trocken und reif.
Reife Naturseife enthält immer noch bis zu 20% Wasser in gebundener Form.

Trocknungsgrad bestimmen

Während der Reifung verdunstet Wasser, die Seife schrumpft, wird fester und leichter. Unmittelbar nach dem Ausformen und in definierten Abständen (z. B. alle 5 Tage) muss die Seife gewogen werden, um den Trocknungsgrad zu bestimmen. Die auf der Banderole vermerkte Seifennummer, das Datum und das Gewicht werden im Seifenbuch protokolliert. Der Gewichtsverlauf zeigt den Trocknungsgrad an. Ist das ungebundene Wasser verdunstet, bleibt das Gewicht konstant. Die Naturseife ist nun reif und kann verwendet werden.

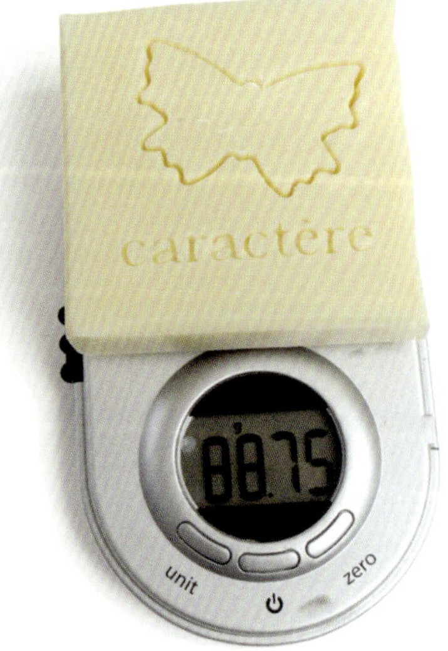

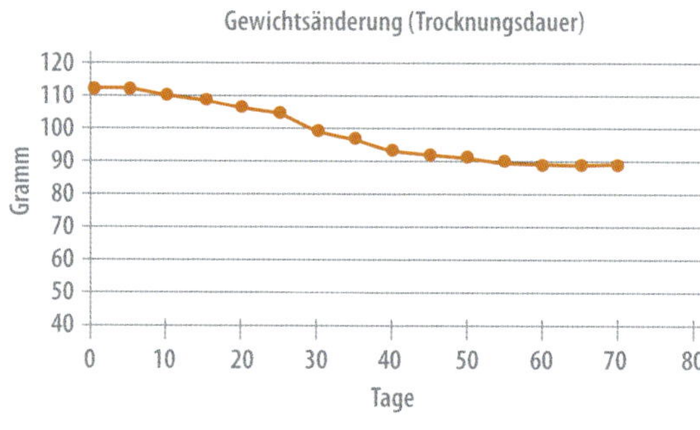

Alkalizität bestimmen

In Naturseifen wird die Lauge stets unterdosiert und verbraucht sich fast vollständig nach 24–60 Stunden. Der pH-Wert der jungen Seife beträgt etwa 12. Während der Trocknungszeit reagiert Kohlendioxid aus der Luft mit dem ungebundenen Wasser der Seife unter Bildung von Kohlensäure (pH 3,4). Die Kohlensäure hat einen neutralisierenden Effekt, der pH-Wert der Seife sinkt und bleibt erst konstant, wenn der Trocknungsprozess abgeschlossen ist. Reife Seifen haben einen pH-Wert zwischen 8 und 9.

Ob sich in der Naturseife noch unverbrauchte Lauge befindet, können wir ganz einfach mit einem Streifen pH-Papier ermitteln. Wir benetzen die Seife mit etwas Wasser, legen das pH-Papier darauf und drücken leicht an. Mit einer Farbskala wird der pH-Wert abgelesen. Er sollte an mehreren Stellen gemessen werden, sowohl an Unter- als auch an der Oberseite der Seife. Liegt der pH-Wert der reifen Seife über 10, bedeutet das, dass sich die Lauge nicht vollständig umgesetzt hat. Es liegt ein Herstellungsfehler vor (siehe S. 288, Fehleranalyse). Die Seife ist zu scharf und für die Körperreinigung nicht geeignet.

Beobachtungen im Seifenbuch notieren

Herstellungsdatum und Messergebnisse (Gewichte, pH-Werte), aber auch alle Beobachtungen wie z. B. Verhalten des Rohleims, Luftblasen im Seifenleim, Trocknungsdauer, Farbumschläge, Schwitzen der Seife, Luftblasen, Duft, Haltbarkeit usw. werden im Seifenbuch notiert. Auch die Erfahrung bei der Anwendung (Härte, Formbeständigkeit, Hautgefühl, Schaumverhalten, Verträglichkeit …) sollte festgehalten werden.

Herstellung von Mazeraten

Mazeration ist ein physikalisches Verfahren, bei dem getrocknetes, zerkleinertes Pflanzenmaterial in Wasser oder Öl eingelegt wird. Lösliche und leichtflüchtige Komponenten der Pflanzen gehen dabei in das Lösungsmittel über. Der ursprüngliche Träger (Schalen, Wurzeln, Blätter, Samen usw.) bleibt erhalten. Mazerate werden auch Auszüge oder Aufgüsse genannt.

Für wässrige Auszüge wird als Lösungsmittel destilliertes Wasser eingesetzt. Die Mazeration findet bei Zimmertemperatur statt, man spricht von einem Kaltauszug.
Pflanzen enthalten eine Vielzahl von Inhaltsstoffen, deren Zusammensetzung stark durch die Anbaubedingungen (Klima, Belastung mit Schwermetallen, Herbiziden, Pestiziden, Art der Gewinnung und Lagerung, Reinheitskriterien) bestimmt wird. Wegen der unterschiedlichen Qualitäten der Pflanzen lassen sich Kaltauszüge nicht standardisieren.
Wässrige Auszüge können im Seifenrezept anstelle von destilliertem Wasser als Laugenflüssigkeit zum Lösen von NaOH verwendet werden. Für ölige Auszüge wird hingegen Öl aus dem Gesamtfettansatz als Trägeröl verwendet. Das Trägeröl wird mitsamt den gelösten Pflanzeninhaltstoffen verseift.
Die in den Auszügen gelösten Komponenten wirken vor allem hautberuhigend, einige Inhaltsstoffe auch antibakteriell. Duftende Auszüge hinterlassen in der Seife einen dezenten Geruch, der allerdings oft schnell verfliegt.
Zum Färben von Seifen sind im Allgemeinen weder wässrige noch ölige Auszüge geeignet, da der Farbstoff weder alkali- noch UV-beständig ist. Die Farbe der Seife hat in der Regel wenig mit der kräftigen Farbe des Auszugs zu tun. UV-Exposition führt zum schnellen Verblassen des Farbtons, der Kontakt mit der Lauge zum Farbumschlag nach Graubraun (siehe S. 71; Kap. „Parfümierende und färbende Zusätze“).

Vorsicht:

- Das Pflanzenmaterial muss von hoher Qualität und Reinheit sein. Verunreinigungen reduzieren die Haltbarkeit der Seife und führen zu Farbflecken und Farbumbrüchen.
- Mazerate auf Alkoholbasis dürfen bei der Seifenherstellung nicht eingesetzt werden.

Arbeitsmaterial

- Pflanzen
- Lösungsmittel (Öl oder destilliertes Wasser)
- Schraubgläser, Bechergläser
- feines Sieb
- Kaffee- oder Teefilter
- Trichter
- verschließbare, dunkle Glasflasche zum Lagern des Auszugs
- Etiketten zum Beschriften

Vorbereitung des Pflanzenmaterials

- Schmutziges und verwelktes Pflanzenmaterial entfernen.
- Pflanzenteile an der Frischluft komplett trocknen, fein zerkleinern und staubgeschützt (z. B. in Schraubgläsern) lagern.
- Gläser beschriften (Pflanzenname, Pflanzenart, Datum).

Herstellung eines Auszugs

- Schraubglas zu ca. einem Drittel locker mit zerkleinerten Pflanzen befüllen und bis zur völligen Bedeckung mit Lösungsmittel übergießen.
- Glas verschließen, bei Raumtemperatur lagern, immer wieder vorsichtig schwenken.
- Wasserauszüge nach ca. 24 Stunden, Ölauszüge nach ca. zwei Wochen fein sieben und filtrieren.
- Wässrige Auszüge verkeimen schnell und müssen unmittelbar verbraucht werden.
- Ölauszüge sind, dunkel und kühl gelagert, einige Wochen haltbar.

Wirkung von Auszügen in Naturseifen:

Pflanzenmaterial	Geruchsbasis für	Haltbarkeit in Seife	färbt	Bemerkungen
Jasmin	Flieder	gut	gelb	färbt stark nach
Immorelle	Chypre, Heu	gut	schwach gelb	
Lavendel	Lavendel	gut	grün	
Mimosa	Mimosa, Akazie, Jasmin	gut	schwach	starker Geruch
Nelke	Rose, Nelke	sehr gut	schwach	Honiggeruch
Orangenblüten	Orange	sehr gut	gelb	
Veilchenblätter	Veilchen	gut	schwach grün	
Iriswurzel	Veilchen	gut	schwach	schwacher Geruch
Vanillebohne	Vanille	gut	braun	

Herstellung von Hydrolaten

Hydrolate sind Nebenprodukte, die bei der Herstellung von ätherischen Ölen aus Pflanzen mittels Wasserdampfdestillation gewonnen werden. In Naturseifen werden Hydrolate zum dezenten Beduften und zum Eintrag von Wirkstoffen (z. B. hautberuhigenden Komponenten, antibakteriellen Stoffen) anstelle von destilliertem Wasser als Laugenflüssigkeit eingesetzt. Sie enthalten wasserlösliche Komponenten der destillierten Pflanzen und auch Spuren von ätherischen Duftölen.
Hydrolate für Naturseifen sind im Handel erhältlich, können aber ebenso in eigener Produktion erzeugt werden. Die Herstellung ist das Richtige für bereits geübtere Seifensieder*innen, die sich an neue Herausforderungen heranwagen möchten. Gekaufte Hydrolate werden oft in Metallapparaturen gewonnen und können daher metallische Verunreinigungen (z. B. Kupfer) enthalten, die die Haltbarkeit der Seife verkürzen.

Zur Herstellung der Hydrolate eignet sich eine Glasdestille, die aus folgenden Teilen besteht:

- Kopfteil:
  hitzebeständiger Doppelwandkühler (Liebigkühler)

- mittlerer Teil:
  hitzebeständiger Durchgangskolben für Pflanzenmaterial

- unterer Teil:
  hitzebeständiger Zweihalskolben aus Borosilikatglas für destilliertes Wasser

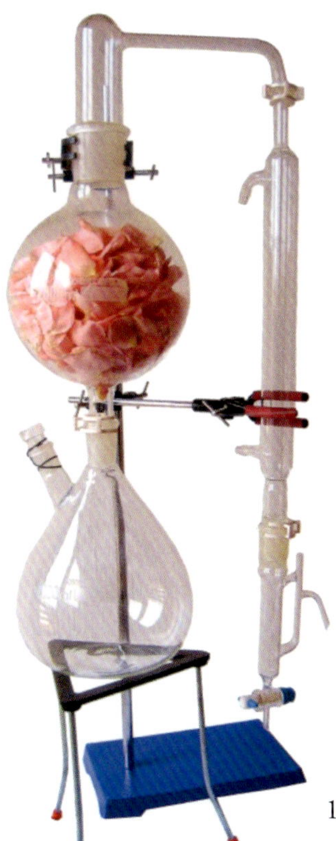

Arbeitsanleitung:

Den Zweihalskolben zu einem Drittel mit destilliertem Wasser füllen und auf einem Dreifuß platzieren. Das grob zerkleinerte Pflanzenmaterial locker in den Durchgangskolben schichten (Rinde fein häckseln, Samen grob mörsern, Blätter und Blüten mit einem scharfen Messer grob zerkleinern; kleine und zarte Blütenblätter nicht zerkleinern).

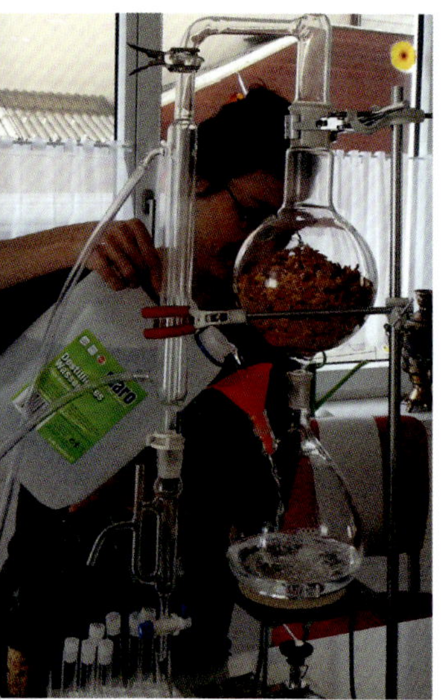

Den Kolben maximal zu drei Vierteln des Volumens befüllen und darauf achten, dass sich keine größeren Hohlräume bilden, damit der aufsteigende Dampf alle Pflanzenteile gut benetzen kann.
Damit das Material nicht in den Destillierkolben fällt, wird die Kolbenöffnung mit einem Stück Mullbinde oder Teefilter abgedeckt.
Nun auf den Zweihalskolben setzen und mit Klammern am Stativ befestigen. Destilliertes Wasser wird im unteren Teil der Destille

beheizt (Bunsenbrenner mit Gaskartusche oder Heizhaube) und beginnt zu sieden.
Der nach oben steigende Wasserdampf durchdringt das Pflanzenmaterial, reißt dabei flüchtige Komponenten mit und strömt in die Kühlzone. Diese wird mittels Umwälzpumpe durch kaltes Wasser gekühlt. Aufsteigender Wasserdampf strömt entlang der kalten Au-

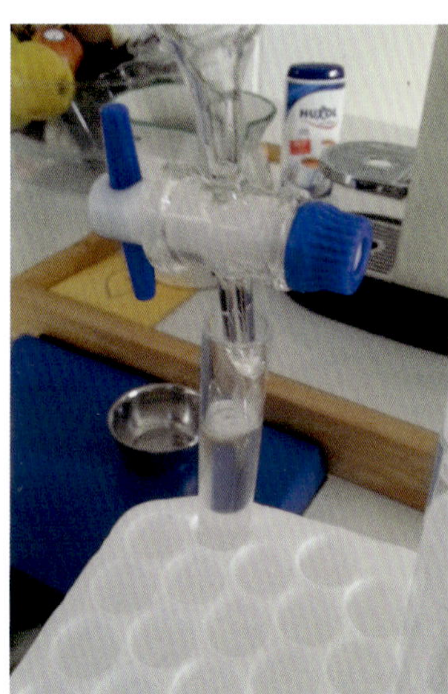

ßenwand des Kühlers, kondensiert dabei und wird nach außen in Auffanggefäße (Glasröhrchen) geleitet.
Die Konzentration der flüchtigen Komponenten im Kondensat lässt mit der Zeit nach. Um festzustellen, wie weit die Destillation fortgeschritten ist, wird das Kondensat einer laufenden Qualitätskontrolle unterzogen.

Qualitätskontrolle:

- Riechprobe: Die Duftnote im Kondensat wird mit der Zeit schwächer.
- Geschmacksprobe mittels „Zungentest“: Das Kondensat verliert nach und nach an Geschmack.
- Bestimmung des pH-Wertes: pH-Wert von Hydrolaten bewegt sich im sauren Bereich; im Verlauf der Destillation verschiebt sich der pH-Wert in Richtung neutral.

Wenn Duft und Geschmack abnehmen und sich der pH-Wert in den neutralen Bereich bewegt, kann die Destillation beendet werden. Die leichtflüchtigen Komponenten sind jetzt aus dem Pflanzenmaterial weitgehend gelöst und befinden sich im Kondensat.

Je nach Gehalt an ätherischem Öl besteht das Kondensat aus einer wässrigen Phase, dem Hydrolat, und einer Ölphase, dem ätherischen Öl. Dieses schwimmt, bis auf seltene Ausnahmen (z. B. Nelkenöl), immer obenauf. Die Ölphase wird vorsichtig von der wässrigen Phase getrennt, indem sie in eine kleine Flasche abpipettiert wird. Sie enthält die intensiven flüchtigen Duftstoffe der Pflanze. Die wässrige Phase wird in einer weiteren Flasche gesammelt. Sie enthält die wasserlöslichen Bestandteile der Pflanze und nur einen geringen Ölanteil. Die Flaschen mit den verwendeten Rohstoffen und dem Herstellungsdatum beschriften.

Um die Wirkstoffmenge im Hydrolat zu steigern, kann es ein weiteres Mal der Destillation zugeführt werden. Der Aufbau der Apparatur bleibt unverändert. Das Hydrolat wird mit einem Trichter über den Seitenhals in den Zweihalskolben gegossen und neu verdampft. Der Dampf durchströmt ein zweites Mal den Pflanzenrohstoff und im Kondensat reichern sich die Wirkstoffe an.

Frisches Hydrolat riecht unausgereift. Erst nach einem Reifungsprozess von ca. sechs Wochen entfaltet es seine charakteristische Duftnote und kann zum Parfümieren von Seifen verwendet werden. Hydrolate enthalten keine Konservierungsstoffe. Stets lichtgeschützt, kühl und unter Verschluss aufbewahren, häufiges Öffnen der Flaschen vermeiden. Hydrolate sind mehrere Monate haltbar.

Vorsicht:

- Auffanggefäße und Aufbewahrungsflaschen immer sterilisieren (z. B. 10 Minuten im Backofen bei 100°C). Deckel mit kochendem Wasser ausspülen und trocken wischen.
- Der Destillationskolben darf nicht trocken laufen, er muss während des Erhitzens immer mit Flüssigkeit gefüllt sein. Die Destillation niemals unbeaufsichtigt lassen!
- Für Seifen eignen sich nur Hydrolate, die in Glasdestillen hergestellt wurden. Dadurch können metallische Verunreinigungen (z.B. durch Kupfer) ausgeschlossen werden.

Kamillenhydrolat

Kamille kann man frisch oder getrocknet verarbeiten. Getrocknete Biokamillenblüten sind in 1-kg-Gewinden im Onlinehandel erhältlich. Für die Destillation benötigt man ca. 250–500 Gramm Blüten und einen 2-Liter-Kolben.

Da die Blüten viel Wasser aufsaugen, muss darauf geachtet werden, dass im Zweihalskolben stets genug Flüssigkeit vorhanden ist und der Kolben nie trocken läuft. Das Verhältnis von Blüten zu Wasser beträgt 1:1, z. B. für 500 Gramm Kamille ca. 500 Milliliter destilliertes Wasser.

Es entsteht ein dunkelblaues ätherisches Öl, das charakteristisch nach Kamille riecht. Die Ausbeute des ätherischen Öls beträgt ca. 0,1–1%. Nach ein paar Tagen lässt es sich mit einer Pipette vom Hydrolat abnehmen und in einem kleinen Fläschchen lagern.

Das Kamillenhydrolat weist ähnliche Eigenschaften auf wie das ätherische Öl: Es ist mild, wirkt hautberuhigend, entzündungshemmend und lindert allergische Reaktionen. Es eignet sich insbesondere für trockene und unreine Haut sowie zur unterstützenden Pflege bei Akne.

Das Öl ist zähflüssig und kann in Schlieren an den Wänden des Liebigkühlers kleben bleiben, was die praktische Ausbeute schmälert. Nach der Wasserdampfdestillation kann daher nochmals mit einem klaren ca. 40-prozentigen Alkohol, z. B. Vodka oder vergälltem Alkohol, destilliert werden. Dieser siedet früher als Wasser und löst das restliche ätherische Öl von den Wänden des Kühlers. Der kondensierte, mit Öl gemischte Alkohol wird getrennt aufgefangen. Er eignet sich hervorragend als beruhigendes Gesichtswasser. Für Seifen ist der alkoholische Auszug allerdings nicht geeignet.

Lavendelhydrolat

Bei der Destillation von Lavendel kann das gesamte Kraut, also Blüten, Blätter und Stängel, verwendet werden. Will man eine holzige Note vermeiden und ein besonders hochwertiges Kondensat erzeugen, zieht man Blüten und Blätter vom Stängel ab. Der Erntezeitpunkt ist wichtig, da die Pflanze bei praller Sonne den höchsten Ölgehalt hat.
Lavendel kann frisch oder getrocknet verarbeitet werden. Bei Verwendung der Stängel diese auf ca. 1–2 Zentimeter zuschneiden. Kolben bis zur Hälfte mit Pflanzenmaterial füllen, das Verhältnis zum Wasseranteil beträgt ca. 1:1. Lavendel ist einfach zu destillieren und ergibt eine Ausbeute an ätherischem Lavendelöl von 1,5–5%. Das Öl lässt sich gut abpipettieren, ist gelblich und riecht intensiv nach Lavendel. Das Hydrolat ist mild, wirkt antiseptisch und entzündungshemmend. Es eignet sich besonders für trockene und unreine Haut sowie zur unterstützenden Pflege bei Akne.

Fichtennadelhydrolat

Sowohl Nadeln als auch dünne Ästchen der Fichte können für Hydrolate verwendet werden.

Das Pflanzenmaterial in einem Mixer oder mit einem Hackmesser zerkleinern. Kolben etwa zur Hälfte mit Pflanzenmaterial füllen, das Verhältnis zum Wasseranteil beträgt ca. 1:1. Die Ausbeute an ätherischem Öl ist sehr niedrig und lässt sich aus dem Hydrolat nicht abpipettieren. Das Hydrolat, das immer auch geringe Anteile an ätherischem Öl enthält, riecht intensiv, wirkt antiseptisch, deodorierend und entspannend.

Oreganohydrolat

50 bis 100 Gramm getrockneten und zerkleinerten Oregano in den Kolben füllen, das Verhältnis zum Wasseranteil beträgt ca. 1:1. Die Destillation ergibt eine Ausbeute an ätherischem Öl von ca. 1%, welches sich gut abpipettieren lässt.
Das Hydrolat riecht stark herb-aromatisch. Es reguliert die Talgproduktion der Haut und wirkt entzündungshemmend, fungizid sowie antibakteriell.

Orangenhydrolat

Die gewaschenen und getrockneten Schalen von Bioorangen zu ca. 1 Zentimeter großen Stücken zerkleinern. Der Kolben wird bis zur Hälfte gefüllt, das Verhältnis zum Wasseranteil beträgt ca. 1:1. Die Ausbeute des ätherischen Öls ist nicht hoch, es kann kein nennenswerter Anteil vom Hydrolat abpipettiert werden.
Das Hydrolat enthält geringe Anteile an ätherischem Öl und riecht intensiv nach Orange. Es wirkt antiseptisch, unterstützt die Regeneration der Haut und ist für trockene und gereizte Haut geeignet.

Seifen-rezepte

Ausführliche Rezepte mit Schritt-für-Schritt-Anleitung

Seifenrezepte

Im Folgenden finden sich Anleitungen zur Herstellung von Hand- und Körper- sowie von Rasierseifen. Die ersten Rezepte dienen mit detaillierten Angaben zu Arbeitstechnik und Reaktionsbedingungen als ausführliche Schritt-für-Schritt-Basisanleitungen.

Beachte:

- Nach den Schritt-für-Schritt-Anleitungen wird die NaOH-Menge zur Herstellung der Lauge in den Kurzrezepten bewusst nicht angegeben. Sie kann aus den Verseifungszahlen (siehe Tabelle A10, S. 381 im Anhang), der Fettmenge und der gewählten Laugenunterdosierung oder mit Hilfe des Online-Seifenrechners leicht ermittelt werden. Die Anleitung zur Berechnung befindet sich im Kapitel „Lauge“ ab S. 66.
- Das Färben und Parfümieren der Seifen ist optional und kann ohne Weiteres weggelassen werden.

Los geht's!

Kapitel „Arbeitsschutz“ gut durchgelesen?
Arbeitsplatz vorbereitet, alles weggeräumt, was nicht zur Seifenherstellung gehört, Arbeitsflächen mit saugfähigem Material ausgelegt?
Ungestörtes, ruhiges Arbeiten möglich?
Belüftung ausreichend?
Schutzkleidung, Handschuhe und vor allem Schutzbrille angelegt?

Dann können wir sofort loslegen!

„tranquillo“

Olivenseife mit Rosenhydrolat

Rohstoffe:

Gesamtfettansatz (GFA):

1000 g (100%) Olivenöl

Zusatzstoffe:

Farbstoff: ¼ TL Titandioxid

Duftstoffe: 2 g Rosenholz, Geranium (2%, bez. auf GFA)

Flüssigkeitsmenge:

27%, bez. auf GFA

270 g Rosenhydrolat (Laugenflüssigkeit)

Laugenunterdosierung: 7%

Analyse: Fettsäuren im GFA (Mittelwerte)						
Name	C12:0 in%	C14:0 in%	C16:0 in%	C18:0 in%	C18:1 in%	C18:2 in%
Olivenöl	–	–	10	–	78	6

Relevante Fettsäuren im GFA:

ca. 10% gesättigte FS

ca. 78% einfach ungesättigte FS

ca. 6% mehrfach ungesättigte FS

ca. 1% Unverseifbares

Die einfach ungesättigte Ölsäure ist mit ca. 78% die dominante Fettsäure im Fettansatz. Damit kann der Fettansatz der „Olein-Familie“ zugeordnet werden. Wie aus der Tabelle „Fettsäurefamilien“ (S. 370) ersichtlich, verseift Ölsäure schwer. Durch die entsprechende Anpassung der Reaktionsbedingungen (Erhöhung der Arbeitstemperatur, Laugenkonzentration und Rührerdrehzahl sowie Wärmezufuhr) wird die Verseifung des Olivenöls gefördert.

Duftnote: *blumig (zarte Rose)*
Hauttyp: *alle Hauttypen*

Reaktionsbedingungen:

Arbeitstemperatur (Mischtemperatur): 35–45°C
Rührerdrehzahl: mittlere bis hohe Stufe
Wärmezufuhr von außen (Förderung der Gelphase): Seifenleim wird 4 h bei 50°C ins Backrohr gestellt

Berechnung der NaOH-Menge:

mittlere Verseifungszahl VZ_{NaOH} = 0,136 g/g. Menge an NaOH zur vollständigen Verseifung des Olivenöls: 1000 g x 0,136 = 136 g. Bei einer Laugenunterdosierung von 7% ergibt sich eine NaOH-Menge von ~ 125,3 g.

Berechnung der Flüssigkeitsmenge (Laugenflüssigkeit):

27%, bez. auf 1000 g Fettansatz, ergibt 270 g Flüssigkeit.
Die Lauge wird mit 270 g Rosenhydrolat angesetzt.

Auswahl der Seifenform:

Holzblockform mit Silikoneinsatz

Die zur Verseifung von 1000 g Olivenöl notwendige NaOH-Menge errechnet sich aus der Verseifungszahl. Diese Menge wird um die gewählte Laugenunterdosierung von 7% reduziert. Zur Berechnung der NaOH-Menge kann auch ein Online-Seifenrechner verwendet werden. Da die Verseifungszahlen eine gewisse Bandbreite zeigen, weichen die Ergebnisse verschiedener Seifenrechner leicht voneinander ab. Generell gilt: Alle Rezepte immer nachrechnen!
Da Olivenseife nur ungern Wasser abgibt, braucht sie viel Zeit zum Trocknen. Zur Verkürzung der Trocknungszeit wird die Olivenseife mit einem verminderten Flüssigkeitsanteil von 27% hergestellt.

Arbeitsanleitung:

- Rohstoffe in passenden Gefäßen abwiegen und Backrohr auf 50°C aufheizen.
- Titandioxid in etwas Olivenöl aus dem Fettansatz einrühren.
- Lauge herstellen: NaOH-Plättchen portionsweise in 270 g Rosenhydrolat lösen und auf ca. 50–45°C abkühlen.
- Olivenöl in den Verseifungstopf füllen.

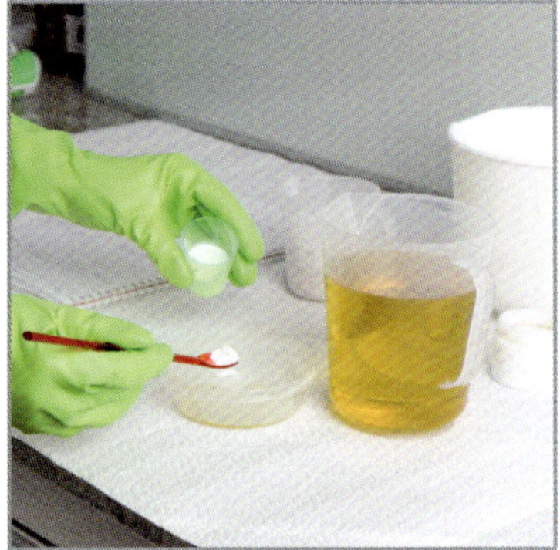

- Abgekühlte Lauge vorsichtig durch ein Sieb zum Olivenöl gießen und händisch untermischen (Mischtemperatur ca. 38°C). Titandioxid/Olivenöl-Gemisch in den Seifenleim einrühren.
- Seifenleim abwechselnd manuell und mit Stabrührer bei mittlerer und zwischendurch hoher Drehzahl geduldig rühren. Stabrührer immer wieder abkühlen lassen. Seifenleim vom Topfrand mitnehmen. Er beginnt erst nach ca. 50 Minuten zu zeichnen.
- Duftstoff manuell in den leicht zeichnenden Seifenleim einrühren.

- Zeichnenden Seifenleim in die Blockform gießen und diese mehrfach auf dem Tisch aufklopfen, damit Luftblasen entweichen können.
- Form ins Backrohr stellen (50°C), nach 4 h ausschalten, im Backrohr abkühlen lassen (Form nicht abdecken, damit Feuchtigkeit verdunsten kann), kalten Seifenblock mit Folie abdecken und bis zum Festwerden lagern.
- Festen Seifenblock ausformen und schneiden. Kanten mit einem Hobel abrunden.
- Seifenstücke auf Küchenpapier legen und trocken, luftig, lichtgeschützt reifen lassen. Auf Banderolen Inhaltsstoffe, Erzeugungs- und voraussichtliches Ablaufdatum festhalten.

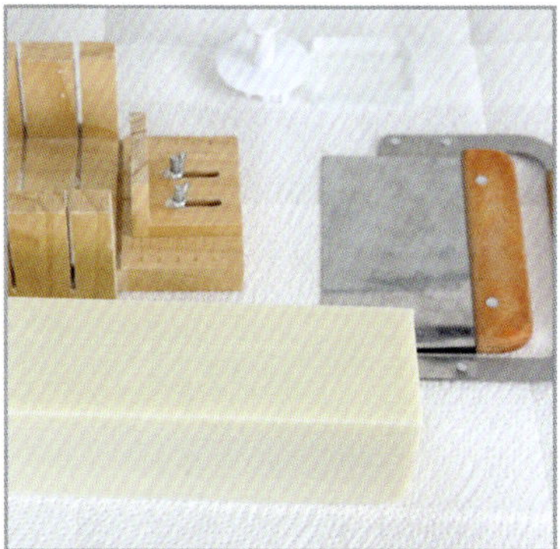

- Probestück wiegen, pH-Wert bestimmen, Messungen wiederholen; bleibt das Gewicht konstant, ist die Seife reif.
- Beobachtungen, Messdaten und Seifeneigenschaften im Seifenbuch notieren.

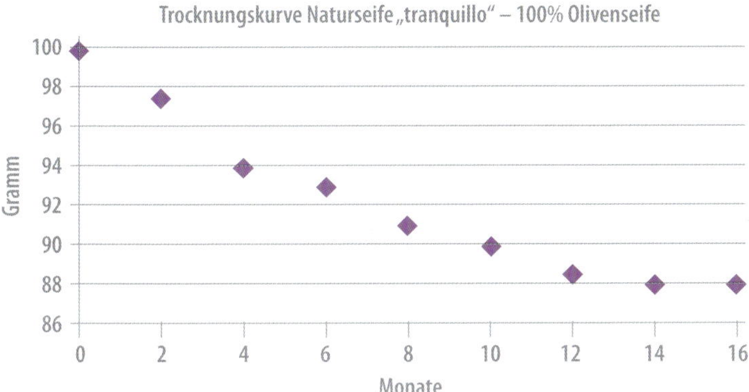

Hinweise:
Seifenleim zeichnet nach ca. 50 Minuten. Der Seifenblock kann nach 24 Stunden ausgeformt werden. Gelphase durchlaufen.
Reifezeit der Seife: ca. 13 Monate (Wasserverlust ca. 13%)

Eigenschaften der reifen Seife:
pH = 9; Glyceringehalt: ca. 8–9%; Farbe: cremefarben; Haptik: glatte Oberfläche; Härte: hart; Stabilität: feuchte Seife leicht schmierig; verliert bei längerem Wasserkontakt Formstabilität; getrocknete Seife wird wieder hart; Schaum: schäumt unwillig, mäßig, kleinblasig

Nachschlagen:
Tab. A1 „Zusammensetzung der Fette/Öle“ (S. 361); Tab. A2 „Fettsäurefamilien“ (S. 370); Tab. „Bewährte Reaktionsbedingungen“ (S. 29 und S. 142), „Herstellung von Hydrolaten“ (S. 151)

„ritenuto“

Rohstoffe:

Gesamtfettansatz (GFA):

300 g (30%) Kokosnussfett
300 g (30%) Avocadoöl
300 g (30%) Olivenöl
100 g (10%) Rizinusöl

Zusatzstoffe:

Farbstoff: ¼ TL Titandioxid, ¼ TL Perlglanz Olive Yellow
Duftstoffe: 2 g Jasmin-Parfümöl (2%, bez. auf GFA)

Flüssigkeitsmenge:

27%, bez. auf GFA
270 g destilliertes Wasser (Laugenflüssigkeit)
Laugenunterdosierung: 7%

Analyse: Fettsäuren im GFA (Mittelwerte)						
Name	C12:0 in%	C14:0 in%	C16:0 in%	C18:0 in%	C18:1 in%	C18:2 in%
Kokosnussfett	14,7	5,7	2,55	–	2,25	–
Avocadoöl	–	–	6,6	–	15,9	3,6
Olivenöl	–	–	3,0	–	23,4	1,65
Summe FS (gerundet)	15	6	12	–	42	5
Rizinusöl 10% (C18:1-OH)	Rizinusöl enthält ca. 85% Ricinolsäure, damit beträgt der Anteil im GFA = 85% x 0,1 = 8,5% (gerundet 9%)					
Beispiel: Kokosnussfett enthält ca. 49% Laurinsäure (C12:0). Unser Fettansatz besteht aus 30% Kokosnussfett, d. h., sein Anteil im Fettansatz beträgt: 49 x 0,3 = 14,7%						

Relevante Fettsäuren im GFA:

ca. 33% gesättigte Fettsäuren (C12:0, C14:0, C16:0)
ca. 51% einfach ungesättigte Fettsäuren (42% C18:1, 9% C18:1-OH)
ca. 5% mehrfach ungesättigte Fettsäuren
ca. 1% Unverseifbares

Duftnote: *blumig (dezent nach Jasmin)*
Hauttyp: *trockene und normale Haut*

Die einfach ungesättigte Ölsäure verseift nur schwer und ist mit ca. 42% die dominante Fettsäure im Fettansatz. Kokosnussfett, mit seinem hohen Anteil an gesättigten Fettsäuren, und Rizinusöl verseifen hingegen leicht und fördern die Verseifung.
Durch bewusste Reduktion der Flüssigkeitsmenge (höhere Laugenkonzentration) springt die Verseifung schneller an. Auch der Trocknungsprozess wird beschleunigt.

Reaktionsbedingungen:
Mischtemperatur: 30–35°C
Rührerdrehzahl: niedrige bis mittlere Stufe

Berechnung der NaOH-Menge:			
Name	VZ_{KOH} mg/g	VZ_{NaOH} g/g	Menge an NaOH in g (= g Fett x VZ_{NaOH})
Kokosnussfett	255	0,182	300 g x 0,182=54,6 g
Avocadoöl	186	0,133	300 g x 0,133 = 39,9 g
Olivenöl	190	0,136	300 g x 0,136 = 40,8 g
Rizinusöl	181	0,129	100 g x 0,129 = 12,9 g
Summe NaOH	148,2 g		
Summe NaOH Laugenunterdosierung = 7%	7% von 148,2 g = 10,37 g, d. h., die eingesetzte Lauge beträgt: 148,2 g –10,37 g = 137,8 g		

Berechnung der Flüssigkeitsmenge (Laugenflüssigkeit):
Die Lauge wird mit 270 g destilliertem Wasser (27%, bez. auf den GFA) hergestellt.
Auswahl der Seifenform:
Holzblockform mit Silikoneinsatz

Arbeitsanleitung:

- Rohstoffe in passenden Gefäßen abwiegen.
- Farbstoffe jeweils in etwas Olivenöl aus dem Fettansatz einrühren.
- Lauge herstellen: NaOH portionsweise im destillierten Wasser lösen und auf ca. 35°C abkühlen.
- Kokosnussfett im Topf schonend schmelzen (23–26°C), in den Verseifungstopf füllen, flüssige Öle und Farbe manuell untermischen.
- Abgekühlte Lauge vorsichtig durch Sieb zum Fettansatz gießen, abwechselnd manuell und mit Stabrührer rühren. Seifenleim vom Topfrand mitnehmen.
- Duftstoff manuell in den leicht zeichnenden Seifenleim untermischen.
- Zeichnenden Seifenleim in die Holzblockform gießen, Form mehrfach auf dem Tisch aufklopfen, damit Luftblasen entweichen können. Form mit Frischhaltefolie oder Deckel abdecken und isolieren.
- Festen Seifenblock ausformen und schneiden. Kanten mit einem Hobel abrunden.
- Die Seifenstücke auf Küchenpapier legen und trocken, luftig und lichtgeschützt reifen lassen. Auf Banderolen Inhaltsstoffe, Erzeugungs- und voraussichtliches Ablaufdatum festhalten.
- Probestück wiegen, pH-Wert bestimmen, Messungen wiederholen; bleibt das Gewicht konstant, ist die Seife reif.
- Beobachtungen, Messdaten und Seifeneigenschaften im Seifenbuch notieren.

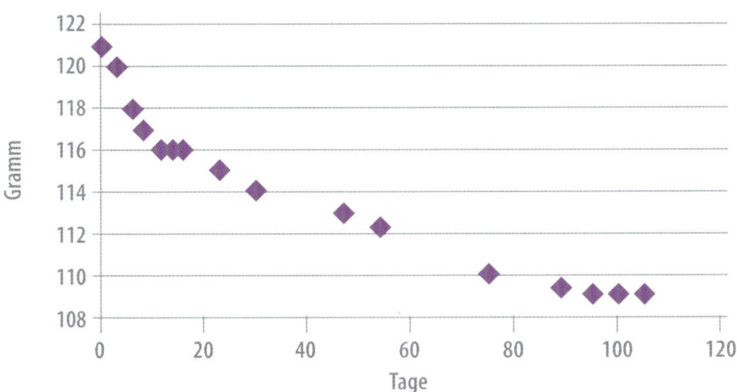

Hinweise:

Leichtes Zeichnen des Seifenleims nach ca. 8 Minuten. Duftstoff dickt den Seifenleim an. Zügig in die Form bringen. Seifenblock kann nach 24 Stunden ausgeformt werden. Gelphase durchlaufen. Reifezeit der Seife: ca. 11 Wochen (Wasserverlust: ca. 10%)

Eigenschaften der reifen Seife:

pH = 9; Glyceringehalt: ca. 8-9%; Farbe: zart grün; Haptik: leicht strukturierte Oberfläche; Härte: hart; Stabilität: formstabil; Schaum: schäumt willig und mäßig, klein- bis mittelblasig

Nachschlagen:

Tab. A1 „Zusammensetzung der Fette/Öle“ (S. 361); Tab. A2 „Fettsäurefamilien“ (S. 370); Tab. „Bewährte Reaktionsbedingungen“ (S. 29 und S. 142)

„meno mosso“

Isotone Naturseife mit Ziegenmilch und Honig

Rohstoffe:

Gesamtfettansatz (GFA):

400 g (40%) Olivenöl
320 g (32%) Kokosnussfett
200 g (20%) Rapsöl HO
80 g (8%) Rizinusöl

Zusatzstoffe:

12,5 g Salz (1%, bez. auf GFA + Flüssigkeitsmenge)
2 EL Ziegenmilchpulver (Milch direkt in den Seifenleim)
10 g Honig (1%, bez. auf GFA; direkt in den Seifenleim)
Farbstoffe: ¼ TL Titandioxid, ¼ TL Perlglanz Grün
Duftstoffe: 2 g Parfümöl „Milch & Honig“ (2%, bez. auf GFA)

Flüssigkeitsmenge:

27%, bez. auf GFA
170 g destilliertes Wasser als Laugenflüssigkeit
50 g destilliertes Wasser zum Lösen des Honigs
50 g destilliertes Wasser zum Lösen des Milchpulvers
Laugenunterdosierung: 7%

Analyse: Fettsäuren im GFA (Mittelwerte)						
Name	C12:0 in%	C14:0 in%	C16:0 in%	C18:0 in%	C18:1 in%	C18:2 in%
Kokosnussfett	15,7	6,1	2,7	–	2,4	–
Olivenöl	–	–	4	–	31,2	2,2
Rapsöl HO	–	–	–	–	12,1	4,5
Summe FS (gerundet)	15,7	6,1	6,7	–	45,7	6,7
Rizinusöl 8% (C18:1-OH)	Rizinusöl enthält ca. 85% Ricinolsäure, damit beträgt der Anteil im GFA = 85% x 0,08 = 6,8% (gerundet 7%)					

Duftnote: *süß (nach Milch und Honig)*
Hauttyp: *trockene und normale Haut, Mischhaut*

Relevante Fettsäuren im GFA:

ca. 29% gesättigte Fettsäuren (C12:0, C14:0, C16:0)
ca. 53% einfach ungesättigte Fettsäuren (C18:1, C18:1-OH), davon
ca. 46% Ölsäure
ca. 7% mehrfach ungesättigte Fettsäuren
ca. 0,7% Unverseifbares

Der Fettansatz besteht aus ca. 46% schwer verseifbarer Ölsäure (dominante FS). Kokosnussfett und Rizinusöl verseifen hingegen leicht und beschleunigen die Verseifung. Zur Förderung der Verseifung wird außerdem der Flüssigkeitsanteil reduziert.

Reaktionsbedingungen:

Mischtemperatur: max. 30°C (aufheizende Zusätze! Verseifungstopf im Wasserbad kühlen)
Rührerdrehzahl: niedrige Stufe (die Verseifung und infolgedessen der Temperaturanstieg laufen langsamer ab)

Berechnung der NaOH-Menge:

Bei einer Laugenunterdosierung von 7% benötigen wir zur Verseifung unseres Fettansatzes 137,5 g NaOH.
Anmerkung: Berechnungsbeispiel, siehe „ritenuto“ (S. 168)

Berechnung der Flüssigkeitsmenge:

Die gesamte Flüssigkeitsmenge beträgt 270 g. Zur Herstellung der Lauge werden 170 g destilliertes Wasser eingesetzt (Laugenflüssigkeit). 50 g destilliertes Wasser (leicht angewärmt) werden zum Lösen des Honigs verwendet, 50 g destilliertes Wasser (ebenfalls leicht angewärmt) zum Lösen des Milchpulvers.

Auswahl der Seifenform:

Holzblockform mit Silikoneinsatz

Arbeitsanleitung:

- Rohstoffe in passenden Gefäßen abwiegen.
- Ziegenmilchpulver und Honig in je 50 g destilliertem Wasser lösen. Beide Lösungen auf Kühlschranktemperatur abkühlen.
- Farbstoffe in etwas Rapsöl vom Fettansatz einrühren.
- Salz in der Laugenflüssigkeit (170 g destilliertes Wasser) lösen und anschließend portionsweise NaOH hinzufügen und lösen. Lauge auf Zimmertemperatur abkühlen lassen.
- Kokosnussfett schonend schmelzen (23-26°C), in den Verseifungstopf umgießen, flüssige Öle einrühren und alles manuell vermengen. Verseifungstopf im Wasserbad kühlen.
- Abgekühlte Lauge vorsichtig durch ein Sieb zum Fettansatz gießen und händisch verrühren. Titandioxid untermischen.
- Abwechselnd mit Hand und Stabrührer rühren, bis der Seifenleim leicht zeichnet. Seifenleim vom Topfrand mitnehmen.
- Kleine Menge Seifenleim in ein Becherglas füllen, grünen Farbstoff dazugeben und homogen verrühren.
- Kalte Milch und kalte Honiglösung in den restlichen SL geben, händisch und mit Stabrührer rühren; Duft manuell in den Seifenleim einrühren.
- Hellen SL unverzüglich in Form gießen (Proteine und ggf. Duft dicken SL an), auf der Oberfläche farbigen Seifenleim punktförmig verteilen und mit Holzstäbchen Muster zeichnen.
- Zum Entlüften des Seifenleims Form mehrmals auf dem Tisch aufklopfen; mit Frischhaltefolie abdecken, nicht isolieren, mit Kühlakkus kühlen und kalt stellen.
- Festen Seifenblock herausnehmen, schneiden, Seifenkanten mit einem Hobel abrunden.
- Die Seifenstücke auf Küchenpapier legen und trocken, luftig und lichtgeschützt reifen lassen. Auf Banderolen Inhaltsstoffe, Erzeugungs- und voraussichtliches Ablaufdatum festhalten.
- Probestück wiegen, pH-Wert bestimmen, Messungen wiederholen; bleibt das Gewicht konstant, ist die Seife reif.

- Beobachtungen, Messdaten und Seifeneigenschaften im Seifenbuch notieren.

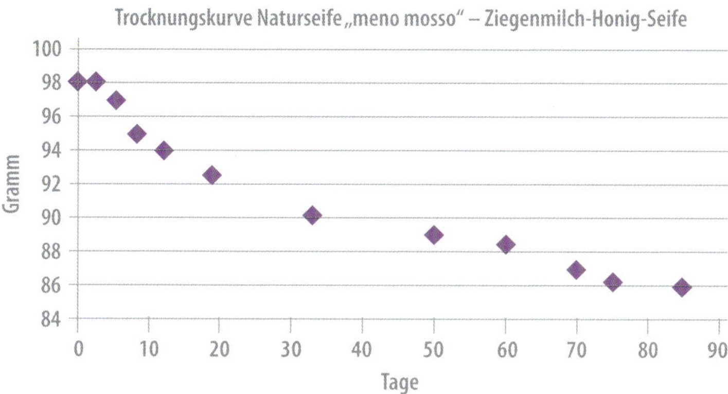

Hinweise:

Honig und Proteine heizen den Seifenleim auf. Proteine denaturieren bei hoher Temperatur, Zucker karamellisiert. Honig verändert seine Eigenschaften bereits ab 40°C. Um das zu verhindern, sollte kalt gearbeitet werden. Proteine dicken den Seifenleim an.
Leichtes Zeichnen des Seifenleim nach ca. 6 Minuten. Nach Zugabe der Milch dickt der Seifenleim schnell an. Zügig in die Form bringen. Moderater Temperaturanstieg. Seifenblock kann nach 24 Stunden ausgeformt werden. Keine Gelphase.
Reifezeit der Seife: ca. 11 Wochen (Wasserverlust ca. 12%)

Eigenschaften der reifen Seife:

pH = 9; Glyceringehalt: ca. 8–9%; Farbe: karamell; Haptik: glatte Oberfläche; Härte: hart; Stabilität: formstabil; Schaum: schäumt willig, mäßig, kleinblasig und cremig

Nachschlagen:

Tab. A1 „Zusammensetzung der Fette/Öle“ (S. 361); Tab. A2 „Fettsäurefamilien“ (S. 370); Tab. „Bewährte Reaktionsbedingungen“ (S. 29 und S. 142); „Proteine – Milch und Milchprodukte“ (S. 101); „Honig“ (S. 98)

caractère

Rasierseifen (Mischverseifung)

In diesem Beispiel erzeugen wir eine Rasierseife mit einer KOH/NaOH-Mischverseifung.

Rasierseifen stellen besondere Anforderungen an den Schaum. Damit die Rasur sauber und ohne Verletzungen gelingt, muss die Haut für die Rasierklinge gleitfähig gemacht werden. Die Bart- bzw. Körperhaare sollen nicht auf der Haut kleben, der Schaum muss einerseits mild und weich, andererseits üppig und stabil sein.

Der Rasierpinsel wird mit warmem Wasser benetzt, überflüssiges Wasser abgeschüttelt und der Pinsel kreisförmig unter leichtem Druck auf der Seife bewegt. Schnelle Handbewegungen machen den Rasierschaum weicher und sanfter. Es entsteht ein üppiger Schaum, der mit dem Pinsel in kreisenden Bewegungen auf die Haut aufgetragen wird. Der Schaum erwärmt und erweicht die Haut, richtet die Haare auf, lässt die Klinge gleiten, bindet und löst den Schmutz (Schüppchen, Schweiß, Fett). Haare und Schmutz werden mit der Rasierklinge abgetragen.

Die Rasierseife profitiert vom natürlichen Glyceringehalt in der Naturseife. Glycerin weicht die Haare auf, erleichtert die Rasur und schützt die Haut vor Flüssigkeitsverlust.

Während bei der Verseifung mit NaOH harte Seifen entstehen, erhält man mit KOH Schmierseifen, die gut und stabil schäumen. Wir kombinieren beide Verfahren (Mischverseifung) und erzeugen so feste Naturseifen mit weichem, cremigem und stabilem Schaum.

Die Unterdosierung der Lauge sollte 3–5% betragen und dient als Sicherheitsfaktor, der garantiert, dass die gesamte Lauge verbraucht wird. Überfettung würde die Schaumbildung stören.

Der Seifenleim wird in einem mit Frischhaltefolie ausgekleideten Holz-, Porzellan- oder Metalltiegel geformt. Durch das Auskleiden der Form lässt sich die feste Seife leicht entnehmen und kann trocknen. Die reife Seife wird in den Tiegel zurückgelegt und dort verwendet.

„a tempo"

Rasierseife mit Kamillenaufguss

Rohstoffe:

Gesamtfettansatz (GFA):

290 g (29%) Sonnenblumenöl HO
260 g (26%) Kokosnussfett
250 g (25%) Schweineschmalz (bio)
100 g (10%) Stearin
50 g (5%) Rizinusöl
50 g (5%) Lanolin

Zusatzstoffe:

Farbstoff: ½ TL Kaolin
Duftstoffe: 2 g Gemisch aus äth. Ölen: Bergamotte, Lavendel, Petitgrain, Sandelholz (2%, bez. auf GFA)

Flüssigkeitsmenge:

33%, bez. auf GFA
330 g Kamillenaufguss (Laugenflüssigkeit)
Laugenunterdosierung: 4%

Mischverseifung:

NaOH : KOH = 50 : 50 (reine Rohstoffe)

Analyse:

Fettsäuren im GFA (Mittelwerte)

ca. 47% gesättigte Fettsäuren (davon C12:0 13%, C14:0 6%, C16:0 16%, C18:0 10%)
ca. 43% einfach ungesättigte Fettsäuren (davon 39% Ölsäure)
ca. 5% mehrfach ungesättigte Fettsäuren
ca. 1,5% Unverseifbares

Die Rasierseife besteht zu 47% aus gesättigten Fettsäuren (dominante FS). Diese verseifen leicht und fördern so die Verseifung der schwer verseifbaren, einfach ungesättigten Ölsäure (39%).

Duftnote: *frisch, krautig, leicht holzig*
Hauttyp: *normale und fettige Haut, Mischhaut*

Die Mischverseifung und die Zusätze Rizinusöl, Stearin und Lanolin beeinflussen die Schaumeigenschaften der Rasierseife. Der Schaum entsteht schnell und ist üppig und stabil. Kaolin verbessert seine Gleitfähigkeit. Kamille wirkt beruhigend auf die strapazierte Haut.
Stearin hat einen Schmelzpunkt von ca. 57°C. Damit es im Seifenleim nicht aushärtet, muss eine höhere Arbeitstemperatur gewählt werden. Zügiges Arbeiten ist angesagt, denn der Seifenleim wird durch das Stearin schnell fest. Erstarrt der Leim, kann er nur noch in die Form gespachtelt werden. Keine weiteren andickenden Zusätze verwenden.

Reaktionsbedingungen:

Mischtemperatur: 57–60°C (Stearin!)
Rührerdrehzahl: niedrige Stufe

Berechnung der NaOH-Menge:

NaOH und KOH werden mittels der jeweiligen Verseifungszahlen (VZ_{NaOH}, VZ_{KOH}) getrennt berechnet und mit den Anteilen multipliziert.
Bei NaOH : KOH = 50 : 50 und einer Laugenunterdosierung von 4% ergeben sich folgende Mengen:
NaOH = 138,41 g x 0,5 ~ 69,2 g
KOH = 196,11 g x 0,5 ~ 98,1 g
NaOH und KOH werden getrennt abgewogen, zusammengekippt und als Gemisch in der Laugenflüssigkeit gelöst.

Berechnung der Flüssigkeitsmenge:

Die Flüssigkeitsmenge beträgt 33%, bezogen auf 1000 g Fettansatz, d.h., es werden 330 g Kamillenaufguss als Laugenflüssigkeit eingesetzt.

Auswahl der Seifenform:

Ausgekleidete Einzelformen aus Holz, Keramik oder Metall

Arbeitsanleitung:

- Rohstoffe in passenden Gefäßen abwiegen.
- Kaolin in etwas Öl aus dem Fettansatz einrühren.
- Lauge herstellen: Gemisch aus NaOH und KOH portionsweise im Kamillenaufguss lösen und auf 60°C abkühlen.
- Lanolin (40°C), Schweineschmalz (28–40°C) und Kokosnussfett (23–26°C) schmelzen, Sonnenblumenöl hinzugießen; Gemisch schonend auf ca. 60°C erwärmen, warm halten.
- Stearin getrennt schmelzen (57°C), Wärmequelle ausschalten, warm halten.
- Fettgemisch in Verseifungstopf füllen, Kaolin zugeben, alles manuell verrühren. Verseifungstopf in ein warmes Wasserbad stellen.
- Warme Lauge vorsichtig durch ein Sieb hinzugießen (Mischtemperatur: 57–60°C) und Gemisch abwechselnd händisch und mit Stabrührer rühren, bis es leicht zeichnet.
- Duft manuell untermischen (keinen andickenden Duft verwenden).
- Warmes Stearin einrühren, kurz mit dem Stabrührer verteilen. Schnell arbeiten, der Leim darf nicht auskühlen.
- Seifenleim unverzüglich formen. Zum Entlüften des Seifenleims Formen mehrmals auf dem Tisch aufklopfen. Formen mit Frischhaltefolie abdecken, isolieren.
- Die Seifenstücke ausformen, auf Küchenpapier legen und trocken, luftig und lichtgeschützt reifen lassen. Auf Banderolen Inhaltsstoffe, Erzeugungs- und voraussichtliches Ablaufdatum festhalten.
- Probestück wiegen, pH-Wert bestimmen, Messungen wiederholen; bleibt das Gewicht konstant, ist die Seife reif.
- Beobachtungen, Messdaten und Seifeneigenschaften im Seifenbuch notieren.

Hinweise:

Das Duftgemisch wurde 14 Tage vor der Herstellung der Seife in einer kleinen, dunklen, verschließbaren Glasdose gemischt und nach und nach mit einigen Tropfen einzelner Duftnoten abgestimmt.
Durch Erhöhung der Flüssigkeitsmenge auf 33% bleibt der Seifenleim länger flüssig und lässt sich leichter verarbeiten. Allerdings verlängert sich dadurch die Trocknungszeit.
Seifenleim zeichnet nach ca. 2 Minuten. Zügig in die Form bringen. Seifenblock kann nach 24 Stunden ausgeformt werden. Gelphase durchlaufen.
Reifezeit der Seife: ca. 9 Wochen (Wasserverlust ca. 10%)

Eigenschaften der reifen Seife:

pH = 9; Glyceringehalt: ca. 8–9%; Farbe: grauweiß bis cremefarben; Haptik: strukturierte (robuste) Oberfläche; Härte: hart; Stabilität: formstabil; Schaum: üppig, weich, stabil, kleinblasig, cremig; Schaum wird mit einem Rasierpinsel aufgeschäumt

Nachschlagen:

Tab. A2 „Fettsäurefamilien“ (S. 370); Tab. A1 „Zusammensetzung der Fette/Öle“ (S. 361); „Konsistenzgebende Zusätze – Lanolin“ (S. 94); „Konsistenzgebende Zusätze – Stearin“ (S. 95)

Soleseife

Soleseifen werden mit einer annähernd gesättigten Salz-Wasser-Lösung als Laugenflüssigkeit hergestellt. In hoher Konzentration wirkt Salz im Waschwasser auf die Haut hyperton, also wasserentziehend. Wegen ihrer austrocknenden Wirkung eignen sich Soleseifen für fettige Haut. Sie können bei unreiner Haut eingesetzt werden oder bei Akne als medizinische Seifen dienen.

Salz ist in Wasser gut löslich, wobei die Löslichkeit kaum von der Wassertemperatur abhängt. Folgende Tabelle zeigt die Löslichkeit von Natriumchlorid (NaCl) in Wasser (H2O) bei verschiedenen Temperaturen:

Temperatur in °C	0	20	25	40	60	80	100
Löslichkeit g/l	357,6	358	359	364,6	371,6	379,9	391,2

Bei 20°C enthält eine gesättigte Kochsalzlösung 35,8% (358 g/l) NaCl, bei 25°C 35,9% (359 g/l).

Zur Herstellung einer gesättigten Lösung bei Raumtemperatur werden in einem Liter destilliertem Wasser 358 g Kochsalz durch Rühren gelöst. Lässt man die Flüssigkeit stehen, bildet sich oft ein Bodensatz, der durch wiederholtes Vermischen vollständig gelöst wird. Für die Sole ist ausschließlich reines Kochsalz geeignet. Metallverbindungen im Salz sind zu vermeiden; sie können u. a. zur Fleckenbildung in der Seife führen.

Salz macht Naturseifen sehr hart bis brüchig. Deshalb sollte die zugesetzte Flüssigkeitsmenge nicht reduziert werden, 33% (bez. auf den GFA) sind zu empfehlen. Salz- und Soleseifen lösen sich in Wasser nur schwer und schäumen kaum. Sie sind formstabil und haltbar.

Duftstoffe können sich in diesen Seifen nicht entfalten, ein Beduften ist daher nicht sinnvoll. Färbende Zusätze werden durch das Salz

ausgebleicht, mit hellen Fetten und Ölen entstehen weiße Soleseifen. Wird die Soleseife bei Hauterkrankungen eingesetzt, sollte auf Duft- und Farbstoffe generell verzichtet werden.
Salz bindet Wasser, die Seife trocknet daher nur langsam. Zum Reifen braucht sie einige Monate.

„o sole mio“

Hypertone Naturseife

Rohstoffe:

Gesamtfettansatz (GFA):

590 g (59%) Sonnenblumenöl HO
310 g (31%) Kokosnussfett
100 g (10%) Rizinusöl

Zusatzstoffe:

Kochsalz (Menge: bis zur Sättigung des destillierten Wassers; siehe Tab. S. 182)

Flüssigkeitsmenge:

33%, bez. auf GFA
330 g destilliertes Wasser
Laugenunterdosierung: 7%

Analyse:

Fettsäuren im GFA (Mittelwerte)

ca. 32% gesättigte Fettsäuren (davon C12:0 15%, C14:0 6%, C16:0 5%, C18:0 3%)
ca. 61% einfach ungesättigte Fettsäuren (davon 53% Ölsäure)
ca. 6% mehrfach ungesättigte Fettsäuren
ca. 0,6% Unverseifbares

Der Fettansatz enthält ca. 53% Ölsäure (dominante FS). Diese einfach ungesättigte Fettsäure verseift schwer. Kokosnussfett und Rizinusöl verseifen hingegen leicht und fördern die Verseifung der Ölsäure. Rizinusöl unterstützt darüber hinaus die Schaumfähigkeit der Salzseife.

Reaktionsbedingungen:

Mischtemperatur: 30–35°C
Rührerdrehzahl: niedrige Stufe

Duftnote: *nicht beduftet*
Hauttyp: *fettige, unreine Haut (austrocknend), als medizinische Seife bei Akne*

Berechnung der NaOH-Menge:

Zur Verseifung des Gesamtfettansatzes benötigen wir 137 g NaOH (Laugenunterdosierung 7%).

Berechnung der Flüssigkeitsmenge (Laugenflüssigkeit):

Die Flüssigkeitsmenge in unserem Rezept beträgt 33% (bez. auf GFA), als Laugenflüssigkeit wird eine annähernd gesättigte Solelösung verwendet.

Herstellung der Solelösung:

In 1000 ml H_2O lösen sich bei 20°C 358 g Salz (siehe Tab. S. 182).
Um 330 ml H_2O mit NaCl zu sättigen, benötigen wir:
$Masse_{NaCl}$ = 358 g x (330/1000) ~ 118 g
Damit sich das gesamte Salz gut löst und sich keine Salzkristalle am Boden des Gefäßes absetzen, wird die Salzmenge um 5% reduziert, Es entsteht eine annähernd gesättigte Solelösung, d. h., 112 g Kochsalz werden in 330 ml destilliertem Wasser gelöst. Diese Solelösung wird als Laugenflüssigkeit zum Lösen von 137 g NaOH verwendet.

Auswahl der Seifenform:

Soleseifen werden sehr hart. Ein Seifenblock lässt sich nur schwer schneiden und kann brechen. Wir wählen daher Einzelformen aus Silikon

Arbeitsanleitung:

- Rohstoffe in passenden Gefäßen abwiegen.
- Gesättigte Solelösung herstellen und anschließend NaOH portionsweise in der Sole lösen und auf ca. 40°C abkühlen.
- Kokosnussfett im Topf schonend schmelzen (23–26°C), in den Verseifungstopf füllen, Öle dazugeben und das Gemisch manuell verrühren.
- Abgekühlte Lauge vorsichtig durch ein Sieb zum Fettansatz gießen (Mischtemperatur: 30–35°C) und abwechselnd manuell und mit Stabrührer rühren.
- Den zeichnenden Seifenleim in Einzelformen gießen. Formen mehrfach auf dem Tisch aufklopfen, mit Frischhaltefolie abdecken und isolieren.
- Nach dem Festwerden ausformen, gegebenenfalls scharfe Kanten abrunden.
- Die Seifenstücke auf Küchenpapier legen und trocken, luftig und lichtgeschützt reifen lassen. Auf Banderolen Inhaltsstoffe, Erzeugungs- und voraussichtliches Ablaufdatum festhalten.
- Probestück wiegen, pH-Wert bestimmen, Messungen wiederholen; bleibt das Gewicht konstant, ist die Seife reif.
- Beobachtungen, Messdaten und Seifeneigenschaften im Seifenbuch notieren.

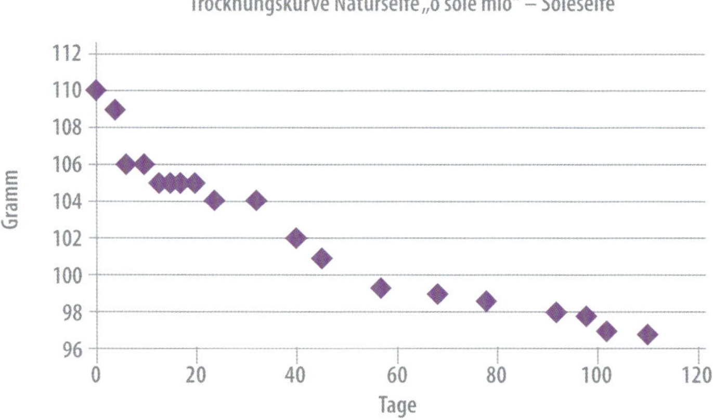

Hinweise:

Zur Unterstützung der Schaumwilligkeit kann neben Rizinusöl auch bis zu 4% Lanolin eingesetzt werden. Soll die Waschkraft verstärkt werden, können dem Seifenleim 1–2 TL kristallines Salz (auf 1000 g GFA) zugesetzt werden. Salzkristalle lösen sich im Seifenleim nicht und dienen als Peeling.

Bei Verwendung einer Blockform den Seifenblock noch leicht warm ausformen und gleich in Seifenstücke schneiden. Am besten eignet sich dazu ein Schneidedraht.

Beim Lösen von NaOH in der Sole bildet sich Schaum, die Lösung wird trüb weiß. Der Seifenleim dickt nach ca. 2 Minuten an. Zügig in die Form bringen. Der Seifenblock kann nach 24 Stunden ausgeformt werden. Gelphase durchlaufen.

Reifezeit der Seife: ca. 13 Wochen (Wasserverlust ca. 11%)

Eigenschaften der reifen Seife:

pH = 9; Glyceringehalt: ca. 8–9%; Farbe: weiß; Haptik: glatte bis leicht raue, stumpfe Oberfläche; Härte: sehr hart; Stabilität: formstabil; Schaum: wenig schäumend

Nachschlagen:

Tab. A2 „Fettsäurefamilien“ (S. 370); Tab. A1 „Zusammensetzung der Fette/Öle“ (S. 361); „Sonstige Zusätze – Salz“ (S. 108); „Individuelle Typen unserer Haut – Fettige Haut“ (S. 41)

Weitere Rezepte für Hand- und Körperseifen

Es folgen Rezepte für Hand- und Körperseifen mit verschiedenen optischen und haptischen Merkmalen sowie für verschiedene Hauttypen. Hand- und Körperseifen können prinzipiell auch als Haarseifen fungieren, sollten aber durch eine Spülung oder andere Pflege ergänzt werden, damit das Haar geschmeidig bleibt. Am besten eignen sich schlichte Rezepturen für die Reinigung unserer Haare, möglichst ohne sonstige Zusätze wie Pflanzenbutter, Duft- oder Farbstoffe.

Haarseife

Die behaarte Kopfhaut unterscheidet sich stark von den übrigen Hautregionen: Einerseits vergrößert sich durch die Behaarung die Oberfläche sehr stark. Dadurch werden alle chemischen Prozesse, die sich auf der Haut- bzw. Haaroberfläche abspielen (z. B. Kalkseifenbildung) besonders auffällig. Andererseits nimmt die behaarte Kopfhaut durch die Haarfollikel Stoffe besonders gut auf, wodurch chemische Einwirkungen und Kontaktallergien verstärkt werden.
Wer wünscht sich nicht ein prächtiges, volles und glänzendes Kopfhaar? Unsere Anforderungen an Pflegemittel für die behaarte Kopfhaut sind dementsprechend hoch und gehen weit über eine einfache Reinigung hinaus. Das Haarwaschmittel soll gleichzeitig gut reinigen, schäumen, konditionieren, pflegen und vor UV-Schäden schützen.
Aus Sicht des Naturseifenherstellers gibt es keine speziellen Haarseifen, denn jede gute Körperseife kann auch zum Haarewaschen verwendet werden. Die Haarseife erfordert keine aufwendige Verpackung, ist umweltschonend, platzsparend und besonders auf Reisen sehr praktisch.
Eine universelle Haarseife lässt sich nicht empfehlen, da die individuelle Kopfhaut (juckende Haut, Entzündungen, Talgproduktion), die Haarstruktur (dichtes oder dünnes Haar, fettiges oder trockenes

Haar usw.) und die chemischen Einflüsse auf unser Haar (Färben, Dauerwelle, Styling) sich von Person zu Person sehr stark unterscheiden. Die zu den eigenen Bedürfnissen und Ansprüchen passende Haarseife kann am besten durch Ausprobieren verschiedener Seifen ermittelt werden.

Allgemeine Tipps und Informationen für die Herstellung von Haarseifen:

- Die Seife sollte hautverträglich und mild sein und einen hohen Anteil an ölsäurehaltigen Fettsäuren (z. B. Olivenöl, Avocadoöl, Distelöl HO) in Kombination mit gesättigten Fettsäuren (Kokosnussfett bzw. Babassufett) enthalten.
- Keine Duft- und Farbstoffe verwenden.
- Rizinusöl erhöht das Schaumvolumen der Seife (Schaum ist für die Reinigung allerdings nicht notwendig!).
- Die Laugenunterdosierung sollte am besten 3–5% betragen.
- Auf Weizenkeimöl verzichten, da sich bei glutensensitiven Personen Allergien verstärken können.
- Naturseife enthält natürliches Glycerin, das beim Waschen einen dünnen Film um das Haar legt. Es wird dadurch geglättet und lässt sich leichter kämmen. Leider ist diese Wirkung nicht von Dauer, da der Glycerinfilm beim Kämmen und Stylen abgerubbelt wird.
- Entstehen bei Anwendung von hartem Waschwasser Kalkablagerungen, ist die Zugabe von Natriumzitrat zu empfehlen (Wasserenthärter, siehe S. 110). Kalk am Kopf ist optisch störend und stumpft das Haar ab.

Anwendung von Haarseifen

Haare lauwarm duschen und die in den Händen bereits angefeuchtete und aufgeschäumte Seifenemulsion auf dem Haar verteilen. Anschließend leicht einmassieren. Starkes mechanisches Rubbeln vermeiden. Die Haare gründlich abspülen, und danach saure Rinse oder Conditioner anwenden.

„calando“

Duftnote: *würzig*

Hauttyp: *trockene und normale Haut, Mischhaut*

Rohstoffe:

Gesamtfettansatz (GFA):

650 g (65%) Olivenöl
350 g (35%) Kokosnussfett

Zusatzstoffe:

Farbstoff: ¼ TL Titandioxid

Flüssigkeitsmenge:

30%, bez. auf GFA
300 g destilliertes Wasser
Laugenunterdosierung: 7%

Fettsäurenzusammensetzung im Fettansatz:

ca. 42% gesättigte FS; ca. 52% einf. unges. FS (davon ca. 50% Ölsäure); ca. 6% mehrf. unges. FS; Unverseifbares: ca. 1%

Reaktionsbedingungen:

Mischtemperatur: ca. 40–45°C;
Rührerdrehzahl: mittlere bis hohe Stufe

Auswahl der Seifenform:

Einzelformen (Silikon)

Arbeitsanleitung:

- Rohstoffe in passenden Gefäßen abwiegen.
- Titandioxid in etwas Olivenöl aus dem Fettansatz einrühren.
- NaOH portionsweise im destillierten Wasser lösen.
- Kokosnussfett schonend schmelzen (23–26°C), in den Verseifungstopf umfüllen, Olivenöl und Titandioxid zugeben und alles manuell vermengen.

- Abgekühlte Lauge vorsichtig durch ein Sieb in das Fettgemisch gießen.
- Abwechselnd manuell und mit Stabrührer rühren, bis der Seifenleim zeichnet.
- Seifenleim in die Formen gießen und diese mehrmals auf dem Tisch aufklopfen, damit Luftblasen entweichen können. Formen mit Frischhaltefolie abdecken und isolieren.
- Feste Seifen ausformen, Kanten mit einem Hobel abrunden.
- Seifen auf Küchenpapier legen und trocken, luftig und lichtgeschützt reifen lassen. Auf Banderolen Inhaltsstoffe, Erzeugungs- und voraussichtliches Ablaufdatum festhalten.
- Probestück wiegen, pH-Wert bestimmen, Messungen wiederholen; bleibt das Gewicht konstant, ist die Seife reif.
- Beobachtungen, Messdaten und Seifeneigenschaften im Seifenbuch notieren.

Hinweise:
Seifenleim: normale Verseifung; Gelphase durchlaufen; Seife nach 24 Stunden ausformbar
Reifezeit: ca. 14 Wochen (Wasserverlust ca. 13%)

Eigenschaften der reifen Seife:
Parameter: pH = 9; Glyceringehalt: 8–9%; Farbe: beige; Haptik: glatte Oberfläche; Härte: hart; Stabilität: formstabil; Schaum: mittelblasig

Nachschlagen:
Tab. A2 „Fettsäurefamilien“ (S. 370); Tab. A1 „Zusammensetzung der Fette/Öle“ (S. 361)

„molto“

Duftnote: *nicht beduftet*

Hauttyp: *empfindliche, trockene und normale Haut*

Rohstoffe:

Gesamtfettansatz (GFA):

580 g (58%) Sonnenblumenöl HO
320 g (32%) Kokosnussfett
100 g (10%) Rizinusöl

Zusatzstoffe:

Farbstoff: ¼ TL Titandioxid

Flüssigkeitsmenge:

28%, bez. auf GFA
280 g destilliertes Wasser
Laugenunterdosierung: 7%

Fettsäurenzusammensetzung im Fettansatz:

ca. 33% gesättigte FS; ca. 61% einf. unges. FS (davon ca. 52% Ölsäure); ca. 6% mehrf. unges. FS; Unverseifbares: ca. 1%

Reaktionsbedingungen:

Mischtemperatur: ca. 35–40°C
Rührerdrehzahl: mittlere Stufe

Auswahl der Seifenform:

Einzelformen (Silikon)

Arbeitsanleitung:

- Rohstoffe in passenden Gefäßen abwiegen.
- Titandioxid in etwas Sonnenblumenöl aus dem Fettansatz einrühren.
- NaOH portionsweise im destillierten Wasser lösen. Abkühlen.

- Kokosnussfett schonend schmelzen (23–26°C), in den Verseifungstopf umfüllen, flüssige Öle und Titandioxid zugeben und händisch verrühren.
- Abgekühlte Lauge vorsichtig durch ein Sieb in das Fettgemisch gießen und abwechselnd händisch und mit Stabrührer rühren, bis der Seifenleim zeichnet.
- Seifenleim in die Formen gießen und diese mehrmals auf dem Tisch aufklopfen, damit Luftblasen entweichen können. Formen mit Frischhaltefolie abdecken und isolieren.
- Feste Seifen ausformen, Kanten mit einem Hobel abrunden.
- Seifenstücke auf Küchenpapier legen und trocken, luftig und lichtgeschützt reifen lassen. Auf Banderolen Inhaltsstoffe, Erzeugungs- und voraussichtliches Ablaufdatum festhalten.
- Probestück wiegen, pH-Wert bestimmen, Messungen wiederholen; bleibt das Gewicht konstant, ist die Seife reif.
- Beobachtungen, Messdaten und Seifeneigenschaften im Seifenbuch notieren

Hinweise:
Seifenleim: normale Verseifung; Seifenstücke nach ca. 48 Stunden ausformbar
Reifezeit: ca. 13 Wochen (Wasserverlust ca. 13%)

Eigenschaften der reifen Seife:
Parameter: pH = 9, Glyceringehalt: 8–9%; Farbe: hellbeige; Haptik: glatte Oberfläche; Härte: hart; Stabilität: formstabil; Schaum: überwiegend mittelblasig

Nachschlagen:
Tab. A2 „Fettsäurefamilien“ (S. 370), Tab. „Zusammensetzung der Fette/Öle“ (S. 361)

„andante“

Duftnote: *nicht beduftet*

Hauttyp: *normale Haut, Mischhaut*

Rohstoffe:

Gesamtfettansatz (GFA):

350 g (35%) Distelöl HO
350 g (35%) Kokosnussfett
200 g (20%) Erdnussöl HO
100 g (10%) Rizinusöl

Zusatzstoffe:

Farbstoff: ¼ TL Titandioxid, ¼ TL Mica Rosa

Flüssigkeitsmenge:

28%, bez. auf GFA
280 g destilliertes Wasser als Laugenflüssigkeit
Laugenunterdosierung: 7%

Fettsäurenzusammensetzung im Fettansatz:

ca. 38% gesättigte FS; ca. 50% einf. unges. FS (davon ca. 37% Ölsäure); ca. 11% mehrf. unges. FS; Unverseifbares: ca. 0,6%

Reaktionsbedingungen:

Mischtemperatur: ca. 35–40°C
Rührerdrehzahl: mittlere Stufe

Auswahl der Seifenform:

Einzelformen (Silikon)

Arbeitsanleitung:

- Rohstoffe in passenden Gefäßen abwiegen.
- Titandioxid und Mica-Farbe in etwas Distelöl aus dem Fettansatz einrühren.
- NaOH portionsweise im destillierten Wasser lösen. Abkühlen.
- Kokosnussfett schonend schmelzen (23–26°C), in den Verseifungstopf umfüllen, flüssige Öle und Farbstoffe zugeben und alles händisch verühren.
- Abgekühlte Lauge vorsichtig durch ein Sieb in das Fettgemisch gießen und abwechselnd händisch und mit Stabrührer rühren, bis der Seifenleim zeichnet.
- Seifenleim in die Formen gießen und diese mehrmals auf dem Tisch aufklopfen, damit Luftblasen entweichen können. Formen mit Frischhaltefolien abdecken und isolieren.
- Feste Seifen ausformen, Kanten mit einem Hobel abrunden.
- Seifenstücke auf Küchenpapier legen und trocken, luftig und lichtgeschützt reifen lassen. Auf Banderolen Inhaltsstoffe, Erzeugungs- und voraussichtliches Ablaufdatum festhalten.
- Probestück wiegen, pH-Wert bestimmen, Messungen wiederholen; bleibt das Gewicht konstant, ist die Seife reif.
- Beobachtungen, Messdaten und Seifeneigenschaften im Seifenbuch notieren.

Hinweise:
Seifenleim: normale Verseifung; Seifenstücke nach ca. 24 Stunden ausformbar
Reifezeit: ca. 13 Wochen (Wasserverlust ca. 13%)

Eigenschaften der reifen Seife:
Parameter: pH = 9, Glyceringehalt: 8–9%; Farbe: hellrosa; Haptik: glatte Oberfläche; Härte: hart; Stabilität: formstabil; Schaum: überwiegend mittelblasig

„giocoso“

Duftnote: *sehr dezent nach Kamille*

Kindernaturseife mit Sheabutter und Kamillenhydrolat

Hauttyp: *empfindliche und trockene Haut*

Rohstoffe:

Gesamtfettansatz (GFA):

560 g (56%) Olivenöl
340 g (34%) Babassufett
100 g (10%) Sheabutter (bio)

Flüssigkeitsmenge:

27%, bez. auf GFA
270 g Kamillenhydrolat
Laugenunterdosierung: 7%

Fettsäurenzusammensetzung im Fettansatz:

ca. 41% gesättigte FS; ca. 50% einf. unges. FS (davon ca. 50% Ölsäure); ca. 6% mehrf. unges. FS; Unverseifbares: ca. 2%

Reaktionsbedingungen:

Mischtemperatur: 35–40°C
Rührerdrehzahl: mittlere bis hohe Stufe

Auswahl der Seifenform:

Einzelformen (Silikon)

Arbeitsanleitung:

- Rohstoffe in passenden Gefäßen abwiegen.
- NaOH portionsweise im Kamillenhydrolat lösen. Abkühlen.
- Sheabutter schonend schmelzen (32–44°C), Babassufett schonend schmelzen (21–26°C).

- Fette in den Verseifungstopf umfüllen, flüssige Öle zugeben und händisch umrühren.
- Abgekühlte Lauge vorsichtig durch ein Sieb in den Fettansatz gießen und abwechselnd händisch und mit Stabrührer bis zur zeichnenden Konsistenz rühren.
- Seifenleim in die Formen gießen und diese mehrmals auf dem Tisch aufklopfen, damit Luftblasen entweichen können. Formen mit Frischhaltefolie abdecken und nicht isolieren.
- Feste Seifen ausformen, Kanten mit einem Hobel abrunden.
- Seifenstücke auf Küchenpapier legen und trocken, luftig und lichtgeschützt reifen lassen. Auf Banderolen Inhaltsstoffe, Erzeugungs- und voraussichtliches Ablaufdatum festhalten.
- Probestück wiegen, pH-Wert bestimmen, Messungen wiederholen; bleibt das Gewicht konstant, ist die Seife reif.
- Beobachtungen, Messdaten und Seifeneigenschaften im Seifenbuch notieren.

Hinweise:

Butter ist temperaturempfindlich. Wird ihr Schmelzpunkt überschritten, kann sie ihre konsistenzgebenden Eigenschaften verlieren, wird ihr Erstarrungspunkt unterschritten, erstarrt sie und mit ihr der Seifenleim. Mischtemperatur einhalten!
Seifenleim: verseift langsam; Seife nach ca. 76 Stunden ausformbar
Reifezeit: ca. 24 Wochen (Wasserverlust ca. 14%)

Eigenschaften der reifen Seife:

pH = 9, Glyceringehalt: 8–9%; Farbe: gelb; Haptik: leicht strukturierte Oberfläche, leicht ölig/buttrig; Härte: mittelhart; Stabilität: eingeschränkt stabil; Schaum: schäumt verhalten, klein- bis mittelblasig

Nachschlagen:

Tab. A2 „Fettsäurefamilien“ (S. 370), Tab. „Zusammensetzung der Fette/Öle“ (S. 361), „Konsistenzgebende Zusätze – Sheabutter“ (S. 90); „Herstellung von Hydrolaten – Kamillenhydrolat“ (S. 155)

„sostenuto"

Isotone Naturseife

Duftnote: *süß*

Hauttyp: *trockene und normale Haut*

Rohstoffe:

Gesamtfettansatz (GFA):

600 g (60%) Avocadoöl
330 g (33%) Kokosnussfett
70 g (7%) Rizinusöl

Zusatzstoffe:

13 g Salz (1%, bez. auf GFA + Flüssigkeitsmenge)
Farbstoffe: ¼ TL Titandioxid, 1 EL flüssige rosa Seifenfarbe
Duftstoff: 2%, bez. auf GFA (Parfümöl „Honey Wash")

Flüssigkeitsmenge:

30%, bez. auf GFA
300 g destilliertes Wasser als Laugenflüssigkeit
Laugenunterdosierung: 7%

Fettsäurenzusammensetzung im Fettansatz:

ca. 41% gesättigte FS; ca. 50% einf. unges. FS (davon ca. 40% Ölsäure); ca. 8% mehrf. unges. FS; Unverseifbares: ca. 1%

Reaktionsbedingungen:

Mischtemperatur: ca. 35–40°C
Rührerdrehzahl: mittlere Stufe

Auswahl der Seifenform:

Einzelformen (Silikon)

Arbeitsanleitung:

- Rohstoffe in passenden Gefäßen abwiegen.
- Titandioxid in etwas Avocadoöl aus dem Fettansatz einrühren.

- Salz im destillierten Wasser lösen, anschließend NaOH portionsweise hinzufügen. Abkühlen.
- Kokosnussfett schonend schmelzen (23–26°C), in den Verseifungstopf umfüllen, flüssige Öle und Farben zugeben und alles händisch umrühren.
- Abgekühlte Lauge vorsichtig durch ein Sieb in das Fettgemisch gießen und abwechselnd händisch und mit Stabrührer rühren, bis der Seifenleim zeichnet.
- Seifenleim beduften, in die Formen gießen und diese mehrmals auf dem Tisch aufklopfen, damit Luftblasen entweichen können. Mit Frischhaltefolie abdecken und isolieren.
- Feste Seifen ausformen, Kanten mit einem Hobel abrunden.
- Seifenstücke auf Küchenpapier legen und trocken, luftig und lichtgeschützt reifen lassen. Auf Banderolen Inhaltsstoffe, Erzeugungs- und voraussichtliches Ablaufdatum festhalten.
- Probestück wiegen, pH-Wert bestimmen, Messungen wiederholen; bleibt das Gewicht konstant, ist die Seife reif.
- Beobachtungen, Messdaten und Seifeneigenschaften im Seifenbuch notieren.

Hinweise:
Seifenleim: normale Verseifung; Seifenstücke nach ca. 24 Stunden ausformbar
Reifezeit: ca. 12 Wochen (Wasserverlust ca. 13%)

Eigenschaften der reifen Seife:
Parameter: pH = 9, Glyceringehalt: 8–9%; Farbe: rosa; Haptik: glatte Oberfläche; Härte: hart; Stabilität: formstabil; Schaum: überwiegend mittelblasig

Nachschlagen:
Tab. A2 „Fettsäurefamilien“ (S. 370), Tab. „Zusammensetzung der Fette/Öle“ (S. 361), „Sonstige Zusatzstoffe – Salz“ (S. 108)

„marcato“

Naturseife mit Kamillenhydrolat

Duftnote: *würzig*

Hauttyp: *normale Haut, Mischhaut*

Rohstoffe:

Gesamtfettansatz (GFA):

400 g (40%) Distelöl HO
350 g (35%) Rindertalg (bio)
250 g (25%) Kokosnussfett

Zusatzstoffe:

Farbstoff: ½ TL Mica Pearl Blue Green
Duftstoffe: 2%, bez. auf GFA (Citronell, Anis, Fenchel, Geranium, Sandelholz)

Flüssigkeitsmenge:

30%, bez. auf GFA
300 g destilliertes Wasser
Laugenunterdosierung: 7%

Fettsäurenzusammensetzung im Fettansatz:

ca. 46% gesättigte FS; ca. 45% einf. unges. FS (davon ca. 45% Ölsäure); ca. 8% mehrf. unges. FS; Unverseifbares: ca. 1%

Reaktionsbedingungen:

Mischtemperatur: 37–40°C, Rührerdrehzahl: niedrige bis mittlere Stufe

Auswahl der Seifenform:

Einzelformen (Silikon)

Arbeitsanleitung:

- Rohstoffe in passenden Gefäßen abwiegen.
- Rindertalg schonend schmelzen (42–50°C) und gegebenenfalls filtern. Kokosnussfett schonend schmelzen (23–26°C).

- Farbstoff in etwas Distelöl HO aus dem Fettansatz einrühren.
- NaOH portionsweise im destillierten Wasser lösen. Abkühlen lassen.
- Fettgemisch in den Verseifungstopf umfüllen, flüssige Öle und Farbstoff zugeben und alles manuell vermengen.
- Abgekühlte Lauge vorsichtig durch ein Sieb in den Fettansatz gießen und abwechselnd manuell und mit Stabrührer bis zur zeichnenden Konsistenz rühren.
- Zeichnenden Seifenleim beduften, unverzüglich in die Formen gießen und diese mehrmals auf dem Tisch aufklopfen, damit Luftblasen entweichen können. Mit Frischhaltefolie abdecken und isolieren.
- Feste Seifen ausformen, Kanten mit einem Hobel abrunden.
- Seifenstücke auf Küchenpapier legen und trocken, luftig und lichtgeschützt reifen lassen. Auf Banderolen Inhaltsstoffe, Erzeugungs- und voraussichtliches Ablaufdatum festhalten.
- Probestück wiegen, pH-Wert bestimmen, Messungen wiederholen; bleibt das Gewicht konstant, ist die Seife reif.
- Beobachtungen, Messdaten und Seifeneigenschaften im Seifenbuch notieren.

Hinweise:

Rindertalg vom Bauern bzw. Fleischer kann in kleinen Mengen biologische Rückstände aus der Tierverarbeitung enthalten und ist vor der Seifenherstellung zu filtern.
Seifenleim: normale Verseifung; Seife ausformbar nach 24 Stunden.
Reifezeit: ca. 9 Wochen (Wasserverlust ca. 14%)

Eigenschaften der reifen Seife:

pH = 8–9, Glyceringehalt: 8–9%; Farbe: grünblau; Haptik: glatte Oberfläche; Härte: hart; Stabilität: formstabil; Schaum: schäumt reichlich, kleinblasig, cremig, stabil

Nachschlagen:

Tab. „Fettsäurefamilien“ (S. 370), Tab. „Zusammensetzung der Fette/Öle“ (S. 361); „Tierische Fette – Rindertalg“ (S. 64)

caractère
caractère

caractère
caractère
caractère

„moderato“

Naturseife mit Orangenhydrolat

Duftnote: würzig
Hauttyp: trockene und normale Haut

Rohstoffe:

Gesamtfettansatz (GFA):
380 g (38%) Rindertalg (bio)
350 g (35%) Reiskeimöl
270 g (27%) Kokosnussfett

Zusatzstoffe:
Farbstoff: ¼ TL Titandioxid
Duftstoff: 2%, bez. auf GFA (Wintertraum)

Flüssigkeitsmenge:
27%, bez. auf GFA
170 g Orangenhydrolat + 100 g destilliertes Wasser als Laugenflüssigkeit
Laugenunterdosierung: 7%

Fettsäurenzusammensetzung im Fettansatz:
ca. 53% gesättigte FS; ca. 31% einf. unges. FS (davon ca. 31% Ölsäure); ca. 14% mehrf. unges. FS; Unverseifbares: ca. 1,4%

Reaktionsbedingungen:
Mischtemperatur: 37–40°C, Rührerdrehzahl: niedrige Stufe

Auswahl der Seifenform:
Einzelformen (Silikon)

Arbeitsanleitung:

- Rohstoffe in passenden Gefäßen abwiegen.
- Rindertalg (42–50°C) schonend schmelzen und gegebenenfalls filtern. Kokosnussfett schonend schmelzen (23–26°C).
- Titandioxid in etwas Reiskeimöl aus dem Fettansatz einrühren.

- NaOH portionsweise im Flüssigkeitsgemisch (destillierten Wasser und Hydrolat) lösen. Abkühlen lassen.
- Fettgemisch in den Verseifungstopf umfüllen, Reiskeimöl und Titandioxid zugeben und alles manuell vermengen.
- Abgekühlte Lauge vorsichtig durch ein Sieb in den Fettansatz gießen und abwechselnd manuell und mit Stabrührer rühren, bis der Seifenleim zeichnet.
- Zeichnenden Seifenleim beduften, unverzüglich in die Formen gießen und diese mehrmals auf dem Tisch aufklopfen, damit Luftblasen entweichen können. Mit Frischhaltefolie abdecken und isolieren.
- Feste Seifen ausformen, Kanten mit einem Hobel abrunden.
- Seifenstücke auf Küchenpapier legen und trocken, luftig und lichtgeschützt reifen lassen. Auf Banderolen Inhaltsstoffe, Erzeugungs- und voraussichtliches Ablaufdatum festhalten.
- Probestück wiegen, pH-Wert bestimmen, Messungen wiederholen; bleibt das Gewicht konstant, ist die Seife reif.
- Beobachtungen, Messdaten und Seifeneigenschaften im Seifenbuch notieren.

Hinweise:
Rindertalg vom Bauern bzw. Fleischer kann in kleinen Mengen biologische Rückstände aus der Tierverarbeitung enthalten und ist vor der Seifenherstellung zu filtern.
Seifenleim: normale Verseifung; Seife ausformbar nach 24 Stunden.
Reifezeit: ca. 8 Wochen (Wasserverlust ca. 12%)

Eigenschaften der reifen Seife:
pH = 8–9, Glyceringehalt: 8–9%; Farbe: cremefarben; Haptik: glatte Oberfläche; Härte: hart; Stabilität: formstabil; Schaum: schäumt reichlich, vorwiegend kleinblasig, stabil

Nachschlagen:
Tab. „Fettsäurefamilien“ (S. 370), Tab. „Zusammensetzung der Fette/Öle“ (S. 361); „Tierische Fette – Rindertalg“ (S. 64); „Herstellung von Hydrolaten – Orangenhydrolat“ (S. 157)

„scherzando"

Duftnote: *würzig*

Hauttyp: *trockene und normale Haut*

Rohstoffe:

Gesamtfettansatz (GFA):

500 g (50%) Schweineschmalz (bio)
300 g (30%) Kokosnussfett
200 g (20%) Rapsöl

Zusatzstoffe:

Farbstoffe: ¼ TL Titandioxid, ¼ TL Mica Gold
Duftstoffe: 2%, bez. auf GFA (Bergamotte, Muskatellersalbei, Petitgrain, Sandelholz, Zedernholz)

Flüssigkeitsmenge:

30%, bez. auf GFA
300 g destilliertes Wasser
Laugenunterdosierung: 7%

Fettsäurenzusammensetzung im Fettansatz:

ca. 50% gesättigte FS; ca. 38% einf. unges. FS (davon ca. 37% Ölsäure); ca. 10% mehrf. unges. FS; Unverseifbares: ca. 1%

Reaktionsbedingungen:

Mischtemperatur: ca. 30–35°C
Rührerdrehzahl: niedrige Stufe

Auswahl der Seifenform:

Einzelformen (Silikon)

Arbeitsanleitung:

- Rohstoffe in passenden Gefäßen abwiegen.
- Farbstoffe in etwas Rapsöl aus dem Fettansatz einrühren.

- NaOH portionsweise im destillierten Wasser lösen. Abkühlen lassen.
- Schmalz schonend schmelzen (28–40°C) und gegebenenfalls filtern. Kokosnussfett ebenfalls schonend schmelzen (23–26°C).
- Fette in den Verseifungstopf umfüllen, flüssige Öle und Farbstoffe zugeben und alles händisch verrühren.
- Abgekühlte Lauge vorsichtig durch ein Sieb in den Fettansatz gießen und abwechselnd manuell und mit Stabrührer rühren, bis der Seifenleim zeichnet.
- Seifenleim beduften, in die Formen gießen und diese mehrmals auf dem Tisch aufklopfen, damit Luftblasen entweichen können. Mit Frischhaltefolie abdecken und isolieren.
- Feste Seifen ausformen, Kanten mit einem Hobel abrunden.
- Seifenstücke auf Küchenpapier legen und trocken, luftig und lichtgeschützt reifen lassen. Auf Banderolen Inhaltsstoffe, Erzeugungs- und voraussichtliches Ablaufdatum festhalten.
- Probestück wiegen, pH-Wert bestimmen, Messungen wiederholen; bleibt das Gewicht konstant, ist die Seife reif.
- Beobachtungen, Messdaten und Seifeneigenschaften im Seifenbuch notieren.

Hinweise:

Schweineschmalz vom Bauern bzw. Fleischer kann in kleinen Mengen biologische Rückstände aus der Tierverarbeitung enthalten und sollte daher nach dem Schmelzen filtriert werden.
Seifenleim: normale Verseifung; Seife nach ca. 24 Stunden ausformbar.
Reifezeit: ca. 11 Wochen (Wasserverlust ca. 12%)

Eigenschaften der reifen Seife:

Parameter: pH = 9, Glyceringehalt: 8–9%; Farbe: beige; Haptik: glatte Oberfläche; Härte: hart; Stabilität: formstabil; Schaum: klein- bis mittelblasig

Nachschlagen:

Tab. „Fettsäurefamilien“ (S. 370), Tab. „Zusammensetzung der Fette/Öle“ (S. 361); „Tierische Fette – Schweineschmalz“ (S. 65)

„teneramente“

Naturseife mit Kuhjoghurt

Duftnote: würzig

Hauttyp: trockene und normale Haut

Rohstoffe:

Gesamtfettansatz (GFA):

450 g (45%) Schweineschmalz (bio)
300 g (30%) Kokosnussfett
200 g (20%) Sonnenblumenöl HO!
50 g (5%) Rizinusöl

Zusatzstoffe:

50 g Kuhjoghurt (5%, bez. auf GFA; direkt in den Seifenleim)

Flüssigkeitsmenge:

28%, bez. auf GFA
230 g destilliertes Wasser als Laugenflüssigkeit
50 g Kuhjoghurt (direkt in den Seifenleim)
Laugenunterdosierung: 7%

Fettsäurenzusammensetzung im Fettansatz:

ca. 48% gesättigte FS; ca. 45% einf. unges. FS (davon ca. 40% Ölsäure); ca. 5% mehrf. unges. FS; Unverseifbares: ca. 0,7%

Reaktionsbedingungen:

Mischtemperatur: 30–35°C
Rührerdrehzahl: niedrige Stufe

Auswahl der Seifenform:

Einzelformen (Silikon)

Arbeitsanleitung:

- Joghurt auf Kühlschranktemperatur abkühlen.
- Rohstoffe in passenden Gefäßen abwiegen.

- Schmalz schonend schmelzen (28–40°C) und gegebenenfalls filtern. Kokosnussfett schonend (23–26°C) schmelzen.
- Geschmolzene Fette in den Verseifungstopf gießen und mit flüssigen Ölen vermischen.
- NaOH portionsweise im destillierten Wasser lösen. Abkühlen lassen.
- Abgekühlte Lauge vorsichtig durch ein Sieb in den Verseifungstopf gießen und bis zum leichten Zeichnen des Seifenleims abwechselnd manuell und mit dem Stabrührer rühren.
- Kalten Joghurt homogen untermischen.
- Den zeichnenden Seifenleim in die Formen gießen und diese mehrmals auf dem Tisch aufklopfen, damit Luftblasen entweichen können. Formen mit Frischhaltefolie abdecken, nicht isolieren, in einen kühlen Raum stellen.
- Feste Seifen ausformen, Kanten mit einem Hobel abrunden.
- Seifenstücke auf Küchenpapier legen und trocken, luftig und lichtgeschützt reifen lassen. Auf Banderolen Inhaltsstoffe, Erzeugungs- und voraussichtliches Ablaufdatum festhalten.
- Probestück wiegen, pH-Wert bestimmen, Messungen wiederholen; bleibt das Gewicht konstant, ist die Seife reif.
- Beobachtungen, Messdaten und Seifeneigenschaften im Seifenbuch notieren.

Hinweise:

Schweineschmalz vom Bauern bzw. Fleischer kann in kleinen Mengen biologische Rückstände aus der Tierverarbeitung enthalten und sollte daher nach dem Schmelzen filtriert werden.

Seifenleim: normale Verseifung mit leicht beschleunigtem Andicken des Seifenleims; Seifenstücke nach 24 ausformbar

Reifezeit: ca. 9 Wochen (Wasserverlust ca. 13%)

Eigenschaften der reifen Seife:

Parameter: pH = 8–9, Glyceringehalt: 8–9%; Farbe: hellbeige; Haptik: glatte Oberfläche; Härte: hart; Stabilität: formstabil; Schaum: lässt sich leicht aufschäumen, schäumt reichlich, klein- bis mittelblasig

Nachschlagen:

Tab. „Fettsäurefamilien" (S. 370), Tab. „Zusammensetzung der Fette/ Öle" (S. 361); „Tierische Fette – Schweineschmalz" (S. 65); „Modellierung des Seifenschaums – Milch und Milchprodukte" (S. 100)

Naturseife mit Schafmilchjoghurt und Lavendelhydrolat

Duftnote: *süß, balsamisch Honignote*

Hauttyp: *trockene und normale Haut*

Rohstoffe:

Gesamtfettansatz (GFA):

300 g (30%) Erdnussöl HO;
300 g (30%) Kokosnussfett;
300 g (30%) Schweineschmalz (bio);
100 g (10%) Rizinusöl

Zusatzstoffe:

30 g Natriumzitrat (3%, bez. auf GFA; Wasserenthärter)
50 g Schafmilchjoghurt (bio) (5%, bez. auf GFA)
Farbstoff: ¼ TL Mica Olive
Duftstoffe: 2%, bez. auf GFA (Honey Bunny, Sandelholz)

Flüssigkeitsmenge:

28%, bez. auf GFA; 230 g Lavendelhydrolat als Laugenflüssigkeit; 50 g Schafmilchjoghurt (direkt in den Seifenleim)
Laugenunterdosierung: 7%

Fettsäurenzusammensetzung im Fettansatz:

ca. 46% gesättigte FS; ca. 42% einf. unges. FS (davon ca. 33% Ölsäure); ca. 10% mehrf. unges. FS; Unverseifbares: ca. 1%

Reaktionsbedingungen:

Mischtemperatur: 30–35°C
Rührerdrehzahl: niedrige Stufe

Auswahl der Seifenform:

Einzelformen (Silikon)

Arbeitsanleitung:

- Schafmilchjoghurt auf Kühlschranktemperatur abkühlen.
- Rohstoffe in passenden Gefäßen abwiegen.
- Farbstoff in etwas Öl aus dem Fettansatz einrühren.
- NaOH portionsweise im Lavendelhydrolat lösen. Abkühlen lassen.
- Schmalz (28–40°C) schonend schmelzen und gegebenenfalls filtern. Kokosnussfett schonend schmelzen (23–26°C).
- Fette in den Verseifungstopf umfüllen, flüssige Öle und Farbstoff und Natriumzitrat zugeben und alles manuell vermengen.
- Abgekühlte Lauge vorsichtig durch ein Sieb in den Fettansatz gießen und abwechselnd manuell und mit Stabrührer rühren, bis der Seifenleim leicht zeichnet.
- Joghurt zugeben und kurz pürieren.
- Seifenleim beduften. Zeichnenden Seifenleim unverzüglich in die Formen gießen und diese mehrmals auf dem Tisch aufklopfen, damit Luftblasen entweichen können. Mit Frischhaltefolie abdecken. Nicht isolieren. Kühl stellen.

- Feste Seifen ausformen, Kanten mit einem Hobel abrunden.
- Seifenstücke auf Küchenpapier legen und trocken, luftig und lichtgeschützt reifen lassen. Auf Banderolen Inhaltsstoffe, Erzeugungs- und voraussichtliches Ablaufdatum festhalten.
- Probestück wiegen, pH-Wert bestimmen, Messungen wiederholen; bleibt das Gewicht konstant, ist die Seife reif.
- Beobachtungen, Messdaten und Seifeneigenschaften im Seifenbuch notieren.

Hinweise:
Schweineschmalz vom Bauern bzw. Fleischer kann in kleinen Mengen biologische Rückstände aus der Tierverarbeitung enthalten und sollte daher nach dem Schmelzen filtriert werden.
Seifenleim: dickt nach Zugabe von Joghurt an, zügig arbeiten
Reifezeit: ca. 9 Wochen (Wasserverlust ca. 12%)

Eigenschaften der reifen Seife:
Parameter: pH = 8–9, Glyceringehalt: 8–9%; Farbe: beige; Haptik: glatte Oberfläche; Härte: hart; Stabilität: formstabil; Schaum: schäumt leicht, üppig, überwiegend kleinblasig, cremig

Nachschlagen:
Tab. „Fettsäurefamilien“ (S. 370); Tab. „Zusammensetzung der Fette/Öle“ (S. 361); „Tierische Fette – Schweineschmalz“ (S. 65); „Modellierung des Seifenschaums – Milch und Milchprodukte“ (S. 100); „Sonstige Zusätze – Natriumzitrat“ (S. 110); „Herstellung von Hydrolaten – Lavendelhydrolat“ (S. 156)

Duftnote: blumig

Naturseife mit Lavendelhydrolat

Hauttyp: trockene und normale Haut

Rohstoffe:

Gesamtfettansatz (GFA):

350 g (35%) Olivenöl
300 g (30%) Schweineschmalz (bio)
250 g (25%) Kokosnussfett
100 g (10%) Sesamöl

Zusatzstoffe:

20 g Natriumzitrat (2%, bez. auf GFA; Wasserenthärter)
Farbstoff: ½ TL Mica Violett
Duftstoffe: 2%, bez. auf GFA (Bergamotte, Linalol, Geranium, Sandelholz)

Flüssigkeitsmenge:

27%, bez. auf GFA
150 g Lavendelhydrolat + 120 g destilliertes Wasser (Gemisch als Laugenflüssigkeit)
Laugenunterdosierung: 7%

Fettsäurenzusammensetzung im Fettansatz:

ca. 43% gesättigte FS; ca. 46% einf. unges. FS (davon ca. 45% Ölsäure); ca. 9% mehrf. unges. FS; Unverseifbares: ca. 1%

Reaktionsbedingungen:

Mischtemperatur: 30–35°C
Rührerdrehzahl: niedrige Stufe

Auswahl der Seifenform:

Einzelformen (Silikon)

Arbeitsanleitung:

- Rohstoffe in passenden Gefäßen abwiegen.
- Farbstoff in etwas Olivenöl aus dem Fettansatz einrühren.
- Natriumzitrat in der Laugenflüssigkeit lösen, dann NaOH portionsweise hinzufügen. Abkühlen lassen.
- Schmalz schonend schmelzen (28–40°C) und gegebenenfalls filtern. Kokosnussfett schonend schmelzen (23–26°C).
- Fettgemisch in den Verseifungstopf umfüllen, flüssige Öle und Farbstoff zugeben und alles manuell vermengen.
- Lauge vorsichtig durch ein Sieb in den Fettansatz gießen und abwechselnd manuell und mit Stabrührer bis zur zeichnenden Konsistenz rühren.
- Seifenleim beduften, in die Einzelformen gießen und diese mehrmals auf dem Tisch aufklopfen, damit Luftblasen entweichen können. Mit Frischhaltefolie abdecken. Isolieren.
- Feste Seifen ausformen. Kanten mit einem Hobel abrunden.
- Seifenstücke auf Küchenpapier legen und trocken, luftig und lichtgeschützt reifen lassen. Auf Banderolen Inhaltsstoffe, Erzeugungs- und voraussichtliches Ablaufdatum festhalten.
- Probestück wiegen, pH-Wert bestimmen, Messungen wiederholen; bleibt das Gewicht konstant, ist die Seife reif.
- Beobachtungen, Messdaten und Seifeneigenschaften im Seifenbuch notieren.

Hinweise:

Schweineschmalz vom Bauern bzw. Fleischer kann in kleinen Mengen biologische Rückstände aus der Tierverarbeitung enthalten und sollte daher nach dem Schmelzen filtriert werden.

Seifenleim: normale Verseifung; Seifenstücke nach ca. 24 Stunden ausformbar

Reifezeit: ca. 8 Wochen (Wasserverlust ca. 12%)

Eigenschaften der reifen Seife:
Parameter: pH = 9, Glyceringehalt: 8–9%; Farbe: violett; Haptik: glatte Oberfläche; Härte: hart; Stabilität: formstabil; Schaum: üppig, stabil, kleinblasig, cremig

Nachschlagen:
Tab. „Fettsäurefamilien“ (S. 370), Tab. „Zusammensetzung der Fette/Öle“ (S. 361); „Tierische Fette – Schweineschmalz“ (S. 65); „Herstellung von Hydrolaten – Lavendelhydrolat“ (S. 156); „Sonstige Zusätze – Natriumzitrat“ (S. 110)

„espressivo“

Naturseife mit Lorbeeröl und Haferdrink

Duftnote: *würzig nach Lorbeer*

Hauttyp: *normale Haut, Mischhaut, unreine Haut*

Rohstoffe:

Gesamtfettansatz (GFA):
580 g (58%) Olivenöl
280 g (28%) Kokosnussfett
90 g (10%) Lorbeeröl
40 g (4%) Rizinusöl

Zusatzstoffe:
100 g Haferdrink (10%, bez. auf GFA, direkt in den Seifenleim)

Flüssigkeitsmenge:
30%, bez. auf GFA
200 g destilliertes Wasser als Laugenflüssigkeit
100 g Haferdrink (direkt in den Seifenleim)
Laugenunterdosierung: 7%

Fettsäurenzusammensetzung im Fettansatz:

ca. 39% gesättigte FS; ca. 53% einf. unges. FS (davon ca. 48% Ölsäure); ca. 8% mehrf. unges. FS; Unverseifbares: ca. 1%

Reaktionsbedingungen:

Mischtemperatur: 35–40°C
Rührerdrehzahl: niedrige bis mittlere Stufe

Auswahl der Seifenform:

Holzblockform mit Silikoneinsatz

Arbeitsanleitung:

- Haferdrink auf Kühlschranktemperatur abkühlen.
- Rohstoffe in passenden Gefäßen abwiegen.
- NaOH portionsweise im destillierten Wasser lösen und auf ca. 45°C abkühlen.
- Kokosnussfett schonend (23–26°C) schmelzen, in den Verseifungstopf umfüllen und mit flüssigen Ölen vermischen.
- Abgekühlte Lauge vorsichtig durch ein Sieb in das Fettgemisch gießen und abwechselnd manuell und mit dem Stabrührer bis zum leichten Zeichnen des Seifenleims rühren.
- Kalten Haferdrink zugeben und kurz pürieren.
- Seifenleim unverzüglich in die Form gießen, Oberfläche strukturieren (z. B. mit einem Holzstäbchen). Form mehrmals auf dem Tisch aufklopfen, damit Luftblasen entweichen können. Mit Frischhaltefolie abdecken. Nicht isolieren.
- Festen Seifenblock ausformen und schneiden. Kanten mit einem Hobel abrunden.
- Seifenstücke auf Küchenpapier legen und trocken, luftig und lichtgeschützt reifen lassen. Auf Banderolen Inhaltsstoffe, Erzeugungs- und voraussichtliches Ablaufdatum festhalten.
- Probestück wiegen, pH-Wert bestimmen, Messungen wiederholen; bleibt das Gewicht konstant, ist die Seife reif.

- Beobachtungen, Messdaten und Seifeneigenschaften im Seifenbuch notieren.

Hinweise:
Lorbeeröl ist gut für unreine Haut und Akne geeignet, kann aber allergische Reaktionen auslösen. Vor der Verwendung einer Lorbeerseife sollte ein Allergietest (siehe S. 72) durchgeführt werden.
Seifenleim: dickt an, zügig arbeiten; Seife nach ca. 30 Stunden ausformbar
Reifezeit: ca. 16 Wochen (Wasserverlust ca. 13%)

Eigenschaften der reifen Seife:
Parameter: pH = 9, Glyceringehalt: 8–9%; Farbe: grün/olivfarben; Haptik: glatte Oberfläche; Härte: hart; Stabilität: formstabil; Schaum: überwiegend kleinblasig, cremig

Nachschlagen:
Tab. „Fettsäurefamilien“ (S. 370); Tab. „Zusammensetzung der Fette/Öle“ (S. 361); „Modellierung des Seifenschaums – Pflanzliche Alternativen zu Milch“ (S. 102); „Allergietest“ (S. 72)

„impensierito“

Duftnote: *süß, nach Honig*

Hauttyp: *trockene und normale Haut, Mischhaut*

Isotone Naturseife mit Kuhjoghurt und Honig

Rohstoffe:

Gesamtfettansatz (GFA):

340 g (34%) Babassufett
300 g (30%) Sonnenblumenöl HO
260 g (26%) Reiskeimöl
100 g (10%) Rizinusöl

Zusatzstoffe:

12,2 g Salz (1%, bez. auf GFA + Laugenflüssigkeit)
15 g Honig (direkt in den Seifenleim)
50 g Kuhjoghurt (direkt in den Seifenleim)
Farbstoff: ¼ TL Titandioxid
Duftstoff: 2%, bez. auf GFA (Honey Bunny)

Flüssigkeitsmenge:

27%, bez. auf GFA
220 g destilliertes Wasser als Laugenflüssigkeit (davon ca. 1 EL zum Lösen des Honigs)
50 g Kuhjoghurt (direkt in den Seifenleim)
Laugenunterdosierung: 7%

Fettsäurenzusammensetzung im Fettansatz:

ca. 35% gesättigte FS; ca. 51% einf. unges. FS (davon ca. 42% Ölsäure); ca. 13% mehrf. unges. FS; Unverseifbares: ca. 1,5%

Reaktionsbedingungen:

Mischtemperatur: 30–35°C
Rührerdrehzahl: niedrige Stufe

Auswahl der Seifenform:

Holzblockform mit Silikoneinsatz

Arbeitsanleitung:

- Joghurt auf Kühlschranktemperatur abkühlen.
- Rohstoffe in passenden Gefäßen abwiegen.
- Titandioxid in etwas Öl aus dem Fettansatz einrühren.
- Bienenhonig in ca. 1 EL destilliertem Wasser lösen.
- Salz in der Laugenflüssigkeit lösen, anschließend NaOH portionsweise hinzufügen. Abkühlen.
- Babassufett schonend schmelzen (21–26°C), in den Verseifungstopf umfüllen, flüssige Fette und Titandioxid zugeben und alles manuell vermengen.
- Abgekühlte Lauge vorsichtig durch ein Sieb in den Fettansatz gießen und abwechselnd manuell und mit Stabrührer rühren.
- Gelösten Honig und kalten Joghurt in den leicht zeichnenden Seifenleim mischen.
- Seifenleim beduften, den zeichnenden Seifenleim in die Blockform gießen und diese mehrmals auf dem Tisch aufklopfen, damit Luftblasen entweichen können. Mit Frischhaltefolie abdecken. Form nicht isoliern und kalt stellen.
- Festen Seifenblock ausformen und schneiden. Kanten mit einem Hobel abrunden.
- Seifenstücke auf Küchenpapier legen und trocken, luftig und lichtgeschützt reifen lassen. Auf Banderolen Inhaltsstoffe, Erzeugungs- und voraussichtliches Ablaufdatum festhalten.
- Probestück wiegen, pH-Wert bestimmen, Messungen wiederholen; bleibt das Gewicht konstant, ist die Seife reif.
- Beobachtungen, Messdaten und Seifeneigenschaften im Seifenbuch notieren.

Hinweise:
Seifenleim: normale Verseifung; Seife nach ca. 48 Stunden ausformbar
Reifezeit: ca. 10 Wochen (Wasserverlust ca. 11%)

Eigenschaften der reifen Seife:

Parameter: pH = 9, Glyceringehalt: 8–9%; Farbe: helles Karamell; Haptik: glatte Oberfläche; Härte: hart; Stabilität: formstabil; Schaum: überwiegend kleinblasig

Nachschlagen:

Tab. „Fettsäurefamilien“ (S. 370); Tab. „Zusammensetzung der Fette/Öle“ (S. 361); „Modellierung des Seifenschaums – Milch und Milchprodukte“ (S. 100); „Modellierung des Seifenschaums – Honig“ (S. 98); „Sonstige Zusätze – Salz“ (S. 108)

„a bene placito“

Naturseife mit Ziegenmilch

Duftnote: *Kräuter*

Hauttyp: *normale Haut, Mischhaut und fettige Haut*

Rohstoffe:

Gesamtfettansatz (GFA):

560 g (56%) Distelöl HO
340 g (34%) Babassufett
100 g (10%) Rizinusöl

Zusatzstoffe:

100 g Ziegenmilch (direkt in den Seifenleim)
Farbstoffe: ¼ TL Titandioxid, ¼ TL Mica Aquarius
Duftstoffe: 2%, bez. auf GFA (Bergamotte, Thymian, Wintergrün, Muskatellersalbei, Patschuli)

Flüssigkeitsmenge:

28%, bez. auf GFA
180 g destilliertes Wasser als Laugenflüssigkeit
100 g Ziegenmilch (direkt in den Seifenleim)
Laugenunterdosierung: 7%

Fettsäurenzusammensetzung im Fettansatz:
ca. 32% gesättigte FS; ca. 56% einf. unges. FS (davon ca. 48% Ölsäure); ca. 10% mehrf. unges. FS; Unverseifbares: ca. 1%

Reaktionsbedingungen:
Mischtemperatur: 35–40°C
Rührerdrehzahl: mittlere bis hohe Stufe

Auswahl der Seifenform:
Holzblockform mit Silikoneinsatz

Arbeitsanleitung:

- Ziegenmilch auf Kühlschranktemperatur abkühlen.
- Rohstoffe in passenden Gefäßen abwiegen.
- Farbstoffe jeweils in etwas Öl aus dem Fettansatz einrühren.
- NaOH portionsweise in der Laugenflüssigkeit auflösen. Abkühlen.
- Babassufett schonend schmelzen (21–26°C), in den Verseifungstopf umfüllen und mit flüssigen Ölen und den Farbstoffen vermischen.
- Abgekühlte Lauge vorsichtig durch ein Sieb in das Fettgemisch gießen und abwechselnd händisch und mit Stabrührer bis zur zeichnenden Konsistenz rühren.
- In den leicht zeichnenden Seifenleim Ziegenmilch unter kurzer Verwendung des Stabrührers (kleine Drehzahl) einrühren.
- Zeichnenden Seifenleim beduften, unverzüglich in Form gießen und diese mehrmals auf dem Tisch aufklopfen, damit Luftblasen entweichen können. Form mit Frischhaltefolie abdecken. Nicht isolieren, kühl stellen.
- Festen Seifenblock ausformen und schneiden. Kanten mit einem Hobel abrunden.
- Seifenstücke auf Küchenpapier legen und trocken, luftig und lichtgeschützt reifen lassen. Auf Banderolen Inhaltsstoffe, Erzeugungs- und voraussichtliches Ablaufdatum festhalten.

- Probestück wiegen, pH-Wert bestimmen, Messungen wiederholen; bleibt das Gewicht konstant, ist die Seife reif.
- Beobachtungen, Messdaten und Seifeneigenschaften im Seifenbuch notieren.

Hinweise:

Seifenleim: verseift sehr langsam; dickt aber nach Zugabe der Milch schnell an; Seife nach ca. 28 Stunden ausformbar

Reifezeit: ca. 15 Wochen (Wasserverlust ca. 13%)

Eigenschaften der reifen Seife:

Parameter: pH = 9, Glyceringehalt: 8–9%; Farbe: aquamarin; Haptik: glatte Oberfläche; Härte: hart; Stabilität: formstabil; Schaum: klein- bis mittelblasig

Nachschlagen:

Tab. „Fettsäurefamilien“ (S. 370); Tab. „Zusammensetzung der Fette/Öle“ (S. 361); „Modellierung des Seifenschaums – Milch und Milchprodukte“ (S. 100)

„cantabile“

Naturseife mit Kakaobutter und Mandeldrink

Duftnote: *nicht beduftet*

Hauttyp: *trockene und normale Haut*

Rohstoffe:

Gesamtfettansatz (GFA):

550 g (55%) Sonnenblumenöl HO
320 g (32%) Kokosnussfett
50 g (5%) Kakaobutter
80 g (8%) Rizinusöl

Zusatzstoffe:

140 g Mandeldrink (direkt in den Seifenleim)
Farbstoffe: ¼ TL Titandioxid, ¼ TL Mica Rosa

Flüssigkeitsmenge:

28%, bez. auf GFA
140 g destilliertes Wasser als Laugenflüssigkeit
140 g Mandeldrink (direkt in den Seifenleim)
Laugenunterdosierung: 7%

Fettsäurenzusammensetzung im Fettansatz:

ca. 36% gesättigte FS; ca. 58% einf. unges. FS (davon ca. 51% Ölsäure); ca. 6% mehrf. unges. FS; Unverseifbares: ca. 0,6%

Reaktionsbedingungen:

Mischtemperatur: 30–35°C
Rührerdrehzahl: niedrige Stufe

Auswahl der Seifenform:

Holzblockform mit Silikoneinsatz

Arbeitsanleitung:

- Mandeldrink in den Kühlschrank stellen.
- Rohstoffe in passenden Gefäßen abwiegen.
- Titandioxid und Mica-Farbe jeweils in etwas Sonnenblumenöl aus dem Fettansatz einrühren.

- NaOH portionsweise im destillierten Wasser lösen. Abkühlen lassen.
- Kakaobutter sehr schonend schmelzen (30–35°C), Wärmequelle ausschalten, Kokosnussfett zugeben und ebenfalls schmelzen (23–26°C).
- Fettgemisch in den Verseifungstopf umfüllen, flüssige Öle zugeben und alles manuell vermengen.
- Farben einrühren.
- Abgekühlte Lauge vorsichtig durch ein Sieb in den Fettansatz gießen, abwechselnd händisch und mit Stabrührer rühren, bis der Seifenleim leicht zeichnet. Kalten Mandeldrink homogen untermischen.
- Zeichnenden Seifenleim in die Form gießen und diese mehrmals auf dem Tisch aufklopfen, damit Luftblasen entweichen können. Form mit Frischhaltefolie abdecken und mit Kühlakkus kalt stellen.
- Festen Seifenblock ausformen und schneiden. Kanten mit einem Hobel abrunden.
- Seifenstücke auf Küchenpapier legen und trocken, luftig und lichtgeschützt reifen lassen. Auf Banderolen Inhaltsstoffe, Erzeugungs- und voraussichtliches Ablaufdatum festhalten.
- Probestück wiegen, pH-Wert bestimmen, Messungen wiederholen; bleibt das Gewicht konstant, ist die Seife reif.
- Beobachtungen, Messdaten und Seifeneigenschaften im Seifenbuch notieren.

Hinweise:

Kakaobutter ist temperaturempfindlich. Wird ihr Schmelzpunkt überschritten, verliert sie ihre konsistenzgebenden Eigenschaften, wird ihr Erstarrungspunkt unterschritten, erstarrt sie und mit ihr der Seifenleim. Mischtemperatur einhalten!

Seifenleim: dickt schnell an; wird in der Form erst nach ca. 50 Stunden fest. Reifezeit: mehr als 12 Wochen (Wasserverlust ca. 10%)

Eigenschaften der reifen Seife:
Parameter: pH = 9, Glyceringehalt: 8–9%; Farbe: lachsrosa, leicht ins orangefarbige; Haptik: glatte Oberfläche; Härte: mittelhart; Stabilität: nicht formstabil; Schaum: lässt sich leicht aufschäumen, kleinblasig, vereinzelt mittelblasig

Nachschlagen:
Tab. „Fettsäurefamilien“ (S. 370); Tab. „Zusammensetzung der Fette/Öle“ (S. 361); „Modellierung des Seifenschaums – Pflanzliche Alternativen zu Milch“ (S. 102); „Konsistenzgebende Zusätze – Kakaobutter“ (S. 89“)

„lesto“

Naturseife mit Mangobutter und Sojadrink

Duftnote: *nicht beduftet*
Hauttyp: *trockene und normale Haut*

Rohstoffe:

Gesamtfettansatz (GFA):
- 480 g (48%) Olivenöl
- 320 g (32%) Kokosnussfett
- 100 g (10%) Nachtkerzenöl
- 100 g (10%) Mangobutter

Zusatzstoffe:
- 13 g Salz (ca. 1%, bez. auf GFA + Laugenflüssigkeit)
- 100 g Sojadrink (direkt in den Seifenleim)
- Farbstoff: ¼ TL Titandioxid

Flüssigkeitsmenge:

33%, bez. auf GFA
230 g destilliertes Wasser als Laugenflüssigkeit
100 g Sojadrink (direkt in den Seifenleim)
Laugenunterdosierung: 7%

Fettsäurenzusammensetzung im Fettansatz:

ca. 42% gesättigte FS; ca. 44% einf. unges. FS (davon ca. 43% Ölsäure); ca. 13% mehrf. unges. FS; Unverseifbares: ca. 1%

Reaktionsbedingungen:

Mischtemperatur: 35–40°C
Rührerdrehzahl: niedrige Stufe

Auswahl der Seifenform:

Einzelformen (Silikon)

Arbeitsanleitung:

- Sojadrink auf Kühlschranktemperatur abkühlen.
- Rohstoffe in passenden Gefäßen abwiegen.
- Farbstoff in etwas Olivenöl aus dem Fettansatz einrühren.
- Salz im destillierten Wasser lösen und anschließend portionsweise NaOH hinzufügen. Lauge auf ca. 50°C abkühlen.
- Mangobutter schonend schmelzen (31–39°C), Wärmequelle ausschalten, Kokosnussfett zugeben und ebenfalls schmelzen (23–26°C).
- Fette in den Verseifungstopf umfüllen und mit flüssigen Ölen vermischen.
- Abgekühlte Lauge vorsichtig durch ein Sieb in das Fettgemisch gießen und händisch verrühren.
- Farbe hinzufügen und gut vermengen.
- Abwechselnd manuell und mit Stabrührer bis zum leichten Zeichnen des Seifenleims rühren.
- Kalten Sojadrink homogen untermischen.

- Zeichnenden Seifenleim unverzüglich in die Formen gießen und diese mehrmals auf dem Tisch aufklopfen, damit Luftblasen entweichen können. Formen mit Frischhaltefolie abdecken, nicht isolieren. Mit Kühlakkus kühlen.
- Feste Seifenstücke ausformen. Kanten mit einem Hobel abrunden.
- Seifen auf Küchenpapier legen und trocken, luftig und lichtgeschützt reifen lassen. Auf Banderolen Inhaltsstoffe, Erzeugungs- und voraussichtliches Ablaufdatum festhalten.
- Probestück wiegen, pH-Wert bestimmen, Messungen wiederholen; bleiben Gewicht und pH konstant, ist die Seife reif.
- Beobachtungen, Messdaten und Seifeneigenschaften im Seifenbuch notieren.

Hinweise:

Butter kann beim Überschreiten des Schmelzpunktes ihre konsistenzgebenden Eigenschaften verlieren. Wird ihr Erstarrungspunkt unterschritten, erstarrt sie und mit ihr der Seifenleim. Mischtemperatur einhalten!

Seifenleim: dickt an, zügig arbeiten; wird nach ca. 30 Stunden fest

Reifezeit: ca. 14 Wochen (Wasserverlust ca. 16%)

Eigenschaften der reifen Seife:

Parameter: pH = 9, Glyceringehalt: 8–9%; Farbe: gelblich bis leicht beige; Haptik: glatte Oberfläche; Härte: hart; Stabilität: formstabil; Schaum: lässt sich leicht aufschäumen, schäumt reichlich, überwiegend mittelblasig

Nachschlagen:

Tab. „Fettsäurefamilien“ (S. 370); Tab. „Zusammensetzung der Fette/Öle“ (S. 361); „ „Modellierung des Seifenschaums – Pflanzliche Alternativen zu Milch“ (S. 102); „Konsistenzgebende Zusätze – Mangobutter“ (S. 90); „Sonstige Zusätze – Salz“ (S. 108)

„andantino“

Isotone Naturseife
mit Cupuaçubutter

Duftnote: blumig

Hauttyp: empfindliche, trockene und normale Haut,

Rohstoffe:

Gesamtfettansatz (GFA):

480 g (48%) Avocadoöl
320 g (32%) Kokosnussfett
100 g (10%) Cupuaçubutter
100 g (10%) Rizinusöl

Zusatzstoffe:

13 g Salz (1%, bez. auf GFA + Laugenflüssigkeit)
Farbstoffe: ¼ TL Titandioxid, etwas Mica Goldglanz zum Verzieren
Duftstoffe: 2%, bez. auf GFA (Bergamotte, Veilchenwurzel, Geranium, Vetiver)

Flüssigkeitsmenge:

30%, bez. auf GFA
300 g destilliertes Wasser
Laugenunterdosierung: 7%

Fettsäurenzusammensetzung im Fettansatz:

im Fettansatz: ca. 43% gesättigte FS; ca. 49% einf. unges. FS (davon ca. 37% Ölsäure); ca. 7% mehrf. unges. FS;
Unverseifbares: ca. 1%

Reaktionsbedingungen:

Mischtemperatur: 33–35°C
Rührerdrehzahl: niedrige Stufe

Auswahl der Seifenform:

Einzelformen (Silikon)

Arbeitsanleitung:

- Rohstoffe in passenden Gefäßen abwiegen.
- Titandioxid in etwas Avocadoöl aus dem Fettansatz einrühren.
- Salz im destillierten Wasser auflösen, anschließend portionsweise NaOH hinzufügen. Abkühlen lassen.
- Cupuaçubutter schonend schmelzen (27–33°C), Wärmequelle ausschalten, Kokosnussfett zugeben und ebenfalls schmelzen (23– 26°C).
- Fettgemisch in den Verseifungstopf umfüllen, flüssige Öle und Titandioxid zugeben und alles manuell vermengen.
- Abgekühlte Lauge vorsichtig durch ein Sieb in den Fettansatz gießen.
- Abwechselnd manuell und mit Stabrührer bis zur zeichnenden Konsistenz des Seifenleims rühren.
- Seifenleim beduften, unverzüglich in Formen füllen und diese mehrmals auf dem Tisch aufklopfen, damit Luftblasen entweichen können. Formen mit Frischhaltefolie abdecken und isolieren.
- Feste Seifen ausformen. Mit Mica Gold verzieren. Kanten mit einem Hobel abrunden.
- Seifenstücke auf Küchenpapier legen und trocken, luftig und lichtgeschützt reifen lassen. Auf Banderolen Inhaltsstoffe, Erzeugungs- und voraussichtliches Ablaufdatum festhalten.
- Probestück wiegen, pH-Wert bestimmen, Messungen wiederholen; bleibt das Gewicht konstant, ist die Seife reif.
- Beobachtungen, Messdaten und Seifeneigenschaften im Seifenbuch notieren.

Hinweise:
Butter ist temperaturempfindlich. Wird ihr Schmelzpunkt überschritten, kann sie ihre konsistenzgebenden Eigenschaften verlieren, wird ihr Erstarrungspunkt unterschritten, erstarrt sie und mit ihr der Seifenleim. Mischtemperatur einhalten!
Seifenleim: dickt an, zügig arbeiten; Seife nach ca. 24 Stunden ausformbar
Reifezeit: ca. 12 Wochen (Wasserverlust ca. 12%)

Eigenschaften der reifen Seife:
pH = 9, Glyceringehalt: 8–9%; Farbe: cremefarben; Haptik: glatte Oberfläche; Härte: hart; Stabilität: formstabil; Schaum: schäumt reichlich, überwiegend kleinblasig, cremig

Nachschlagen:
Tab. „Fettsäurefamilien“ (S. 370); Tab. „Zusammensetzung der Fette/Öle“ (S. 361); „Konsistenzgebende Zusätze – Cupuaçubutter“ (S. 89); „Sonstige Zusätze – Salz“ (S. 108)

„grazioso“

Naturseife mit
Seide und Lavendelhydrolat

Duftnote: *blumig*
Hauttyp: *trockene und normale Haut*

Rohstoffe:

Gesamtfettansatz (GFA):
400 g (40%) Olivenöl
320 g (32%) Kokosnussfett
200 g (20%) Mandelöl
80 g (8%) Rizinusöl

Zusatzstoffe:

10 g Seidenprotein (1%, bez. auf GFA)
Farbstoffe: ½ TL Titandioxid, ¼ TL Mica Violett
Duftstoffe: 2%, bez. auf GFA (Citronell, Geranium, Muskatellersalbei, Patschuli)

Flüssigkeitsmenge:

28%, bez. auf GFA
280 g Lavendelhydrolat
Laugenunterdosierung: 7%

Fettsäurenzusammensetzung im Fettansatz:

ca. 37% gesättigte FS; ca. 54% einf. unges. FS (davon ca. 46% Ölsäure); ca. 8% mehrf. unges. FS; Unverseifbares: ca. 0,5%

Reaktionsbedingungen:

Mischtemperatur: 30–35°C
Rührerdrehzahl: niedrige Stufe

Auswahl der Seifenform:

Einzelformen (Silikon)

Arbeitsanleitung:

- Rohstoffe in passenden Gefäßen abwiegen.
- Titandioxid und Mica-Farben jeweils in etwas Olivenöl aus dem Fettansatz einrühren.
- NaOH portionsweise im Lavendelhydrolat lösen. Abkühlen.
- Kokosnussfett schmelzen (23–26°C), in den Verseifungstopf umfüllen und mit flüssigen Ölen vermischen.
- Abgekühlte Lauge vorsichtig durch ein Sieb in den Fettansatz gießen, das Gemisch verrühren und die Farbstoffe zugeben.
- Bis zum leichten Zeichnen des Leimes abwechselnd manuell und mit Stabrührer rühren. Seidenprotein hinzufügen und händisch homogen verrühren.
- Zeichnenden Seifenleim beduften und unverzüglich in die Formen gießen. Diese mehrmals auf dem Tisch aufklopfen,

damit Luftblasen entweichen können. Mit Frischhaltefolie abdecken und nicht isolieren. Kühl stellen.

- Feste Seifen ausformen. Kanten mit einem Hobel abrunden.
- Seifenstücke auf Küchenpapier legen und trocken, luftig und lichtgeschützt reifen lassen. Auf Banderolen Inhaltsstoffe, Erzeugungs- und voraussichtliches Ablaufdatum festhalten.
- Probestück wiegen, pH-Wert bestimmen, Messungen wiederholen; bleibt das Gewicht konstant, ist die Seife reif.
- Beobachtungen, Messdaten und Seifeneigenschaften im Seifenbuch notieren.

Hinweise:
Seifenleim: normale Verseifung; Seife nach 48 Stunden ausformbar
Reifezeit: ca. 11 Wochen (Wasserverlust ca. 13%)

Eigenschaften der reifen Seife:
Parameter: pH = 9, Glyceringehalt: 8–10%; Farbe: beige; Haptik: sehr glatte Oberfläche; Härte: hart; Stabilität: formstabil; Schaum: lässt sich leicht aufschäumen, schäumt reichlich, überwiegend kleinblasig, cremig

Nachschlagen:
Tab. „Fettsäurefamilien“ (S. 370); Tab. „Zusammensetzung der Fette/Öle“ (S. 361); „Modellierung des Seifenschaums – Seidenprotein“ (S. 99); „Herstellung von Hydrolaten – Lavendelhydrolat“ (S. 156)

„non troppo“

Naturseife mit Mandeldrink

Duftnote: frisch, leicht fruchtig

Hauttyp: normale Haut, Mischhaut und fettige Haut

Rohstoffe:

Gesamtfettansatz (GFA):

350 g (35%) Olivenöl
320 g (32%) Kokosnussfett
200 g (20%) Distelöl HO
80 g (8%) Rizinusöl
50 g (5%) Hanföl

Zusatzstoffe:

100 g Mandeldrink (direkt in den Seifenleim)
Farbstoffe: je ¼ TL Mica (Gelb, Grün), etwas Mica Gold zum Bestreuen der Oberfläche
Duftstoffe: 2%, bez. auf GFA (Bergamotte, Verbena, Sandelholz)

Flüssigkeitsmenge:

33%, bez. auf GFA
220 g destilliertes Wasser als Laugenflüssigkeit
100 g Mandeldrink (direkt in den Seifenleim)
Laugenunterdosierung 7%

Fettsäurenzusammensetzung im Fettansatz:

ca. 37% gesättigte FS; ca. 52% einf. unges. FS (davon ca. 44% Ölsäure); ca. 10% mehrf. unges. FS; Unverseifbares: ca. 0,6%

Reaktionsbedingungen:

Mischtemperatur: 30–35°C
Rührerdrehzahl: niedrige Stufe

Auswahl der Seifenform:

Blockform mit Silikoneinlage

Arbeitsanleitung:

- Mandeldrink auf Kühlschranktemperatur abkühlen.
- Rohstoffe in passenden Gefäßen abwiegen.
- Farbstoffe jeweils in etwas Olivenöl aus dem Fettansatz einrühren.
- NaOH portionsweise im destillierten Wasser lösen. Abkühlen lassen.
- Kokosnussfett schonend schmelzen (23–26°C), in Verseifungstopf umfüllen und mit den flüssigen Ölen vermischen.
- Abgekühlte Lauge vorsichtig durch ein Sieb in das Fettgemisch gießen. Abwechselnd manuell und mit Stabrührer bis zu leicht zeichnender Konsistenz rühren.
- 50 Gramm Seifenleim abnehmen und gelbe Farbe einrühren.
- Den restlichen Seifenleim grün färben, den gekühlten Mandeldrink untermischen. Seifenleim beduften und händisch umrühren.
- Den zeichnenden Seifenleim unverzüglich in Form gießen. Gelblichen Seifenleim schichten, Oberfläche strukturieren und mit Mica Gold bestreuen.
- Die Form mehrmals auf dem Tisch aufklopfen, damit Luftblasen entweichen können. Mit Frischhaltefolie abdecken. Nicht isolieren. Kalt stellen.
- Festen Seifenblock ausformen. Kanten mit einem Hobel abrunden.
- Seifenstücke auf Küchenpapier legen und trocken, luftig und lichtgeschützt reifen lassen. Auf Banderolen Inhaltsstoffe, Erzeugungs- und voraussichtliches Ablaufdatum festhalten.
- Probestück wiegen, pH-Wert bestimmen, Messungen wiederholen; bleibt das Gewicht konstant, ist die Seife reif.
- Beobachtungen, Messdaten und Seifeneigenschaften im Seifenbuch notieren.

Hinweise:
Durch die Wirkung des Hanföls fühlt sich die Haut beim Waschen etwas fettig und nach dem Abtrocknen stumpf an. Der Effekt lässt allerdings nach kurzer Zeit nach.
Seifenleim: dickt an, zügig arbeiten; Seife nach ca. 35 Stunden ausformbar
Reifezeit: ca. 13 Wochen (Wasserverlust ca. 16%)

Eigenschaften der reifen Seife:
Parameter: pH = 9, Glyceringehalt: 8–9%; Farbe: hellgrün/beige; Haptik: glatte Oberfläche; Härte: hart; Stabilität: formstabil; Schaum: schäumt reichlich, überwiegend kleinblasig, cremig

Nachschlagen:
Tab. „Fettsäurefamilien“ (S. 370); Tab. „Zusammensetzung der Fette/Öle“ (S. 361); „Modellierung des Seifenschaums – Pflanzliche Alternativen zu Milch“ (S. 102)

„rubato“

Isotone Naturseife mit Bienenwachs

Duftnote: *würzig*

Hauttyp: *trockene und normale Haut, Mischhaut*

Rohstoffe:

Gesamtfettansatz (GFA):

410 g (41%) Olivenöl
350 g (35%) Kokosnussfett
200 g (20%) Reiskeimöl
40 g (4%) Bienenwachs

Zusatzstoffe:

13 g Salz (ca. 1%, bez. auf GFA + Flüssigkeitsmenge)
Farbstoffe: ¼ TL Titandioxid, ¼ TL Mica Olive
Duftstoffe: 2%, bez. auf GFA (Patschuli, Bergamotte, Citronell, Lavendel)

Flüssigkeitsmenge:

33%, bez. auf GFA
330 g destilliertes Wasser
Laugenunterdosierung: 7%

Fettsäurenzusammensetzung im Fettansatz:

ca. 46% gesättigte FS; ca. 42% einf. unges. FS (davon ca. 41% Ölsäure); ca. 11% mehrf. unges. FS; Unverseifbares: ca. 3%

Reaktionsbedingungen:

Mischtemperatur: ca. 55–65°C (Erstarrungstemperatur von Bienenwachs beachten)
Rührerdrehzahl: mittlere Stufe

Auswahl der Seifenform:

Einzelformen (Silikon)

Arbeitsanleitung:

- Rohstoffe in passenden Gefäßen abwiegen.
- Farbstoffe jeweils in etwas Olivenöl aus dem Fettansatz einrühren.
- Kokosnussfett schonend schmelzen (23–26°C), in den Verseifungstopf umfüllen, flüssige Öle und Farbstoffe zugeben und alles händisch verrühren.
- Bienenwachs schmelzen (ca. 55–65°C) und warmhalten.
- Salz im destillierten Wasser lösen, anschließend NaOH portionsweise hinzufügen. Abkühlen.
- Abgekühlte Lauge vorsichtig durch ein Sieb in das Fettgemisch gießen, abwechselnd manuell und mit Stabrührer rühren, bis der Seifenleim leicht zeichnet. Duftstoff und Bienenwachs untermischen.

- Zeichnenden Seifenleim unverzüglich in die Formen gießen und diese mehrmals auf dem Tisch aufklopfen, damit Luftblasen entweichen können. Formen mit Frischhaltefolie abdecken. Nicht isolieren.
- Feste Seifen ausformen. Kanten mit einem Hobel abrunden.
- Seifenstücke auf Küchenpapier legen und trocken, luftig und lichtgeschützt reifen lassen. Auf Banderolen Inhaltsstoffe, Erzeugungs- und voraussichtliches Ablaufdatum festhalten.
- Probestück wiegen, pH-Wert bestimmen, Messungen wiederholen; bleibt das Gewicht konstant, ist die Seife reif.
- Beobachtungen, Messdaten und Seifeneigenschaften im Seifenbuch notieren.

Hinweise:
Seifenleim: normale Verseifung, zügig arbeiten; Seifenstücke nach ca. 24 Stunden ausformbar
Reifezeit: ca. 12 Wochen (Wasserverlust ca. 12%)

Eigenschaften der reifen Seife:
Parameter: pH = 9, Glyceringehalt: 8–9%; Farbe: gelblich bis leicht beige; Haptik: glatte Oberfläche; Härte: hart; Stabilität: formstabil; Schaum: mittelblasig

Nachschlagen:
Tab. „Fettsäurefamilien“ (S. 370); Tab. „Zusammensetzung der Fette/Öle“ (S. 361); „Konsistenzgebende Zusätze – Bienenwachs“ (S. 92); „Sonstige Zusätze – Salz“ (S. 108)

„colla parte“

Isotone Naturseife
mit Bienenwachs

Duftnote: würzig, holzig

Hauttyp: alle Hauttypen

Rohstoffe:

Gesamtfettansatz (GFA):

440 g (44%) Olivenöl
320 g (32%) Kokosnussfett
200 g (20%) Kürbiskernöl
40 g (4%) Bienenwachs

Zusatzstoffe:

½ TL Stärke
12,5 g Salz (1%, bez. auf GFA + Laugenflüssigkeit)
Farbstoff: ¼ TL Titandioxid
Duftstoffe: 2%, bez. auf GFA (Bergamotte, Muskatellersalbei, Petitgrain, Sandelholz)

Flüssigkeitsmenge:

28%, bez. auf GFA
280 g destilliertes Wasser
Laugenunterdosierung: 7%

Fettsäurenzusammensetzung im Fettansatz:

ca. 43% gesättigte FS; ca. 42% einf. unges. FS (davon ca. 41% Ölsäure); ca. 14% mehrf. unges. FS; Unverseifbares: ca. 2,5%

Reaktionsbedingungen:

Mischtemperatur: ca. 55–65°C (Erstarrungstemperatur von Bienenwachs beachten)
Rührerdrehzahl: niedrige Stufe

Auswahl der Seifenform:

Blockform mit Silikoneinlage

Arbeitsanleitung:

- Rohstoffe in passenden Gefäßen abwiegen.
- Titandioxid in etwas Olivenöl aus dem Fettansatz einrühren.
- Salz und Stärke vollständig in der Laugenflüssigkeit lösen, anschließend portionsweise NaOH hinzufügen.
- Kokosnussfett schmelzen (23–26°C), in den Verseifungstopf umfüllen und mit flüssigen Ölen vermischen.
- Bienenwachs getrennt schmelzen (55–65°C) und warm halten.
- Abgekühlte Lauge vorsichtig durch ein Sieb in das Fettgemisch gießen, händisch verrühren und Titandioxid untermischen.
- Abwechselnd manuell und mit Stabrührer bis zum leichten Zeichnen des Seifenleims rühren. Seifenleim vom Topfrand mitnehmen.
- Warmes Bienenwachs hinzufügen und mit dem Stabrührer gut durchmischen.
- Den zeichnenden Seifenleim beduften und unverzüglich in die Form gießen, anschließend die Form mehrmals auf dem Tisch aufklopfen, damit Luftblasen entweichen können. Mit Frischhaltefolie abdecken, nicht isolieren.
- Festen Seifenblock ausformen und schneiden. Kanten mit einem Hobel abrunden.
- Seifen auf Küchenpapier legen und trocken, luftig und lichtgeschützt reifen lassen. Auf Banderolen Inhaltsstoffe, Erzeugungs- und voraussichtliches Ablaufdatum festhalten.
- Probestück wiegen, pH-Wert bestimmen, Messungen wiederholen; bleibt das Gewicht konstant, ist die Seife reif.
- Beobachtungen, Messdaten und Seifeneigenschaften im Seifenbuch notieren.

Hinweise:
Seifenleim: dickt an, zügig arbeiten; Gelphase durchlaufen; Seife nach 24 Stunden ausformbar
Reifezeit: ca. 9 Wochen (Wasserverlust ca. 12%)

Eigenschaften der reifen Seife:
Parameter: pH = 9, Glyceringehalt: 8–9%; Farbe: beige/braun bis karamell (Farbe verblasst mit der Zeit); Haptik: glatte Oberfläche; Härte: hart; Stabilität: formstabil; Schaum: leicht aufschäumend, überwiegend klein- bis mittelblasig

Nachschlagen:
Tab. „Fettsäurefamilien" (S. 370); Tab. „Zusammensetzung der Fette/Öle" (Anhang, S. 361); „Konsistenzgebende Zusätze – Bienenwachs" (S. 92); „Sonstige Zusätze – Salz" (S. 108)

„ma non tanto"

Naturseife mit Olivenbutter und zartem Peeling

Duftnote: *würzig,*

Hauttyp: *trockene und normale Haut , besonders schonend für das Gesicht*

Rohstoffe:

Gesamtfettansatz (GFA):

520 g (52%) Olivenöl
320 g (32%) Kokosnussfett
100 g (10%) Olivenbutter
60 g (6%) Sojaöl

Zusatzstoffe:

10 g Natriumzitrat (1%, bez. auf GFA; Wasserenthärter)
10 g Jojobeads (1%, bez. auf GFA; Peelingmittel)
Farbstoffe: ¼ TL Titandioxid, ½ TL Mica Grün
Duftstoff: 2%, bez. auf GFA (Wintertraum)

Flüssigkeitsmenge:

27%, bez. auf GFA
270 g destilliertes Wasser
Laugenunterdosierung: 7%

Fettsäurenzusammensetzung im Fettansatz:

ca. 42% gesättigte FS; ca. 49% einf. unges. FS (davon ca. 47% Ölsäure); ca. 8% mehrf. unges. FS; Unverseifbares: ca. 1%

Reaktionsbedingungen:

Mischtemperatur: 40–45°C
Rührerdrehzahl: niedrige Stufe

Auswahl der Seifenform:

Blockform mit Silikoneinlage

Arbeitsanleitung:

- Rohstoffe in passenden Gefäßen abwiegen.
- Titandioxid in etwas Olivenöl aus dem Fettansatz einrühren.
- Natriumzitrat im destillierten Wasser lösen, anschließend portionsweise NaOH hinzufügen. Abkühlen.
- Olivenbutter schonend schmelzen (42–50 °C), Wärmequelle ausschalten, Kokosnussfett zugeben und ebenfalls schmelzen (23–26 °C).
- Fettgemisch in den Verseifungstopf umfüllen, flüssige Öle, Farbstoffe und Jojobeads zugeben und alles manuell vermengen.
- Abgekühlte Lauge vorsichtig durch ein Sieb in den Fettansatz gießen und abwechselnd manuell und mit Stabrührer rühren, bis der Seifenleim zeichnet.

- Seifenleim beduften, in die Blockform gießen. Die Form mehrmals auf dem Tisch aufklopfen, damit Luftblasen entweichen können. Mit Frischhaltefolie abdecken. Form isolieren.
- Festen Seifenblock ausformen und schneiden. Kanten mit einem Hobel abrunden.
- Seifen auf Küchenpapier legen und trocken, luftig und lichtgeschützt reifen lassen. Auf Banderolen Inhaltsstoffe, Erzeugungs- und voraussichtliches Ablaufdatum festhalten.
- Probestück wiegen, pH-Wert bestimmen, Messungen wiederholen; bleibt das Gewicht konstant, ist die Seife reif.
- Beobachtungen, Messdaten und Seifeneigenschaften im Seifenbuch notieren.

Hinweise:
Jojobeads sind feine Wachsperlen aus Jojobasamen. Die kleinen weißen Kügelchen sind ein sehr sanftes und hochwertiges Peeling, vor allem für das Gesicht.
Butter ist temperaturempfindlich. Wird ihr Schmelzpunkt überschritten, kann sie ihre konsistenzgebenden Eigenschaften verlieren, wird ihr Erstarrungspunkt unterschritten, erstarrt sie und mit ihr der Seifenleim. Mischtemperatur einhalten!
Seifenleim: dickt schnell an, zügig arbeiten; Seife nach ca. 24 Stunden ausformbar
Reifezeit: ca. 10 Wochen (Wasserverlust ca. 10%)

Eigenschaften der reifen Seife:
Parameter: pH = 9, Glyceringehalt: 8–9%; Farbe: grün; Haptik: glatte Oberfläche; Härte: hart; Stabilität: formstabil; Schaum: schäumt reichlich, überwiegend kleinblasig, cremig

Nachschlagen:
Tab. „Fettsäurefamilien“ (S. 370); Tab. „Zusammensetzung der Fette/Öle“ (S. 361); „Konsistenzgebende Zusätze – Olivenbutter“ (S. 91); „Sonstige Zusätze – Peelingmittel“ (S. 104); „Sonstige Zusätze – Natriumzitrat“ (S. 110)

„a capriccio"

Duftnote: *fruchtig, dezent nach Honig*

Hauttyp: *alle Hauttypen*

Isotone Naturseife mit mit Mandeldrink, Honig und Orangenschalenpeeling

Rohstoffe:

Gesamtfettansatz (GFA):

400 g (40%) Olivenöl
320 g (32%) Kokosnussfett
230 g (23%) Erdnussöl HO
50 g (5%) Rizinusöl

Zusatzstoffe:

10 g Honig
12,8 g Salz (1%, bez. auf GFA + Flüssigkeitsmenge)
5 g getrocknete Bioorangenschalen (5%, bez. auf GFA; Peelingmittel)
100 g Mandeldrink (direkt in den Seifenleim)
Farbstoff: ½ TL Mica Orange
Duftstoffe: 2%, bez. auf GFA (Bergamotte, Verbena, Sandelholz)

Flüssigkeitsmenge:

28%, bez. auf GFA
180 g destilliertes Wasser als Laugenflüssigkeit (davon ca. 1 EL zum Lösen des Honigs)
100 g Mandeldrink (direkt in den Seifenleim)
Laugenunterdosierung: 7%

Fettsäurenzusammensetzung im Fettansatz:

ca. 40% gesättigte FS; ca. 50% einf. unges. FS (davon ca. 45% Ölsäure); ca. 10% mehrf. unges. FS; Unverseifbares: ca. 1%

Reaktionsbedingungen:

Mischtemperatur: 30–35°C
Rührerdrehzahl: niedrige bis mittlere Stufe

Auswahl der Seifenform:

Blockform mit Silikoneinlage

Arbeitsanleitung:

- Orangenschalen mit einer Küchenmaschine zerkleinern, fein sieben und ca 1 Stunde in etwas Olivenöl vom Fettansatz einlegen.
- Mandeldrink auf Kühlschranktemperatur abkühlen.
- Rohstoffe in passenden Gefäßen abwiegen. Honig in etwas destilliertem Wasser lösen.
- Mica-Farbe in etwas Olivenöl aus dem Fettansatz einrühren.
- Salz in der Laugenflüssigkeit lösen, anschließend NaOH portionsweise hinzufügen. Abkühlen.
- Kokosnussfett schonend schmelzen (23–26°C), in den Verseifungsstopf umfüllen und mit flüssigen Ölen, Farbstoff und Orangenschalen vermischen.
- Abgekühlte Lauge vorsichtig durch ein Sieb in den Fettansatz gießen und abwechselnd manuell und mit Stabrührer rühren, bis der Seifenleim leicht zeichnet.
- Honig und den kalten Mandeldrink einrühren und alles homogen vermengen.
- Seifenleim beduften, unverzüglich in die Blockform gießen, Oberfläche strukturieren (z. B. mit einem Holzstäbchen). Die Form mehrmals auf dem Tisch aufklopfen, damit Luftblasen entweichen können. Mit Frischhaltefolie abdecken. Nicht isolieren. Kühl stellen.
- Festen Seifenblock ausformen. Kanten mit einem Hobel abrunden.
- Seifenstücke auf Küchenpapier legen und trocken, luftig und lichtgeschützt reifen lassen. Auf Banderolen Inhaltsstoffe, Erzeugungs- und voraussichtliches Ablaufdatum festhalten.
- Probestück wiegen, pH-Wert bestimmen, Messungen wiederholen; bleibt das Gewicht konstant, ist die Seife reif.
- Beobachtungen, Messdaten und Seifeneigenschaften im Seifenbuch notieren.

Hinweise:
Seifenleim: dickt schnell an, zügig arbeiten; Seife nach ca. 24 Stunden ausformbar
Reifezeit: ca. 10 Wochen (Wasserverlust ca. 10%)

Eigenschaften der reifen Seife:
Parameter: pH = 9, Glyceringehalt: 8–9%; Farbe: gelb/orange; Haptik: raue Oberfläche, starker Peelingeffekt; Härte: hart; Stabilität: formstabil; Schaum: schäumt üppig, klein- bis mittelblasig

Nachschlagen:
Tab. „Fettsäurefamilien" (S. 370); Tab. „Zusammensetzung der Fette/Öle" (S. 361); „Modellierung des Seifenschaums – Honig" (S. 98); „Modellierung des Seifenschaums – Pflanzliche Alternativen zu Milch" (S. 102); „Sonstige Zusätze – Peelingmittel" (S. 104); „Sonstige Zusätze – Salz" (S. 108)

Naturseife
mit Salbeipeeling

Duftnote: *würzig*

Hauttyp: *normale Haut, Mischhaut*

Rohstoffe:

Gesamtfettansatz (GFA):

350 g (35%) Olivenöl
330 g (33%) Kokosnussfett
320 g (32%) Schweineschmalz (bio)

Zusatzstoffe:

1 EL trockener, fein zerkleinerter Salbei (Peelingmittel)
Farbstoffe: ¼ TL Titandioxid, 1 EL flüssige grüne Seifenfarbe, etwas Mica Gold zum Bestreuen der Oberfläche
Duftstoffe: 2%, bez. auf GFA (Bergamotte, Muskatellersalbei, Petitgrain, Sandelholz, Zedernholz)

Flüssigkeitsmenge:

33%, bez. auf GFA
330 g destilliertes Wasser
Laugenunterdosierung: 7%

Fettsäurenzusammensetzung im Fettansatz:

ca. 49% gesättigte FS; ca. 44% einf. unges. FS (davon ca. 43% Ölsäure); ca. 5% mehrf. unges. FS; Unverseifbares: ca. 1%

Reaktionsbedingungen:

Mischtemperatur: ca. 30–35°C
Rührerdrehzahl: niedrige Stufe

Auswahl der Seifenform:

Blockform mit Silikoneinlage

Arbeitsanleitung:

- Rohstoffe in passenden Gefäßen abwiegen.
- Salbei in etwas Olivenöl aus dem Fettansatz für ca. 1 Stunde einlegen.
- Titandioxid in etwas Olivenöl aus dem Fettansatz einrühren.
- NaOH portionsweise im destillierten Wasser lösen. Abkühlen.
- Schmalz schonend schmelzen (28–40°C) und gegebenenfalls filtern. Kokosnussfett ebenfalls schonend schmelzen (23–26°C).
- Fette in den Verseifungstopf umfüllen, flüssige Öle und flüssige Seifenfarbe, Titandioxid sowie Salbei zugeben und alles händisch verrühren.

- Abgekühlte Lauge vorsichtig durch ein Sieb in den Fettansatz gießen und vermischen und abwechselnd händisch und mit Stabrührer rühren, bis der Seifenleim zeichnet.
- Seifenleim beduften, in die Form gießen und mit Mica Gold bestreuen. Form mehrmals auf dem Tisch aufklopfen, damit Luftblasen entweichen können. Form mit Frischhaltefolie abdecken und isolieren.
- Festen Seifenblock ausformen und schneiden. Kanten mit einem Hobel abrunden.
- Seifenstücke auf Küchenpapier legen und trocken, luftig und lichtgeschützt reifen lassen. Auf Banderolen Inhaltsstoffe, Erzeugungs- und voraussichtliches Ablaufdatum festhalten.
- Probestück wiegen, pH-Wert bestimmen, Messungen wiederholen; bleibt das Gewicht konstant, ist die Seife reif.
- Beobachtungen, Messdaten und Seifeneigenschaften im Seifenbuch notieren.

Hinweise:
Schweineschmalz vom Bauern bzw. Fleischer kann in kleinen Mengen biologische Rückstände aus der Tierverarbeitung enthalten und sollte daher nach dem Schmelzen filtriert werden.
Salbei wirkt beruhigend auf die Haut.
Seifenleim: normale Verseifung; Seife nach ca. 24 Stunden ausformbar
Reifezeit: ca. 11 Wochen (Wasserverlust ca. 13%)

Eigenschaften der reifen Seife:
Parameter: pH = 9, Glyceringehalt: 8–9%; Farbe: hellgrün; Haptik: leicht raue Oberfläche, Peelingeffekt; Härte: hart; Stabilität: formstabil; Schaum: überwiegend kleinblasig

Nachschlagen:
Tab. „Fettsäurefamilien“ (S. 370); Tab. „Zusammensetzung der Fette/Öle“ (S. 361); „Tierische Fette – Schweineschmalz“ (S. 65); „Sonstige Zusätze – Peelingmittel“ (S. 104)

„con fuoco“

Duftnote: *holzig, würzig*

Hauttyp: *normale Haut*

Rohstoffe:

Gesamtfettansatz (GFA):

350 g (35%) Palmfett (bio)
300 g (30%) Kokosnussfett
300 g (35%) Rapsöl HO

Zusatzstoffe:

Farbstoffe: ¼ TL Titandioxid, je ½ TL Mica (Rot, Schwarz, Blau)
Duftstoffe: 2%, bez. auf GFA (Bergamotte, Wintergrün, Geranium, Pfefferminze, Patschuli, Zedernholz)

Flüssigkeitsmenge:

33%, bez. auf GFA
330 g destilliertes Wasser
Laugenunterdosierung: 7%

Fettsäurenzusammensetzung im Fettansatz:

ca. 47% gesättigte FS; ca. 43% einf. unges. FS (davon ca. 43% Ölsäure); ca. 9% mehrf. unges. FS; Unverseifbares: ca. 1%

Reaktionsbedingungen:

Mischtemperatur: 35–40°C
Rührerdrehzahl: niedrige Stufe

Auswahl der Seifenform:

Seifenform: Holzblockform mit Silikoneinsatz
Färbetechnik: Swirlen

Arbeitsanleitung:

- Rohstoffe in passenden Gefäßen abwiegen.
- Mica-Farben und Titandioxid jeweils in etwas Rapsöl aus dem Fettansatz einrühren.

- NaOH portionsweise im destillierten Wasser lösen. Abkühlen.
- Palmfett schonend schmelzen (30–37°C), Wärmequelle ausschalten, Kokosnussfett zugeben und ebenfalls schmelzen (23–26°C).
- Fettgemisch in den Verseifungstopf umfüllen, flüssige Öle zugeben und alles manuell vermengen.
- Abgekühlte Lauge vorsichtig durch ein Sieb in den Fettansatz gießen, händisch und mit Stabrührer verrühren.
- Den leicht zeichnenden Seifenleim portionieren. Je 50 g Seifenleim in Bechergläser füllen und unterschiedlich einfärben. Restlichen Leim mit Titandioxid aufhellen und beduften.
- Zeichnende Seifenleime in die Blockform schichten und swirlen. Die Form mehrmals auf dem Tisch aufklopfen, damit Luftblasen entweichen können. Mit Frischhaltefolie abdecken und isolieren.
- Festen Seifenblock ausformen und schneiden. Kanten mit Hobel abrunden.

Hinweise:
Seifenleim: dickt an, zügig arbeiten; Seife nach 24 Stunden ausformbar
Reifezeit: ca. 9 Wochen (Wasserverlust ca. 16%)

Eigenschaften der reifen Seife:
Parameter: pH = 9, Glyceringehalt: 8–9%; Farbe: cremefarben mit buntem Muster; Haptik: glatte Oberfläche; Härte: hart; Stabilität: formstabil; Schaum: schäumt reichlich, klein- bis mittelblasig

Nachschlagen:
Tab. „Fettsäurefamilien“ (S. 370); Tab. „Zusammensetzung der Fette/Öle“ (S. 361); „Marmorierung des Seifenleims: Swirlen“ (S. 114)

„tempo qiusto“

Duftnote: *würzig*

Hauttyp: *trockene und normale Haut*

Rohstoffe:

Gesamtfettansatz (GFA):

580 g (58%) Sonnenblumenöl HO
320 g (32%) Kokosnussfett
100 g (10%) Rizinusöl

Zusatzstoffe:

20 g Natriumzitrat (2%, bez. auf GFA)
Farbstoffe: je ¼ TL Mica (Olive, Pink, Violett)
Duftstoffe: 2%, bez. auf GFA (Bergamotte, Muskatellersalbei, Sandelholz)

Flüssigkeitsmenge:

33%, bez. auf GFA
330 g destilliertes Wasser
Laugenunterdosierung: 7%

Fettsäurenzusammensetzung im Fettansatz:

ca. 33% gesättigte FS; ca. 61% einf. unges. FS (davon ca. 52% Ölsäure); ca. 6% mehrf. unges. FS; Unverseifbares: ca. 1%

Reaktionsbedingungen:

Mischtemperatur: ca. 35–40°C
Rührerdrehzahl: mittlere Stufe

Auswahl der Seifenform:

Blockform mit Silikoneinlage,
Färbetechnik: Swirlen

Arbeitsanleitung:

- Rohstoffe in passenden Gefäßen abwiegen.
- Farbstoffe jeweils in etwas Sonnenblumenöl aus dem Fettansatz einrühren.
- Natriumzitrat in destilliertem Wasser lösen und anschließend portionsweise NaOH lösen. Abkühlen lassen.
- Kokosnussfett schonend schmelzen (23–26°C), in den Verseifungstopf umfüllen, flüssige Öle zugeben und händisch verrühren.
- Abgekühlte Lauge vorsichtig durch ein Sieb in das Fettgemisch gießen und abwechselnd manuell und mit Stabrührer rühren, bis der Seifenleim leicht zeichnet.
- 3 Portionen zu je 50 g Seifenleim in Bechergläser füllen und unterschiedlich einfärben. Rühren bis zur gewünschten Konsistenz.
- Den ungefärbten, zeichnenden Seifenleim unter händischem Rühren beduften und bis auf eine kleine Menge in die Blockform gießen.
- Farbportionen nacheinander in die Form schichten und swirlen. Reste der Seifenleime auf der Oberfläche verteilen und Muster zeichnen.
- Form mehrmals auf dem Tisch aufklopfen, damit Luftblasen entweichen können. Mit Frischhaltefolie abdecken und isolieren.
- Festen Seifenblock ausformen und schneiden. Kanten mit einem Hobel abrunden.
- Seifenstücke auf Küchenpapier legen und trocken, luftig und lichtgeschützt reifen lassen. Auf Banderolen Inhalts-stoffe, Erzeugungs- und voraussichtliches Ablaufdatum festhalten.
- Probestück wiegen, pH-Wert bestimmen, Messungen wiederholen; bleibt das Gewicht konstant, ist die Seife reif.
- Beobachtungen, Messdaten und Seifeneigenschaften im Seifenbuch notieren.

Hinweise:

Seifenleim: normale Verseifung; Seife nach ca. 30 Stunden ausformbar
Reifezeit: ca. 14 Wochen (Wasserverlust ca. 14%)

Eigenschaften der reifen Seife:

Parameter: pH = 9, Glyceringehalt: 8–9%; Farbe: cremefarben mit bunten Mustern; Haptik: glatte Oberfläche; Härte: hart; Stabilität: formstabil; Schaum: klein- bis mittelblasig

Nachschlagen:

Tab. „Fettsäurefamilien“ (S. 370); Tab. „Zusammensetzung der Fette/Öle“ (S. 361); „Marmorierung des Seifenleims: Swirlen“ (S. 114); „Sonstige Zusätze – Natriumzitrat“ (S. 110)

„ritenente“

Isotone Naturseife mit Oreganohydrolat

Duftnote: *dezent würzig (nach Oregano)*

Hauttyp: *Mischhaut, fettige Haut*

Rohstoffe:

Gesamtfettansatz (GFA):

450 g (50%) Olivenöl
320 g (32%) Kokosnussfett
100 g (10%) Sojaöl
80 g (8%) Rizinusöl

Zusatzstoffe:

½ TL Maisstärke
12,5 g Salz (1%, bez. auf GFA + Flüssigkeitsmenge)
10 g Natriumzitrat (1%, bez. auf GFA; Wasserenthärter)
Farbstoffe: ¼ TL Titandioxid, ½ TL Kaolin Rosa

Flüssigkeitsmenge:

27%, bez. auf GFA
270 g Oreganohydrolat (Laugenflüssigkeit)
Laugenunterdosierung: 7%

Fettsäurenzusammensetzung im Fettansatz:

ca. 39% gesättigte FS; ca. 50% einf. unges. FS (davon ca. 42% Ölsäure); ca. 11% mehrf. unges. FS; Unverseifbares: ca. 1%

Reaktionsbedingungen:

Mischtemperatur: 30–35°C
Rührerdrehzahl: niedrige Stufe

Auswahl der Seifenform:

Blockform mit Silikoneinlage, Färbetechnik: Swirlen

Arbeitsanleitung:

- Rohstoffe in passenden Gefäßen abwiegen.
- Farbstoffe jeweils in etwas Olivenöl aus dem Fettansatz einrühren.
- Salz, Stärke und Natriumzitrat in der Laugenflüssigkeit auflösen und anschließend portionsweise NaOH hinzufügen und lösen.
- Kokosnussfett schonend schmelzen (23–26°C), in den Verseifungstopf umfüllen, flüssige Öle zugeben und alles manuell vermengen.
- Abgekühlte Lauge vorsichtig durch ein Sieb in das Fettgemisch gießen.
- Abwechselnd manuell und mit Stabrührer bis zur gewünschten Konsistenz rühren.

- Vom leicht zeichnenden Seifenleim 100 g abnehmen, mit Kaolin Rosa färben und gut verrühren. Restlichen Seifenleim mit Titandioxid aufhellen.
- Zeichnende Seifenleime in Blockform schichten und swirlen. Form mehrmals auf dem Tisch aufklopfen, damit Luftblasen entweichen können. Mit Frischhaltefolie abdecken und isolieren.
- Festen Seifenblock ausformen und schneiden. Kanten mit einem Hobel abrunden.
- Die Seifenstücke auf Küchenpapier legen und trocken, luftig und lichtgeschützt reifen lassen. Auf Banderolen Inhaltsstoffe, Erzeugungs- und voraussichtliches Ablaufdatum festhalten.
- Probestück wiegen, pH-Wert bestimmen, Messungen wiederholen; bleibt das Gewicht konstant, ist die Seife reif.
- Beobachtungen, Messdaten und Seifeneigenschaften im Seifenbuch notieren.

Hinweise:

Seifenleim: lässt sich gut verarbeiten; Gelphase durchlaufen; Seifenblock kann nach 24 Stunden ausgeformt werden
Reifezeit: ca. 10 Wochen (Wasserverlust ca.9%)

Eigenschaften der reifen Seife:

Parameter: pH = 9; Glyceringehalt: ca. 8–9%; Farbe: beige/rosa; Haptik: glatte Oberfläche; Härte: hart; Stabilität: formstabil; Schaum: leicht aufschäumend, schäumt mittel- bis großblasig

Nachschlagen:

Tab. „Fettsäurefamilien“ (S. 370); Tab. „Zusammensetzung der Fette/Öle“ (S. 361); „Herstellung von Hydrolaten – Oreganohydrolat“ (S. 157); „Marmorierung des Seifenleims: Swirlen“ (S. 114), „Modellierung des Seifenschaums – Stärke“ (S. 96), „Sonstige Zusätze – Salz“ (S. 108), „Sonstige Zusätze – Natriumzitrat“ (S. 110)

„stringendo“

Naturseife mit Sheabutter und Mandeldrink

Duftnote: *blumig*

Hauttyp: *empfindliche, trockene und normale Haut*

Rohstoffe:

Gesamtfettansatz (GFA):

330 g (33%) Olivenöl
320 g (32%) Kokosnussfett
200 g (20%) Mandelöl
150 g (15%) Sheabutter (bio)

Zusatzstoffe:

Farbstoffe: ¼ TL Titandioxid, je ¼ TL Mica (Schwarz, Rot, Blau)
Duftstoffe: 2%, bez. auf GFA (Bergamotte, Linalool, Geranium, Sandelholz)

Flüssigkeitsmenge:

33%, bez. auf GFA
330 g Mandeldrink (tiefgefroren)
Laugenunterdosierung: 7%

Fettsäurenzusammensetzung im Fettansatz:

ca. 43% gesättigte FS; ca. 48% einf. unges. FS (davon ca. 47% Ölsäure); ca. 8% mehrf. unges. FS; Unverseifbares: ca. 2%

Reaktionsbedingungen:

Mischtemperatur: 35–40°C
Rührerdrehzahl: niedrige Stufe

Auswahl der Seifenform:

Blockform mit Silikoneinlage
Färbetechnik: Swirlen

Arbeitsanleitung:

- Mandeldrink am Vortag einfrieren.
- Rohstoffe in passenden Gefäßen abwiegen.
- Mica-Farben und Titandioxid jeweils in etwas Olivenöl aus dem Fettansatz einrühren.
- Gefrorenen Mandeldrink in den Lösungsbehälter füllen und portionsweise das NaOH hinzufügen. Das Gemisch vorsichtig rühren. Durch die Berührung der Eiswürfel mit den NaOH-Plättchen kommt es zu einem Temperaturanstieg und das Eis und die Plättchen lösen sich nach und nach.
- Sheabutter schonend schmelzen (32–44°C), Wärmequelle ausschalten und in der Sheabutter Kokosnussfett (23–26°C) schmelzen.
- Fettgemisch in den Verseifungstopf umfüllen, flüssige Öle hinzugeben.
- Abgekühlte Lauge vorsichtig durch ein Sieb in das Fettgemisch gießen.
- Abwechselnd manuell und mit Stabrührer bis zum leichten Zeichnen des Seifenleimes rühren. Seifenleim vom Topfrand mitnehmen.
- Leicht zeichnenden Seifenleim in drei Teile zu je 100 g portionieren und jeweils färben. Farben homogen verühren. Den Rest mit Titandioxid aufhellen und beduften.
- Die zeichnenden Seifenleime in die Blockform schichten und swirlen. Die Form mehrmals auf dem Tisch aufklopfen, damit Luftblasen entweichen können. Mit Frischhaltefolie abdecken, nicht isolieren. Mit Kühlakkus kalt stellen.
- Festen Seifenblock ausformen und schneiden. Kanten mit einem Hobel abrunden.
- Die Seifenstücke auf Küchenpapier legen und trocken, luftig und lichtgeschützt reifen lassen. Auf Banderolen Inhaltsstoffe, Erzeugungs- und voraussichtliches Ablaufdatum festhalten.

- Probestück wiegen, pH-Wert bestimmen, Messungen wiederholen; bleibt das Gewicht konstant, ist die Seife reif.
- Beobachtungen, Messdaten und Seifeneigenschaften im Seifenbuch notieren.

Hinweise:
Sowohl Sheabutter als auch Proteine (Mandeldrink) beschleunigen das Andicken des Seifenleims. Zur Anwendung der Swirltechnik benötigen wir aber einen fließfähigen Seifenleim. Zur Verzögerung des Andickens wird deshalb bei niedriger Temperatur und niedriger Rührerdrehzahl gearbeitet. Die Temperatur des Seifenleims darf allerdings nicht unter den Erstarrungspunkt der Sheabutter sinken, damit er nicht fest wird. Zügig arbeiten.
Seifenleim: Seifenblock kann nach 24 Stunden ausgeformt werden.
Reifezeit: ca. 11 Wochen (Wasserverlust ca. 16%)

Eigenschaften der reifen Seife:
Parameter: pH = 9; Glyceringehalt: ca. 8–9%; Farbe: hellbeige mit buntem Muster; Haptik: glatte Oberfläche, leicht buttrig; Härte: hart; Stabilität: formstabil; Schaum: überwiegend mittelblasig

Nachschlagen:
Tab. „Fettsäurefamilien" (S. 370); Tab. „Zusammensetzung der Fette/Öle" (S. 361); „Konsistenzgebende Zusätze – Sheabutter" (S. 90"); „Modellierung des Seifenschaums – Pflanzliche Alternativen zu Milch" (S. 102); „Marmorierung des Seifenleims: Swirlen" (S. 114)

„risoluto"

Duftnote: *blumig*

Naturseife mit Buttermilch

Hauttyp: *normale Haut, Mischhaut*

Rohstoffe:

Gesamtfettansatz (GFA):

400 g (40%) Fettstange
300 g (30%) Kokosnussfett
300 g (30%) Distelöl HO

Zusatzstoffe:

180 g Buttermilch (direkt in den Seifenleim)
Farbstoffe: je ½ TL Mica (Hellviolett, Dunkelviolett, Rosa, Blau), ½ TL Kaolin Weiß
Duftstoffe: 2%, bez. auf GFA (Citronell, Cananga, Palmrosa, Sandelholz)

Flüssigkeitsmenge:

33%, bez. auf GFA
150 g destilliertes Wasser als Laugenflüssigkeit
180 g Buttermilch (direkt in den Seifenleim)
Laugenunterdosierung: 7%

Fettsäurenzusammensetzung im Fettansatz:

ca. 47% gesättigte FS; ca. 42% einf. unges. FS (davon ca. 42% Ölsäure); ca. 11% mehrf. unges. FS; Unverseifbares: ca. 0,5%

Reaktionsbedingungen:

Mischtemperatur: 27–30°C
Rührerdrehzahl: niedrige Stufe

Auswahl der Seifenform:

Holzblockform mit Silikoneinsatz
Färbetechnik: Swirlen

Arbeitsanleitung:

- Buttermilch auf Kühlschranktemperatur abkühlen.
- Rohstoffe in passenden Gefäßen abwiegen.
- Mica-Farben und Kaolin jeweils in etwas Öl aus dem Fettansatz einrühren.
- NaOH portionsweise im destillierten Wasser lösen. Abkühlen lassen.
- Fettstange (30–35°C) und Kokosnussfett (23–26°C) schonend schmelzen, in den Verseifungstopf umfüllen und mit dem flüssigen Öl vermischen.
- Abgekühlte Lauge vorsichtig durch ein Sieb in das Fettgemisch gießen und händisch verrühren.
- Kalte Buttermilch hinzufügen.
- Abwechselnd manuell und mit Stabrührer bis zur leicht zeichnenden Konsistenz rühren.
- Je 50 g Seifenleim in Bechergläser füllen und mit Mica-Farben färben, Restleim mit Kaolin färben und beduften. Farben homogen berühren.
- Zeichnende Seifenleime in die Blockform schichten und swirlen. Die Form mehrmals auf dem Tisch aufklopfen, damit Luftblasen entweichen können. Mit Frischhaltefolien abdecken. Nicht isolieren.
- Festen Seifenblock ausformen und schneiden. Kanten mit einem Hobel abrunden.
- Seifenstücke auf Küchenpapier legen und trocken, luftig und lichtgeschützt reifen lassen. Auf Banderolen Inhaltsstoffe, Erzeugungs- und voraussichtliches Ablaufdatum festhalten.
- Probestück wiegen, pH-Wert bestimmen, Messungen wiederholen; bleibt das Gewicht konstant, ist die Seife reif.
- Beobachtungen, Messdaten und Seifeneigenschaften im Seifenbuch notieren.

Hinweise:
Seifenleim: dickt an, zügig arbeiten
Reifezeit: ca. 10 Wochen (Wasserverlust ca. 16%)

Eigenschaften der reifen Seife:
Parameter: pH = 9, Glyceringehalt: 8–9%; Farbe: leicht gelblich mit buntem Muster; Haptik: glatte Oberfläche; Härte: hart; Stabilität: formstabil; Schaum: benötigt etwas Zeit zum Aufschäumen, überwiegend kleinblasig

Nachschlagen:
Tab. „Fettsäurefamilien" (S. 370); Tab. „Zusammensetzung der Fette/Öle" (S. 361); „Modellierung des Seifenschaums – Milch und Milchprodukte" (S. 100); „Marmorierung des Seifenleims: Swirlen" (S. 114)

„con spirito"

Naturseife mit Schafsmilch

Duftnote: *kräutig*
Hauttyp: *trockene und normale Haut*

Rohstoffe:

Gesamtfettansatz (GFA):
- 400 g (40%) Olivenöl
- 320 g (32%) Kokosnussfett
- 200 g (20%) Reiskeimöl
- 80 g (8%) Rizinusöl

Zusatzstoffe:

50 g Schafsmilchpulver (5%, bez. auf GFA)
Farbstoffe: ¼ TL Titandioxid, je ¼ TL Mica (Schwarz, Rot, Gelb)
Duftstoffe: 2%, bez. auf GFA (Bergamotte, Thymian, Wintergrün, Muskatellersalbei, Patschuli)

Flüssigkeitsmenge:

30%, bez. auf GFA
200 g destilliertes Wasser als Laugenflüssigkeit
100 g destilliertes Wasser zum Lösen des Milchpulvers (Milch direkt in den Seifenleim)

Fettsäurenzusammensetzung im Fettansatz:

ca. 40% gesättigte FS; ca. 49% einf. unges. FS (davon ca. 41% Ölsäure); ca. 11% mehrf. unges. FS; Unverseifbares: ca. 1%

Reaktionsbedingungen:

Mischtemperatur: 25–28°C
Rührerdrehzahl: niedrige Stufe

Auswahl der Seifenform:

Seifenform: Holzblockform
Färbetechnik: Swirlen

Arbeitsanleitung:

- Rohstoffe in passenden Gefäßen abwiegen.
- Milchpulver in angewärmtem destilliertem Wasser lösen und in den Kühlschrank stellen.
- Mica-Farben und Titandioxid jeweils in etwas Olivenöl aus dem Fettansatz einrühren.
- NaOH portionsweise im destillierten Wasser lösen. Abkühlen lassen.
- Kokosnussfett schonend schmelzen (23–26°C), in den Verseifungstopf umfüllen, flüssige Öle zugeben und alles manuell vermengen.

- Abgekühlte Lauge vorsichtig durch ein Sieb in das Fettgemisch gießen, händisch und mit Stabrührer rühren.
- In den leicht zeichnenden Seifenleim kalte Milch hinzufügen, händisch und danach kurz mit Stabrührer vermengen.
- Drei Portionen mit je 50 g Seifenleim in Bechergläser füllen und unterschiedlich einfärben. Restlichen Seifenleim mit Titandioxid aufhellen und beduften. Zügig arbeiten, der Seifenleim kann schnell andicken.
- Leime in die Blockform schichten und swirlen. Die Form mehrmals auf dem Tisch aufklopfen, damit Luftblasen entweichen können. Abdecken und nicht isolieren.
- Festen Seifenblock ausformen. Kanten mit einem Hobel abrunden.
- Seifenstücke auf Küchenpapier legen und trocken, luftig und lichtgeschützt reifen lassen. Auf Banderolen Inhaltsstoffe, Erzeugungs- und voraussichtliches Ablaufdatum festhalten.
- Probestück wiegen, pH-Wert bestimmen, Messungen wiederholen; bleibt das Gewicht konstant, ist die Seife reif.
- Beobachtungen, Messdaten und Seifeneigenschaften im Seifenbuch notieren.

Hinweise:

Milchprotein beschleunigt das Andicken des Seifenleims. Zur Anwendung der Swirltechnik benötigen wir aber einen fließfähigen Seifenleim. Durch niedrige Arbeitstemperatur und Rührerdrehzahl wird das Andicken des Seifenleines verzögert.
Seifenleim: dickt an, zügig arbeiten; Seife nach ca. 30 Stunden ausformbar
Reifezeit: ca. 12 Wochen (Wasserverlust ca. 13%)

Eigenschaften der reifen Seife:

Parameter: pH = 9, Glyceringehalt: 8–9%; Farbe: gelb mit bunten Mustern; Haptik: glatte Oberfläche; Härte: hart; Stabilität: formstabil; Schaum: schäumt reichlich, mittel- bis großblasig

Nachschlagen:
Tab. „Fettsäurefamilien“ (S. 370); Tab. „Zusammensetzung der Fette/Öle“ (S. 361); „Modellierung des Seifenschaums – Milch und Milchprodukte“ (S. 100); „Marmorierung des Seifenleims: Swirlen“ (S. 114)

„larghetto“

Naturseife mit Cupuaçubutter und Buttermilch

Duftnote: *nicht beduftet*
Hauttyp: *empfindliche, trockene und normale Haut*

Rohstoffe:

Gesamtfettansatz (GFA):
600 g (60%) Avocadoöl
300 g (30%) Kokosnussfett
100 g (10%) Cupuaçubutter

Zusatzstoffe:
Farbstoffe: je ½ TL Mica
(Grün, Blau, Rosa)

Flüssigkeitsmenge:
30%, bez. auf GFA
300 g Buttermilch (tiefgefroren)
Laugenunterdosierung: 7%

Fettsäurenzusammensetzung im Fettansatz:
ca. 43% gesättigte FS; ca. 48% einf. unges. FS (davon ca. 43% Ölsäure); ca. 8% mehrf. unges. FS; Unverseifbares: ca. 1%

Reaktionsbedingungen:
Mischtemperatur: 27–33°C
Rührerdrehzahl: niedrige Stufe

Auswahl der Seifenform:
Seifenform: Holzblockform mit Silikoneinsatz
Färbetechnik: Swirlen

Arbeitsanleitung:

- Buttermilch am Vortag einfrieren.
- Rohstoffe in passenden Gefäßen abwiegen.
- Farben in etwas Avocadoöl aus dem Fettansatz einrühren.
- Die gefrorene Buttermilch in den Lösungsbehälter füllen und portionsweise das NaOH hinzufügen. Das Gemisch wird vorsichtig gerührt. Durch die Berührung der Eiswürfel mit den NaOH-Plättchen kommt es zu einem Temperaturanstieg und das Eis und die Plättchen lösen sich nach und nach. Lauge Abkühlen.
- Cupuaçubutter schonend schmelzen (27–33°C), Kokosnussfett zugeben und ebenfalls schmelzen (23– 26°C).
- Fettgemisch in den Verseifungstopf umfüllen, flüssige Öle zugeben und alles manuell vermengen.
- Abgekühlte Lauge vorsichtig durch ein Sieb in den Fettansatz gießen und abwechselnd manuell und mit Stabrührer bis zum leichten Zeichnen des Seifenleims rühren.
- Seifenleim portionieren. 50 g Seifenleim in jeweils drei Bechergläser füllen und unterschiedlich einfärben.
- Zeichnende Seifenleime in die Blockform schichten und swirlen. Die Form mehrmals auf dem Tisch aufklopfen, damit Luftblasen entweichen können. Mit Frischhaltefolie abdecken. Nicht isolieren. Kühl stellen.
- Festen Seifenblock ausformen und schneiden. Kanten mit einem Hobel abrunden.
- Seifenstücke auf Küchenpapier legen und trocken, luftig und lichtgeschützt reifen lassen. Auf Banderolen Inhaltsstoffe, Erzeugungs- und voraussichtliches Ablaufdatum festhalten.
- Probestück wiegen, pH-Wert bestimmen, Messungen wiederholen; bleibt das Gewicht konstant, ist die Seife reif.
- Beobachtungen, Messdaten und Seifeneigenschaften im Seifenbuch notieren.

Hinweise:
Butter ist temperaturempfindlich. Wird ihr Schmelzpunkt überschritten, kann sie ihre konsistenzgebenden Eigenschaften verlieren, wird ihr Erstarrungspunkt unterschritten, erstarrt sie und mit ihr der Seifenleim. Mischtemperatur einhalten!
Seifenleim: dickt schnell an, zügig arbeiten; Seife nach ca. 48 Stunden ausformbar
Reifezeit: ca. 11 Wochen (Wasserverlust ca. 15%)

Eigenschaften der reifen Seife:
Parameter: pH = 9, Glyceringehalt: 8–9%; Farbe: gelb mit buntem Muster; Haptik: glatte Oberfläche; Härte: hart; Stabilität: formstabil; Schaum: klein- bis mittelblasig

Nachschlagen:
Tab. „Fettsäurefamilien" (S. 370); Tab. „Zusammensetzung der Fette/Öle" (S. 361); „Konsistenzgebende Zusätze – Cupuaçubutter" (S. 89); „Modellierung des Seifenschaums – Milch und Milchprodukte" (S. 100); „Marmorierung des Seifenleims: Swirlen" (S. 114)

„con espressione"

Naturseife mit Cupuaçubutter und Kokosmilch

Duftnote: *blumig, leicht holzig*

Hauttyp: *empfindliche, trockene und normale Haut*

Rohstoffe:

Gesamtfettansatz (GFA):

600 g (60%) Avocadoöl
300 g (30%) Kokosnussfett
100 g (10%) Cupuaçubutter

Zusatzstoffe:

Farbstoffe: je ½ TL Mica (Grün, Braun, Violett), ¼ TL Titandioxid

Flüssigkeitsmenge:

30%, bez. auf GFA

300 g Kokosmilch (tiefgefroren) als Laugenflüssigkeit

Laugenunterdosierung: 7%

Fettsäurenzusammensetzung im Fettansatz:

ca. 43% gesättigte FS; ca. 48% einf. unges. FS (davon ca. 43% Ölsäure); ca. 8% mehrf. unges. FS; Unverseifbares: ca. 1%

Reaktionsbedingungen:

Mischtemperatur: 27–33°C

Rührerdrehzahl: niedrige Stufe

Auswahl der Seifenform:

Seifenform: Holzblockform mit Silikoneinsatz

Färbetechnik: Swirlen

Arbeitsanleitung:

- Kokosmilch am Vortag einfrieren.
- Rohstoffe in passenden Gefäßen abwiegen.
- Titandioxid und Mica-Farben in etwas Avocadoöl aus dem Fettansatz einrühren.
- Die gefrorene Kokosmilch in den Lösungsbehälter geben und portionsweise das NaOH hinzufügen. Das Gemisch wird vorsichtig gerührt. Durch die Berührung der Eiswürfel mit den NaOH-Plättchen kommt es zu einem Temperaturanstieg und das Eis und die Plättchen lösen sich nach und nach.
- Cupuaçubutter schonend schmelzen (27–33°C), Kokosnussfett zugeben und ebenfalls schmelzen (23– 26°C).
- Fettgemisch in den Verseifungstopf umfüllen, flüssige Öle und Titandioxid zugeben und alles manuell vermengen.

- Abgekühlte Lauge vorsichtig durch ein Sieb in den Fettansatz gießen, Kokosrapseln bleiben im Sieb hängen. Kokosraspeln verwerfen.
- Manuell und mit dem Stabrührer bis zur gewünschten Konsistenz rühren.
- In drei Becher je 50 g Seifenleim füllen und unterschiedlich einfärben.
- Restleim in Form gießen und darüber die gefärbten Portionen schichten. Seifenleime swirlen. Die Form mehrmals auf dem Tisch aufklopfen, damit Luftblasen entweichen können. Form mit Frischhaltefolie abdecken. Nicht isolieren. Kühl stellen.
- Festen Seifenblock ausformen und schneiden. Kanten mit einem Hobel abrunden.
- Seifenstücke auf Küchenpapier legen und trocken, luftig und lichtgeschützt reifen lassen. Auf Banderolen Inhaltsstoffe, Erzeugungs- und voraussichtliches Ablaufdatum festhalten.
- Probestück wiegen, pH-Wert bestimmen, Messungen wiederholen; bleibt das Gewicht konstant, ist die Seife reif.
- Beobachtungen, Messdaten und Seifeneigenschaften im Seifenbuch notieren.

Hinweise:

Butter ist temperaturempfindlich. Wird ihr Schmelzpunkt überschritten, kann sie ihre konsistenzgebenden Eigenschaften verlieren, wird ihr Erstarrungspunkt unterschritten, erstarrt sie und mit ihr der Seifenleim. Mischtemperatur einhalten!

Die Seifen „larghetto“ und „con espressione“ unterschieden sich bis auf optische Effekte nur durch die Laugenflüssigkeit. Der Vergleich von Butter- und Kokosmilch zeigt, dass die Kokosmilchseife leichter und reichlicher schäumt und ihr Schaum feiner und cremiger ist als der der Buttermilchseife.

Seifenleim: neigt zum schnelleren Andicken; Seife nach ca. 48 Stunden ausformbar

Reifezeit: ca. 11 Wochen (Wasserverlust ca. 15%)

Eigenschaften der reifen Seife:
Parameter: pH = 9, Glyceringehalt: 8–9%; Farbe: cremefarben mit buntem Muster; Haptik: glatte Oberfläche; Härte: hart; Stabilität: formstabil; Schaum: schäumt willig, kleinblasig, cremig

Nachschlagen:
Tab. „Fettsäurefamilien“ (S. 370); Tab. „Zusammensetzung der Fette/Öle“ (S. 361); „Konsistenzgebende Zusätze – Cupuaçubutter“ (S. 89); „Modellierung des Seifenschaums – Pflanzliche Alternativen zu Milch“ (S. 102); „Marmorierung des Seifenleims: Swirlen“ (S. 114)

„grave“

Isotone Naturseife mit Sheabutter, Joghurt und grünem Tee

Duftnote: *nicht beduftet*
Hauttyp: *empfindliche, trockene und normale Haut*

Rohstoffe:

Gesamtfettansatz (GFA):
560 g (56%) Avocadoöl
332 g (32%) Kokosnussfett
120 g (12%) Sheabutter (bio)

Zusatzstoffe:
2 TL Zucker
13,3 g Salz (1%, bez. auf GFA + Flüssigkeitsmenge)
100 g Kuhjoghurt (10%, bez. auf GFA, direkt in Seifenleim)
Farbstoffe: je ½ TL Mica (Hellgrün, Grünblau, Blau)

Flüssigkeitsmenge:

33%, bez. auf GFA

230 g Grüner-Tee-Aufguss als Laugenflüssigkeit

100 g Joghurt (direkt in den Seifenleim)

Laugenunterdosierung: 7%

Fettsäurenzusammensetzung im Fettansatz:

ca. 45% gesättigte FS; ca. 45% einf. unges. FS (davon ca. 41% Ölsäure); ca. 8% mehrf. unges. FS; Unverseifbares: ca. 2%

Reaktionsbedingungen:

Mischtemperatur: 35–40°C

Rührerdrehzahl: niedrige Stufe

Auswahl der Seifenform:

Seifenform: Holzblockform mit Silikoneinsatz

Färbetechnik: Swirlen

Arbeitsanleitung:

- Joghurt auf Kühlschranktemperatur abkühlen.
- Rohstoffe in passenden Gefäßen abwiegen.
- Farben in etwas Öl aus dem Fettansatz einrühren.
- Salz im Teeaufguss lösen und anschließend portionsweise NaOH hinzufügen. Lauge abkühlen lassen.
- Sheabutter schonend schmelzen (32–44°C), Kokosnussfett schonend schmelzen (23–26°C).
- Fette in den Verseifungstopf umfüllen, flüssige Öle zugeben und manuell vermengen.
- Abgekühlte Lauge vorsichtig durch ein Sieb in den Fettansatz gießen und abwechselnd manuell und mit Stabrührer rühren.
- Kalten Joghurt hinzufügen und weiterhin händisch und kurz mit Stabrührer bis zum leichten Zeichnen des Seifenleims rühren.
- Je 50 g Seifenleim in drei Becher füllen und unterschiedlich einfärben.

- Ungefärbten, zeichnenden Seifenleim in Blockform füllen, farbige Seifenleime schichtweise dazugießen und swirlen. Die Form mehrmals auf dem Tisch aufklopfen, damit Luftblasen entweichen können. Form mit Frischhaltefolie abdecken. Nicht isolieren, kalt stellen.
- Festen Seifenblock ausformen und schneiden. Kanten mit einem Hobel abrunden.
- Seifenstücke auf Küchenpapier legen und trocken, luftig und lichtgeschützt reifen lassen. Auf Banderolen Inhaltsstoffe, Erzeugungs- und voraussichtliches Ablaufdatum festhalten.
- Probestück wiegen, pH-Wert bestimmen, Messungen wiederholen; bleibt das Gewicht konstant, ist die Seife reif.
- Beobachtungen, Messdaten und Seifeneigenschaften im Seifenbuch notieren.

Hinweise:
Butter ist temperaturempfindlich. Wird ihr Schmelzpunkt überschritten, kann sie ihre konsistenzgebenden Eigenschaften verlieren, wird ihr Erstarrungspunkt unterschritten, erstarrt sie und mit ihr der Seifenleim. Mischtemperatur einhalten!
Grüner Tee wirkt entzündungshemmend auf die Haut und ist antioxidativ.
Seifenleim: normale Verseifung; Seife nach ca. 48 Stunden ausformbar
Reifezeit: ca. 13 Wochen (Wasserverlust ca. 15%)

Eigenschaften der reifen Seife:
Parameter: pH = 9, Glyceringehalt: 8–9%; Farbe: gelb mit farbigem Muster; Haptik: glatte Oberfläche; leicht buttrig; Härte: hart; Stabilität: formstabil; Schaum: schäumt eingeschränkt, mittelblasig

Nachschlagen:
Tab. „Fettsäurefamilien“ (S. 370); Tab. „Zusammensetzung der Fette/Öle“ (S. 361); „Konsistenzgebende Zusätze – Sheabutter“ (S. 90); „Modellierung des Seifenschaums – Zucker“ (S. 97); „Modellierung des Seifenschaums – Milch und Milchprodukte“ (S. 100); „Sonstige Zusätze – Salz“ (S. 108); „Marmorierung des Seifenleims: Swirlen“ (S. 114)

„a battuta“

Duftnote: *frisch, leicht blumig*

Hauttyp: *normale Haut, Mischhaut*

Naturseife mit Kakaobutter und Minzhydrolat

Rohstoffe:

Gesamtfettansatz (GFA):

330 g (33%) Olivenöl
320 g (32%) Kokosnussfett
200 g (20%) Distelöl HO
150 g (15%) Kakaobutter

Zusatzstoffe:

Farbstoffe: ¼ TL Titandioxid, je ¼ TL Perlglanz Pigment Maya, Olive Yellow, Ultramarin Violett
Duftstoffe: 2%, bez. auf GFA (Bergamotte, Geranium, Patschuli)

Flüssigkeitsmenge:

33%, bez. auf GFA
330 g Minzhydrolat
Laugenunterdosierung: 7%

Fettsäurenzusammensetzung im Fettansatz:

ca. 45% gesättigte FS; ca. 48% einf. unges. FS (davon ca. 40% Ölsäure); ca. 13% mehrf. unges. FS; Unverseifbares: ca. 0,6%

Reaktionsbedingungen:

Mischtemperatur: 30–35°C
Rührerdrehzahl: niedrige Stufe

Auswahl der Seifenform:

Holzblockform mit Silikoneinlage
Färbetechnik: Swirlen

Arbeitsanleitung:

- Rohstoffe in passenden Gefäßen abwiegen.
- Mica-Farben und Titandioxid in etwas Olivenöl aus dem Fettansatz einrühren.
- NaOH portionsweise im Minzhydrolat auflösen. Abkühlen lassen.
- Kakaobutter sehr schonend schmelzen (30–35°C). Kokosnussfett schonend schmelzen (21–26°C).
- Fette in den Verseifungstopf umfüllen, flüssige Öle zugeben und händisch umrühren.
- Abgekühlte Lauge vorsichtig durch ein Sieb in den Fettansatz gießen, händisch und kurz mit Stabrührer verrühren.
- In drei Becher je 50 g Seifenleim füllen und unterschiedlich einfärben. Restleim mit Titantdioxid aufhellen und beduften.
- Zeichnende Seifenleime in die Blockform schichten und swirlen. Die Form mehrmals auf dem Tisch aufklopfen, damit Luftblasen entweichen können. Form mit Frischhaltefolie abdecken, nicht isolieren und kalt stellen.
- Festen Seifenblock ausformen und schneiden. Kanten mit einem Hobel abrunden.
- Seifenstücke auf Küchenpapier legen und trocken, luftig und lichtgeschützt reifen lassen. Auf Banderolen Inhaltsstoffe, Erzeugungs- und voraussichtliches Ablaufdatum festhalten.
- Probestück wiegen, pH-Wert bestimmen, Messungen wiederholen; bleibt das Gewicht konstant, ist die Seife reif.
- Beobachtungen, Messdaten und Seifeneigenschaften im Seifenbuch notieren.

Hinweise:

Minzhydrolat wirkt antibakteriell, antiviral, juckreizstillend und kühlend. Kakaobutter ist sehr temperaturempfindlich. Wird ihr Schmelzpunkt überschritten, verliert sie ihre konsistenzgebenden Eigenschaften,

wird ihr Erstarrungspunkt unterschritten, erstarrt sie und mit ihr der Seifenleim. Mischtemperatur einhalten!
Seifenleim: normale Verseifung; Seife nach ca. 24 Stunden ausformbar
Reifezeit: ca. 13 Wochen (Wasserverlust ca. 12%)

Eigenschaften der reifen Seife:
Parameter: pH = 9, Glyceringehalt: 8–9%; Farbe: cremefarben mit buntem Muster; Haptik: glatte Oberfläche; Härte: hart; Stabilität: formstabil; Schaum: schäumt klein- bis mittelblasig

Nachschlagen:
Tab. „Fettsäurefamilien“ (S. 370); Tab. „Zusammensetzung der Fette/Öle“ (S. 361); „Konsistenzgebende Zusätze – Kakaobutter“ (S. 89); „Marmorierung des Seifenleims: Swirlen“ (S. 114); „Herstellung von Hydrolaten“ (S. 151)

„con moto“

Isotone Naturseife

Duftnote: *dezent würzig*
Hauttyp: *trockene und normale Haut*

Rohstoffe:

Gesamtfettansatz (GFA):

450 g (50%) Schweineschmalz (bio)
300 g (30%) Kokosnussfett
250 g (25%) Sonnenblumenöl HO

Zusatzstoffe:

4 TL Zucker
13 g Salz (1%, bez. auf GFA + Laugenflüssigkeit)
Farbstoffe: je ½ TL Mica (Blau, Grün, Rosa), ¼ TL Titandioxid
Duftstoffe: 2%, bez. auf GFA (Bergamotte, Muskatellersalbei, Petitgrain, Sandelholz, Zedernholz)

Flüssigkeitsmenge:

30%, bez. auf GFA
300 g destilliertes Wasser
Laugenunterdosierung: 7%

Fettsäurenzusammensetzung im Fettansatz:

ca. 48% gesättigte FS; ca. 44% einf. unges. FS (davon ca. 44% Ölsäure); ca. 5% mehrf. unges. FS; Unverseifbares: ca. 1%

Reaktionsbedingungen:

Mischtemperatur: 28–30°C
Rührerdrehzahl: niedrige Stufe

Auswahl der Seifenform:

Holzblockform mit Silikoneinlage
Färbetechnik: Swirlen

Arbeitsanleitung:

- Rohstoffe in passenden Gefäßen abwiegen.
- Mica-Farbstoffe und Titandioxid jeweils in etwas Sonnenblumenöl aus dem Fettansatz einrühren.
- Salz und Zucker in der Laugenflüssigkeit auflösen, anschließend portionsweise NaOH hinzufügen. Abkühlen.
- Schmalz schonend schmelzen (28–40°C) und gegebenenfalls filtern. Kokosnussfett schonend schmelzen (23–26°C).
- Geschmolzene Fette in den Verseifungstopf umfüllen, Titandioxid-Öl-Gemisch zugeben und alles manuell vermengen.

- Abgekühlte Lauge vorsichtig durch ein Sieb in das Fettgemisch gießen und abwechsend händisch und mit Stabrührer bis zum leichten Zeichnen des Seifenleimes rühren.
- Drei Portionen zu je 50 Gramm in Gefäße abfüllen. Die einzelnen Leimportionen mit Mica-Farben unterschiedlich einfärben und Farben homogen verrühren. Restleim mit Titandioxid aufhellen, verrühren und beduften.
- Zeichnende Seifenleime in die Blockform schichten und swirlen. Die Form mehrmals auf dem Tisch aufklopfen, damit Luftblasen entweichen können. Mit Frischhaltefolie abdecken. Form isolieren.
- Festen Seifenblock ausformen und schneiden. Kanten mit einem Hobel abrunden.
- Seifenstücke auf Küchenpapier legen und trocken, luftig und lichtgeschützt reifen lassen. Auf Banderolen Inhaltsstoffe, Erzeugungs- und voraussichtliches Ablaufdatum festhalten.
- Probestück wiegen, pH-Wert bestimmen, Messungen wiederholen; bleibt das Gewicht konstant, ist die Seife reif.
- Beobachtungen, Messdaten und Seifeneigenschaften im Seifenbuch notieren.

Hinweise:
Schweineschmalz vom Bauern bzw. Fleischer kann in kleinen Mengen biologische Rückstände aus der Tierverarbeitung enthalten und sollte daher nach dem Schmelzen filtriert werden.
Seifenleim: normale Verseifung; Seife nach 24 Stunden ausformbar
Reifezeit: ca. 9 Wochen (Wasserverlust ca. 13%)

Eigenschaften der reifen Seife:
Parameter: pH = 9, Glyceringehalt: 8–9%; Farbe: weiß mit buntem Muster; Haptik: glatte Oberfläche; Härte: hart; Stabilität: formstabil; Schaum: schäumt reichlich, überwiegend mittelblasig

Nachschlagen:
Tab. „Fettsäurefamilien“ (S. 370); Tab. „Zusammensetzung der Fette/Öle“ (S. 361); „Tierische Fette – Schweineschmalz“ (S. 65); „Modellierung des Seifenschaums – Zucker“ (S. 97); „Sonstige Zusätze – Salz“ (S. 108); „Marmorierung des Seifenleims: Swirlen“ (S. 114); „Hydrolaten“ (S. 151)

„suivez“

Isotone Naturseife

Duftnote: *würzig*
Hauttyp: *trockene und normale Haut*

Rohstoffe:

Gesamtfettansatz (GFA):
420 g (42%) Schweineschmalz (bio)
330 g (33%) Kokosnussfett
250 g (25%) Erdnussöl HO

Zusatzstoffe:
13 g Salz (ca. 1%, bez. auf GFA + Flüssigkeitsmenge)
20 g Natriumzitrat (2%, bez. auf GFA)
Farbstoffe: ¼ TL Titandioxid, je ¼ TL Mica (Violett, Rot)
Duftstoffe: 2%, bez. auf GFA (Bergamotte, Muskatellersalbei, Petitgrain, Sandelholz, Zedernholz)

Flüssigkeitsmenge:
33% (bez. auf GFA)
330 g destilliertes Wasser
Laugenunterdosierung: 7%

Fettsäurenzusammensetzung im Fettansatz:
ca. 53% gesättigte FS; ca. 36% einf. unges. FS (davon ca. 36% Ölsäure); ca. 9% mehrf. unges. FS; Unverseifbares: ca. 1%

Reaktionsbedingungen:

Mischtemperatur: ca. 30–35°C
Rührerdrehzahl: niedrige Stufe

Auswahl der Seifenform:

Holzblockform mit Silikoneinlage
Färbetechnik: Swirlen

Arbeitsanleitung:

- Rohstoffe in passenden Gefäßen abwiegen.
- Titandioxid und Mica-Farben getrennt in etwas Erdnussöl aus dem Fettansatz einrühren.
- Salz und Natriumzitrat im destillierten Wasser lösen und anschließend NaOH portionsweise. Abkühlen lassen.
- Schmalz schonend schmelzen (28–40°C) und gegebenenfalls filtern. Kokosnussfett ebenfalls schonend schmelzen (23–26°C).
- Fette in den Verseifungstopf umfüllen, flüssige Öle dazugeben und händisch verrühren.
- Abgekühlte Lauge vorsichtig durch ein Sieb in den Fettansatz gießen und abwechselnd manuell und mit Stabrührer rühren, bis der Seifenleim leicht zeichnet.
- 2 Portionen zu je 50 g Seifenleim in Bechergläser füllen und unterschiedlich einfärben.
- Restlichen Seifenleim mit Titandioxid färben, beduften. Den zeichnenden Seifenleim bis auf eine kleine Menge in die Blockform gießen.
- Farbportionen nacheinander in die Form schichten und swirlen. Auf der Oberfläche Leimreste verteilen und Muster zeichnen. Die Form mehrmals auf dem Tisch aufklopfen, damit Luftblasen entweichen können. Mit Frischhaltefolie abdecken und isolieren.
- Festen Seifenblock ausformen und schneiden. Kanten mit einem Hobel abrunden.

- Seifenstücke auf Küchenpapier legen und trocken, luftig und lichtgeschützt reifen lassen. Auf Banderolen Inhaltsstoffe, Erzeugungs- und voraussichtliches Ablaufdatum festhalten.
- Probestück wiegen, pH-Wert bestimmen, Messungen wiederholen; bleibt das Gewicht konstant, ist die Seife reif.
- Beobachtungen, Messdaten und Seifeneigenschaften im Seifenbuch notieren.

Hinweise:
Schweineschmalz vom Bauern bzw. Fleischer kann in kleinen Mengen biologische Rückstände aus der Tierverarbeitung enthalten und sollte daher nach dem Schmelzen filtriert werden.
Seifenleim: normale Verseifung; Seife nach ca. 24 Stunden ausformbar
Reifezeit: ca. 11 Wochen (Wasserverlust ca. 11%)

Eigenschaften der reifen Seife:
Parameter: pH = 9, Glyceringehalt: 8–9%; Farbe: Farbumschlag von Blau nach Beige; Haptik: glatte Oberfläche; Härte: hart; Stabilität: formstabil; Schaum: üppig, klein- bis mittelblasig

Nachschlagen:
Tab. „Fettsäurefamilien" (S. 370); Tab. „Zusammensetzung der Fette/Öle" (S. 361); „Tierische Fette – Schweineschmalz" (S. 65); „Sonstige Zusätze – Salz" (S. 108); „Sonstige Zusätze – Natriumzitrat" (S. 110); „Marmorierung des Seifenleims: Swirlen" (S. 114)

„a piacimento"

Rasierseife mit Salbeiauszug

Duftnote: würzig frisch mit leichter Holznote

Hauttyp: normale Haut, Mischhaut

Rohstoffe:

Gesamtfettansatz (GFA):

300 g (30%) Erdnussöl HO
260 g (26%) Kokosnussfett
250 g (25%) Schweineschmalz (bio)
90 g (9%) Stearin
50 g (5%) Rizinusöl
50 g (5%) Lanolin

Zusatzstoffe:

Farbstoff: ½ TL Kaolin
Duftstoffe: 2%, bez. auf GFA (Bergamotte, Rosmarin, Petitgrain, Sandelholz)

Flüssigkeitsmenge:

28%, bez. auf GFA
280 g Salbeiauszug
Laugenunterdosierung: 4%
Mischverseifung NaOH : KOH = 50 : 50

Fettsäurenzusammensetzung im Fettansatz:

ca. 50% gesättigte FS; ca. 36% einf. unges. FS (davon ca. 31% Ölsäure); ca. 10% mehrf. unges. FS; Unverseifbares: ca. 1,3%

Reaktionsbedingungen:

Mischtemperatur: 57–60°C
Rührerdrehzahl: niedrige Stufe

Auswahl der Seifenform:

Seifenform: Einzelformen (z. B. kleine Holztiegel, ausgekleidet mit Frischhaltefolie)

Arbeitsanleitung:

- Rohstoffe in passenden Gefäßen abwiegen; NaOH und KOH werden getrennt abgewogen.
- Kaolin in etwas Erdnussöl aus dem Fettansatz einrühren.
- NaOH und KOH zusammenkippen, das Gemisch portionsweise im Salbeiauszug lösen und auf 70°C abkühlen.
- Lanolin (40°C), Schweineschmalz (28–40°C), Kokosnussfett (23–26°C) schonend schmelzen. Schmalz gegebenenfalls filtern.
- Fette in den Verseifungstopf gießen, flüssige Öle hinzufügen und Gemisch im Wasserbad warmhalten.
- Stearin getrennt schmelzen (57°C), Wärmequelle ausschalten und warmhalten.
- Kaolin dem Fettansatz zugeben und alles manuell vermengen.
- Lauge vorsichtig durch ein Sieb hinzugießen (Mischtemperatur beachten!).
- Abwechselnd manuell und mit Stabrührer rühren, bis der Seifenleim leicht zeichnet.
- Leim beduften, anschließend warmes Stearin einrühren und kurz mit Stabrührer verteilen; schnell arbeiten, die Masse darf nicht auskühlen.
- Seifenleim unverzüglich in die Formen gießen und diese mehrmals auf dem Tisch aufklopfen, damit Luftblasen entweichen können. Formen mit Frischhaltefolie abdecken und isolieren.
- Feste Seifen ausformen. Seifenstücke auf Küchenpapier legen und trocken, luftig und lichtgeschützt reifen lassen. Auf Banderolen Inhaltsstoffe, Erzeugungs- und voraussichtliches Ablaufdatum festhalten.
- Probestück wiegen, pH-Wert bestimmen, Messungen wiederholen; bleibt das Gewicht konstant, ist die Seife reif. Reife Seife in den Tiegel zurücklegen und dort verwenden.
- Beobachtungen, Messdaten und Seifeneigenschaften im Seifenbuch notieren.

Hinweise:
Schweineschmalz vom Bauern bzw. Fleischer kann in kleinen Mengen biologische Rückstände aus der Tierverarbeitung enthalten und sollte daher nach dem Schmelzen filtriert werden.
Salbei wirkt beruhigend auf die Haut.
Seifenleim: dickt schnell an, zügig arbeiten; Seifenstücke nach ca. 24 Stunden ausformbar
Reifezeit: ca. 9 Wochen (Wasserverlust ca. 14%)

Eigenschaften der reifen Seife:
Parameter: pH = 9, Glyceringehalt: 8–9%; Farbe: beige; Haptik: raue Oberfläche; Härte: hart; Stabilität: formstabil; Schaum: weich, stabil, üppig, kleinblasig

Nachschlagen:
Tab. „Fettsäurefamilien“ (S. 370); Tab. „Zusammensetzung der Fette/Öle“ (S. 361); „Lauge – Mischverseifung mit NaOH und KOH“ (S. 177); „Herstellung von Mazeraten“ (S. 148); „Tierische Fette – Schweineschmalz“ (S. 65)

Seifenreste verarbeiten

Durch die Oberflächenbearbeitung der Seifen (Hobeln, Glätten, Schneiden) sammeln sich schnell Seifenkanten, -schnipsel und -späne an – viel zu schade zum Wegwerfen!

Reste aus frischer Seife kann man ganz einfach mit den Händen zu einem Stück „Mischseife" formen.

Eleganter ist die Verwertung in einer neuen Seife. Dazu werden die Seifenreste zerkleinert und in den Seifenleim gerührt. Besonders dekorativ wirken die bunten Teile in einer weißen Seife. Wenn die Seifenreste bereits beduftet sind, sollte man auf ein neuerliches Parfümieren verzichten. Der Zerteilungsgrad der Seifenreste und die verwendete Form bestimmen das Design der neuen Seife.
Mit Seifenresten lassen sich auch Schichtenseifen erzeugen. Dazu wird der Leim halbiert, in eine Hälfte werden zerkleinerte Seifenreste eingerührt, dann werden die Portionen nacheinander in einer Blockform geschichtet.
Aus Kantenstücken können auch kleine Seifen ausgestochen werden, die dann als Einlage in neuen Seifen Verwendung finden.

Generell sollte bei der Resteverwertung darauf geachtet werden, dass sich der Trocknungsgrad der Seifenstücke nicht zu stark unterscheidet.

„ad libitum“

Duftnote: *durch Restseifen definiert*

Hauttyp: *alle Hauttypen*

Rohstoffe:

Gesamtfettansatz (GFA):

380 g (38%) Olivenöl
320 g (32%) Kokosnussfett
200 g (20%) Reiskeimöl
100 g (10%) Rizinusöl

Zusatzstoffe:

Farbstoff: ¼ TL Titandioxid

Flüssigkeitsmenge:

27%, bez. auf GFA
270 g destilliertes Wasser
Laugenunterdosierung: 7%

Fettsäurenzusammensetzung im Fettansatz:

ca. 39% gesättigte FS; ca. 49% einf. unges. FS (davon ca. 40% Ölsäure); ca. 11% mehrf. unges. FS: Unverseifbares: ca. 1%

Reaktionsbedingungen:

Mischtemperatur: 30–35°C
Rührerdrehzahl: mittlere bis hohe Stufe

Auswahl der Seifenform:

Blockform mit Silikoneinlage und Einzelformen

Arbeitsanleitung:

- Einen Teil der Seifenreste zu feinen Schnipseln, den anderen zu 0,5–1 Zentimeter langen Stücken zerkleinern.
- Titandioxid in etwas Olivenöl aus dem Fettansatz einrühren.
- NaOH portionsweise im destillierten Wasser lösen. Abkühlen lassen.

- Kokosnussfett schonend schmelzen (23–26°C), in den Verseifungstopf umfüllen, flüssige Öle und Titandioxid zugeben und händisch verrühren.
- Abgekühlte Lauge vorsichtig durch ein Sieb in das Fettgemisch gießen und abwechselnd händisch und mit Stabrührer rühren, bis der Seifenleim zeichnet.
- Seifenleim in zwei Hälften teilen; Teil 1 mit den feinen Seifenresten verrühren und in die Einzelformen gießen. Teil 2 mit den groben Stücken verrühren und in die Blockform füllen. Formen mehrmals auf dem Tisch aufklopfen, damit Luftblasen entweichen. Formen mit Frischhaltefolie abdecken und isolieren.
- Feste Seifenstücke und festen Seifenblock ausformen. Seifenblock schneiden. Kanten mit einem Hobel abrunden.
- Seifen auf Küchenpapier legen und trocken, luftig und lichtgeschützt reifen lassen. Auf Banderolen Inhaltsstoffe, Erzeugungs- und voraussichtliches Ablaufdatum festhalten.
- Probestück wiegen, pH-Wert bestimmen, Messungen wiederholen; bleibt das Gewicht konstant, ist die Seife reif.
- Beobachtungen, Messdaten und Seifeneigenschaften im Seifenbuch notieren.

Hinweise:

Seifenleim: braucht Zeit, bis er zeichnet; geduldig rühren
Reifezeit: ca. 12 Wochen (Wasserverlust ca. 13%)

Eigenschaften der reifen Seife:

Parameter: pH = 9, Glyceringehalt: 8–9%; Farbe: cremefarben mit buntem Konfetti; Haptik: glatte Oberfläche; Härte: hart; Stabilität: formstabil; Schaum: üppig, klein- bis mittelblasig

Verunglückte Seifen

Fehleranalyse

Bei der Herstellung unserer Naturseifen kann einiges schiefgehen. Die nachfolgende Tabelle soll dabei helfen, Fehler aufzuspüren und zu analysieren. Aus der Bewertung ergeben sich Konsequenzen und Lösungen.

Problem	Analyse	Bewertung/ Maßnahmen
Dosierungsfehler Berechnungsfehler Wiegefehler	a) zu wenig Lauge im Seifenleim, d. h., Anteil an freiem Fett in der Seife ist höher als vorgesehen. Mögliche Wirkung auf die reife Seife: • weich, nicht formstabil (verbraucht sich dadurch schnell) • fühlt sich ölig an, Öltropfen auf der Oberfläche • niedrigere Reinigungskraft höhere Ranzanfälligkeit	pH der reifen Seife an mehreren Stellen kontrollieren. Liegt der pH-Wert unter 10, ist sie ohne Einschränkung verwendbar. Zum schnellen Verbrauch bestimmt.
	b) zu viel Lauge im Seifenleim, d. h., Anteil an freiem Fett in der Seife ist niedriger als vorgesehen. Es besteht die Gefahr, dass sich freie Lauge in der Seife befindet. Sie ist dann ätzend und hautunverträglich.	Wurde ein Öl vergessen, Rezept neu berechnen. Bei einer „Überfettung" ≥3% (Sicherheitsfaktor) kann die Seife als Handseife verwendet werden. pH-Wert der reifen Seife ist kleiner als 10! Ist die Laugenunterdosierung kleiner als 3%, ist die Seife zur Hautreinigung nicht geeignet, wohl aber als Putzseife (Handschuhe tragen).
Generell gilt: Rezepte immer nachrechnen; dosierte Rohstoffe auf der Rezeptliste abhaken; Waage vor Arbeitsbeginn auf Funktionstüchtigkeit prüfen (verbrauchte Batterien führen zu Messfehlern).		

Problem	Analyse	Bewertung/ Maßnahmen
starker Temperaturanstieg in der Lauge bzw. im Seifenleim, Bildung unangenehmer Gerüche a) durch Lösen von NaOH in protein- und/oder kohlenhydrathaltiger Laugenflüssigkeit (z. B. in Milch, Milchersatzproduk-ten, Honigwasser) b) nach Zugabe von protein- und oder kohlenhydrathaltigen Zusätzen zum Seifenleim	Temperaturanstieg über 80°C. Bei hoher Temperatur denaturieren Proteine und Kohlenhydrate. Zucker karamellisiert. Lauge bzw. Seifenleim verfärbt sich rot bis braun (in Abhängig-keit von der Temperatur). Zersetzungsprodukte führen zur Geruchsfreisetzung. Vorsicht: Ätzende, gesund-heitsschädliche Dämpfe werden freigesetzt. Die Lauge kann sieden und überlaufen!	Der Laugenbehälter sollte beim Lösen von NaOH stets in einem mit Kaltwasser ge-füllten Waschbecken stehen. Dadurch wird die Lauge nicht nur gekühlt, sie kann auch durch den Abfluss ablaufen, sollte es zu unbeabsichtigter Freisetzung kommen. Ist der Laugenbehälter nicht von Anfang an in einem Wasserbad platziert, muss er beim Anstieg der Lauge im Laugenbehälter sofort ins Waschbecken oder in eine sonstige Wanne gestellt werden. Mit Kühlakkus oder im Wasserbad kann er abgekühlt werden. Für gute Raumlüftung sorgen (Fenster öffnen). Dämpfe nicht einatmen. Arbeitsschutz beachten!
Generell gilt: Arbeitsschutz einhalten. Hohen Laugenbehälter verwenden, nur bis zu 1/3 füllen; NaOH portionsweise in der Laugenflüssigkeit lösen. Bei Verwendung aufheizender Zusätze kalt arbeiten (Zusätze kalt zuführen; Laugenbehälter und Verseifungstopf im Wasserbad kühlen; Milch- bzw. Milchersatzprodukte zum Lösen von NaOH gefroren verwenden; Formen nicht isolieren, kalt stellen) Aufheizende Rohstoffe nur in kleiner Menge einsetzen. Beachte: Durch hohe Temperaturen können Zusätze chemisch verändert und damit die Qualität der Seife beeinträchtigt werden.		

Problem	Analyse	Bewertung/ Maßnahmen
Bildung von weißen Flocken beim Lösen des NaOH in kalter Milch bzw. im Milchersatzprodukt	Fett der Milch- und Milchersatzprodukte verseift bei Kontakt mit Lauge. Es entstehen weiße Seifenflocken.	Es handelt sich dabei um einen normalen chemischen Vorgang: Bei der Verseifung von Milchfett bilden sich Seifenflocken. Lauge durch ein Sieb zum Fettansatz gießen, die Seifenflocken bleiben dabei im Sieb hängen. Die Masse nicht im Sieb pürieren! Es besteht die Gefahr, dass ggf. ungelöste NaOH-Kristalle in den Fettansatz gelangen. Beachte: Milchfett verbraucht NaOH. Der Überfettungsgrad der Seife steigt leicht an. Bei der Seifenherstellung fällt dieser Anteil nicht ins Gewicht und wird generell vernachlässigt.
Beim Lösen des NaOH in einer gesättigten Salzlösung wird die Lauge milchig-weiß, es bildet sich Bodensatz.	NaOH ist in Wasser leichter löslich als Salz. Wird NaOH in einer gesättigten Salzlösung gelöst, entzieht es Wassermoleküle, die dem Salz nicht mehr zur Verfügung stehen. Salz fällt aus, schwebt in der Lösung und macht sie trüb. Nach Einstellen des Rührvorganges setzt sich das Salz als Bodensatz ab, und die Lauge wird wieder klar.	Es handelt sich dabei um einen normalen physikalischen Vorgang. Lauge immer durch ein Sieb zum Fettansatz gießen. Die Salzkristalle bleiben dabei im Sieb hängen und können entsorgt werden. Im Seifenleim würden sich die Salzkristalle nicht lösen und einen Peelingeffekt in der Seife erzeugen.

Problem	Analyse	Bewertung/ Maßnahmen
Rohleim dickt innerhalb von Sekunden an.	a) Butter oder Wachs wurde als Zusatz verwendet, und die Arbeitstemperatur hat deren Erstarrungstemperatur unterschritten.	Verseifungstopf mit abgekühltem Rohleim im Wasserbad erwärmen. Geduldig rühren, bis er wieder geschmeidig wird. Generell gilt: Die Arbeitstemperatur richtet sich nach der Schmelz- und Erstarrungstemperatur von Butter und Wachs. Rohleim im Wasserbad warmhalten. Wachs getrennt schmelzen, warmhalten, in den leicht zeichnenden Seifenleim einrühren. Seifenleim unverzüglich ausformen, ehe er abkühlen kann.
	b) Zusatz sonstiger andickender Rohstoffe (z. B. Duftstoffe, Proteine)	Ist der Seifenleim nicht mehr fließfähig, muss er in die Form gespachtelt werden. Es entstehen Seifen mit grober Oberfläche. Generell gilt: Zügig arbeiten. Andickende Zusätze zuletzt in den leicht zeichnenden Seifenleim einrühren. Seifenleim unverzüglich formen.

Problem	**Analyse**	**Bewertung/ Maßnahmen**
Seifenleim trennt sich und bildet Schichten (Lauge, Fett).	hohe Temperatur im Seifenleim, z. B. durch aufheizende Zusatzstoffe	a) Temperatur im Seifenleim senken: Verseifungstopf im Wasserbad oder mit Kühlakkus kühlen. Gekühlten Seifenleim geduldig rühren, bis sich die Schichten verbinden. Gelingt dies nicht, Seifenleim entsorgen. b) Setzt sich Lauge in der Form als gelatineartige Schicht auf dem Seifenleim ab, muss die Seife unter Zugabe von etwas Öl und Wasser eingeschmolzen werden. Arbeitsschutz beachten, pH kontrollieren! Generell gilt: Starkes Aufheizen vermeiden (kühl arbeiten; aufheizende Zusätze in geringer Menge verwenden).
Seife wird nicht fest.	Ursachen können sein: • hoher Anteil an flüssigen Ölen • hoher Überfettungsgrad (viel freies Fett in der Seife) • hoher Flüssigkeitsanteil • Zusatzstoffe, die den Seifenleim zähflüssig halten (z. B. Zucker, Honig) • zu niedrige Temperatur, keine Gelphase • Bei hoher Temperatur kann Butter ihre konsistenzbildenden Eigenschaften verlieren.	Seifenleim länger in der Form lassen, Verfestigung kann bis zu 96 Stunden dauern. Generell gilt: Rezept prüfen und gegebenenfalls überarbeiten.

Problem	Analyse	Bewertung/ Maßnahmen
Seife lässt sich nicht ausformen.	starre Seifenform	Form mit der Seife ins Gefrierfach legen. Nach dem Entnehmen bildet sich Kondenswasser, und die Seife rutscht ohne Druckanwendung heraus. Holzform vor dem Befüllen mit Backpapier oder Frischhaltefolie auskleiden. Generell gilt: Formen nicht einölen, das Öl verseift!
Seife hat eine ungleichmäßige Oberfläche, unregelmäßige Kanten und/oder raue, abgebrochene Stellen.	Die Seife wurde zu früh ausgeformt, optimale Festigkeit noch nicht erreicht. Schneidewerkzeug war nicht geeignet (z. B. Messer zu dick oder zu stumpf).	Die Seife ist dadurch nicht beeinträchtigt, es handelt sich lediglich um einen optischen Effekt. Kanten und Flächen mit einem Hobel begradigen. Generell gilt: Geduldig optimale Festigkeit abwarten. Schneidewerkzeug sollte schmalkantig, scharf und frei von Seifenresten sein. Problematische Seifen lassen sich gut mit einem dünnen Draht schneiden.
weißer Belag auf der Seife	Durch die Reaktion von NaOH mit CO_2 in der Luft bildet sich auf der Seifenoberfläche Sodaasche in Form eines weißen Belages. Luftfeuchtigkeits- und Temperaturschwankungen können diese Reaktion begünstigen. Die Bildung von Sodaasche erfolgt nur, solange die Verseifung nicht abgeschlossen ist und CO_2 mit freier Lauge in Kontakt kommt.	Es handelt sich dabei um einen normalen chemischen Vorgang. Die Seife ist dadurch nicht beeinträchtigt, es handelt sich lediglich um einen optischen Effekt. Sodaasche ist harmlos und schadet der Haut nicht. Der Belag lässt sich mit einem feuchten Tuch leicht abwischen oder wird spätestens bei der ersten Anwendung der Seife von der Oberfläche entfernt. Generell: Formen abdecken und damit CO_2-Zufuhr minimieren.

Problem	Analyse	Bewertung/ Maßnahmen
gelatineähnliche Nester in und auf der der Seife	Gemisch aus Fett und Lauge wurde ungleichmäßig verrührt, wodurch sich Zonen mit Laugenüberschuss gebildet haben. In den Nestern könnte sich freie Lauge befinden.	pH der Seife an mehreren Stellen und in den Nestern überprüfen. Ist der pH-Wert größer als 10, Seife einschmelzen. Generell gilt: Fettansatz und Lauge müssen gründlich verrührt werden, bis sie einen homogene Masse bilden.
Frische Seife ist ungleichmäßig gefärbt und weist helle und dunkle Bereiche auf.	Die Art der Form (z. B. Blockform/Einzelformen) fördert Temperaturunterschiede im Seifenleim, die den Verseifungsgrad beeinflussen. Die Gelphase hat durch Abkühlung an den Rändern nicht die gesamte Seife erfasst.	Die Verfärbung beeinträchtigt die Seife nicht. Farbunterschiede gleichen sich im Laufe der Reifezeit aus.
Frische Seife weist weiche Zonen/ Bereiche mit unterschiedlicher Festigkeit auf.	a) Temperaturgradienten im Seifenleim führen zu Bereichen mit unterschiedlicher Verseifungsgeschwindigkeit und Bereichen mit Gelphase (feste Stellen) und ohne Gelphase (weiche Stellen).	Der Härteunterschied beeinträchtigt die Seife nicht. Weiche Zonen verschwinden im Laufe der Reifezeit. pH-Wert der reifen Seife kontrollieren.
	b) Der Seifenleim wurde nicht ausreichend gerührt und ist nicht homogen. Die ungleichmäßige Struktur bleibt nach der Reifung erhalten.	Die Seife kann auf Laugennester untersucht werden, indem der pH-Wert der Seife an mehreren Stellen gemessen wird. Gibt es Laugennester, Seife einschmelzen.

Problem	Analyse	Bewertung/ Maßnahmen
Seife ist sehr hart und spröde. Seifenblock bröckelt beim Schneiden. Seife hat Risse.	a) Dosierungsfehler, Berechnungsfehler oder Wiegefehler, durch die mit Laugenüberschuss verseift wurde. Es besteht die Gefahr, dass sich freie Lauge in der Seife befindet. Die Seife ist dann ätzend und hautunverträglich.	Seife auf Laugennester untersuchen, pH an mehreren Stellen messen. Liegt der Wert über 10, ist die Seife zur Hautreinigung nicht geeignet, wohl aber als Putzseife (Handschuhe tragen!).
	b) andere mögliche Ursachen: • zu hoher Anteil an Hartfetten • zu hoher Anteil an Konsistenzgebern (z. B. Wachse, Stearin) • zu hoher Salzgehalt • zu geringe Flüssigkeitsmenge • hohe Dosierung der Farbstoffe Zinkweiß bzw. Titandioxid • Duftstoffe können die chemische Struktur der Roh- und Zusatzstoffe verändern und damit die Verseifung und die Eigenschaften der Seife beeinflussen.	PH kontrollieren. Liegt der ph-Wert unter 10, ist die Lauge vollständig verbraucht, und die Seife kann verwendet werden. Sehr harten Seifenblock noch leicht warm ausformen und mit einem Draht schneiden. Rezept überarbeiten (z. B. gesättigte Fettsäuren, konsistenzgebende Zusätze, Zinkweiß und/ oder Titandioxid reduzieren, Flüssigkeitsmenge erhöhen, Duftstoff wechseln).
Seife ist glanzlos, matt, stumpf; porzellanähnliches Äußeres	hoher Gehalt an Zinkweiß bzw. Titandioxid in der Seife	Die Seife ist dadurch nicht beeinträchtigt. Generell gilt: Zusätze nur sparsam verwenden. Dosierung: ¼ bis ½ TL pro Kilogramm Fettansatz
Seife schmiert und ist leicht glitschig.	zu hohe Konzentration an Ölsäure im Fettansatz	Die Seife ist dadurch nicht beeinträchtigt. Rezept anpassen.
Seife klebt.	zu hohe Konzentration an Zucker bzw. Honig in der Seife	Die Seife ist dadurch nicht beeinträchtigt. Die Klebrigkeit lässt mit der Zeit nach. Rezept anpassen, Zucker/Honig reduzieren.

Problem	Analyse	Bewertung/ Maßnahmen
Seife schäumt wenig.	mögliche Ursachen: • geringer Anteil an „Schaumfetten" (Laurin- und Myristinsäure) • hoher Anteil an freien Fetten (hoher Überfettungsgrad) • schaumhemmende Zusätze (z. B. Sheabutter, Salz) • Seife nicht reif (hoher Wassergehalt) • hartes Waschwasser	Die Seife ist dadurch nicht beeinträchtigt. Rezept anpassen. Bei hartem Leitungswasser kann dem Seifenleim Natriumzitrat (Wasserenthärter) zugesetzt werden.
helle, „glasige" Seifen	Helle Seifen können leicht transparent wirken.	Die Seife ist dadurch nicht beeinträchtigt, es handelt sich lediglich um einen optischen Effekt. Generell gilt: Ein kleiner Zusatz von Zinkweiß, Titandioxid oder Kaolin macht Seifen opak (¼ TL pro Kilogramm Fettansatz).
Seife ist nicht formstabil und weicht nach Verwendung auf.	mögliche Ursachen: • Fettzusammensetzung nicht optimal (mehrfach ungesättigte Fettsäuren erzeugen weiche, instabile Seifen; ölsäurehaltige Seifen sind zwar hart, neigen jedoch dazu, bei Kontakt mit Wasser aufzuweichen). • hoher Flüssigkeitsanteil in der Seife (Seife noch nicht ausgereift) • hoher Anteil an weichmachenden Zusätzen (z. B. Zucker, Honig) • durch hohe Temperatur kann Butter ihre konsistenzgebenden Eigenschaften verlieren (z. B. Kakaobutter bereits ab ca. 35°C)	Die Seife verbraucht sich schneller und die Haltbarkeit ist verkürzt. Rezept anpassen. Konsistenzgeber wie Wachse, Butter und Salz härten die Seife. Generell gilt: Bei Verwendung von Butter Temperatur beachten!

Problem	Analyse	Bewertung/ Maßnahmen
Eine Seife, die aus Seifenresten hergestellt wurde, fühlt sich rau an.	Reste verschiedener Seifen unterscheiden sich bzgl. • Zusammensetzung • Wasserbindungskraft • Trocknungsgrad	Die Seife ist dadurch nicht beeinträchtigt, es handelt sich lediglich um einen haptischen Effekt. Nach längerer Trocknung wird die Seife ebenmäßiger.
Während der Lagerung kommt es zu Farbänderungen in der Seife.	Zusatzstoffe wie Duftstoffe, Kräuter, Blumen, Honig und einige Öle, wie z. B. Kürbiskernöl, können zu Farbumschlägen der Seife führen. Auch eine verdorbene Seife kann Farbveränderungen aufweisen.	Kann der Verderb der Seife ausgeschlossen werden, ist die Seife nicht beeinträchtigt. Generell gilt: Rohstoffe müssen alkalibeständig und frei von Verunreinigungen sein. Seifen kühl, dunkel, staubfrei und trocken lagern. Verdorbene Seife ist nicht zur Hautreinigung geeignet.
fleckige Seife	mögliche Ursachen: • Farbstoff nicht homogen verrührt • chemische Reaktion der Zusatzstoffe • natürliche Verunreinigungen der Rohstoffe, chemische Reaktionen durch die Lagerung in ungeeigneten Metallbehältern • Kontakt des Seifenleims mit ungeeignetem Arbeitsmaterial (z. B. Eisen, Zink, Kupfer) • Verderb der Seife	Kann der Verderb der Seife ausgeschlossen werden, ist die Seife nicht beeinträchtigt, es handelt sich lediglich um einen optischen Effekt. Generell gilt: Farbstoffe im Seifenleim immer homogen verrühren. Geeignetes Arbeitsmaterial und qualitativ hochwertige Rohstoffe verwenden. Auf passende Lagerung achten.
Beim Swirlen verschwimmen Farbschichten ineinander.	Der Seifenleim ist zu flüssig.	Die Seife ist dadurch nicht beeinträchtigt, es handelt sich lediglich um einen optischen Effekt.

Problem	Analyse	Bewertung/ Maßnahmen
Farben verblassen	Farben sind nicht licht- und alkalibeständig. Bestimmte Zusatzstoffe, wie z. B. Salz, hellen den Farbton auf.	Die Seife ist dadurch nicht beeinträchtigt, es handelt sich lediglich um einen optischen Effekt. Generell gilt: Nur lichtechte und alkalibeständige Farben verwenden. Aufhellung durch Zusätze im Rezept einplanen.
Wassertropfen auf der Seifenoberfläche	Hoher Feuchtigkeitsgehalt der Seife und/oder hohe Luftfeuchtigkeit im Raum.	Die Seife ist dadurch nicht beeinträchtigt. Feuchte Stellen abwischen. Generell gilt: Seife auf saugfähigem Material (z. B. Küchenpapier) trocken und luftig lagern.
Während der Lagerung kommt es zur Veränderung des Duftes.	Duftstoffe sind chemischen Veränderungen unterworfen. Sie reagieren mit dem Seifenkörper und Luftsauerstoff und können nicht nur den Geruch verändern, sondern auch die Haltbarkeit der Seife verkürzen. Ranzige Seifen riechen unangenehm. Duftnoten verflüchtigen sich in Abhängigkeit von der Temperatur. Auch der Flüssigkeitsanteil in der Seife beeinflusst die Duftintensität. Während der Trocknungszeit verdunstet Wasser und die Duftnote geht teilweise verloren.	Es handelt sich um normale chemische und physikalische Vorgänge. Das Nachlassen der Geruchsintensität beeinträchtigt die Seife nicht. Generell gilt: Seifen kühl, dunkel, staubfrei und trocken lagern. Unangenehmer Geruch der Seife deutet auf ihren Verderb. Ranzige Seifen sind zur Hautreinigung nicht geeignet. Entsorgen.
Seifen schrumpfen während der Reifung, verlieren stark an Gewicht und verformen sich.	Der Flüssigkeitsanteil im Rezept ist hoch. Durch das Verdunsten der Flüssigkeit schrumpfen die Seifen und verlieren an Gewicht.	Es handelt sich dabei um einen normalen physikalischen Vorgang. Die Seife ist dadurch nicht beeinträchtigt. Um Verformungen zu vermeiden, können die Seifen während der Trocknungsphase umgelagert werden.

Problem	Analyse	Bewertung/ Maßnahmen
grobe Seifenoberfläche	mögliche Ursachen: • Gelphase nicht erreicht • Seifenleim musste in die Form gespachtelt werden, da er schnell angedickt ist und nicht mehr fließfähig war.	Die Seife ist dadurch nicht beeinträchtigt, es handelt sich lediglich um einen optischen Effekt. Generell gilt: Seifen, die nicht in die Gelphase kommen, zeichnen sich durch eine gröbere Struktur aus. Andickende Rohstoffe sollten nur in geringer Menge und als Letztes zugegeben werden. Zügig arbeiten. Arbeitstemperatur an Erstarrungs- und Schmelztemperatur von Butter und Wachsen orientieren.
Seife fasst sich buttrig an.	hoher Butteranteil im Fettansatz	Die Seife ist dadurch nicht beeinträchtigt, es handelt sich lediglich um einen haptischen Effekt. Rezept anpassen, Butterdosis senken.
Nach Anwendung der Seife befinden sich weiße Ablagerungen im Waschbecken. Haut und Haare fühlen sich stumpf an.	In hartem Wasser entstehen Kalkseifen. Der Kalk setzt sich im Waschbecken ab, haftet auf Haaren und Haut und kann Hautporen verstopfen.	Die Seife ist nicht beeinträchtigt, verstopfte Hautporen können allerdings Mitesser verursachen. Generell gilt: Der Zusatz des natürlichen Enthärters Natriumzitrat verhindert die Bildung von Kalkseifen. Zusätze mit Schutzkolloidwirkung (z. B. Stärke, Proteine) mindern ebenfalls Ablagerungen.

Problem	Analyse	Bewertung/ Maßnahmen
weiße Punkte in und auf der Seife	a) NaOH wurde nicht vollständig in der Laugenflüssigkeit gelöst. Lauge wurde beim Einfüllen in den Verseifungstopf nicht durch ein Sieb gegossen. NaOH-Kristalle sind in der Seife sichtbar, sie lösen sich weder im Seifenleim noch beim Einschmelzen der Seife.	Seife ist für die Hautreinigung nicht geeignet. Seife entsorgen (oder als Putzseife verwenden). <u>Generell gilt:</u> Lauge immer durch ein feinmaschiges Sieb in den Fettansatz gießen.
	b) Eine kleine Menge Salz wurde in den Seifenleim als Peelingmittel zugesetzt. Salzkristalle lösen sich im Seifenleim nicht, sie bleiben in der Seife sichtbar.	Die Seife ist dadurch nicht beeinträchtigt.
	c) Beim Rühren können Luftblasen in die Seife eingetragen werden.	Die Seife ist dadurch nicht beeinträchtigt, es handelt sich nur um einen optischen Effekt. <u>Generell gilt:</u> Rührer nur einschalten, wenn er vollständig im Seifenleim untergetaucht ist. Vor dem Formen Luftblasen durch abschließendes sanftes Rühren mit der Hand entweichen lassen. Befüllte Form mehrfach auf den Tisch klopfen.
Seife „blutet aus".	Der Farbstoff löst sich im Waschwasser, färbt Seifenschaum und Hände und bildet Farbspuren in der Seife.	Die Seife ist dadurch nicht beeinträchtigt. <u>Generell gilt</u>: Wasserfeste Farben verwenden. Pigmente immer gering dosieren. Sie sind zwar nicht wasserlöslich, doch in hoher Dosierung sind sie in Schaum und Waschwasser sichtbar.

Problem	Analyse	Bewertung/ Maßnahmen
gelbe Flecken in der Seife (gegebenenfalls muffiger Geruch)	Die Seife beginnt zu verderben.	Kleine, verdächtige Stellen abschneiden. Seife umgehend verbrauchen. Sind größere Bereiche befallen, Seife entsorgen. Generell gilt: Seifen geeignet lagern, und auf eine optimale Fettsäurezusammensetzung sowie die Verwendung hochqualitativer Rohstoffe achten.
Die Seife ist weich, leicht schmierig, etwas gebläht, gibt bei Fingerdruck nach, zerbricht beim Schneiden und fällt bei Verwendung auseinander.	Die Moleküle haben sich nicht hinreichend verbunden. Mögliche Ursachen: • zu kalt gearbeitet • zu wenig gerührt • bei Verwendung von Butter zu heiß gearbeitet; Butter hat ihre konsistenzgebenden Eigenschaften verloren.	Lässt sich ggf. im Backrohr (1 Stunde bei 80°C) härten (nicht möglich bei Zusatz von Butter). Weiche Seifen verbrauchen sich schneller und sind kürzer haltbar. Generell gilt: Seifenleim bis zum Zeichnen rühren; Arbeitstemperatur beachten.

Seife einschmelzen

Haben sich bei der Herstellung der Naturseife Fehler eingeschlichen, so kann sie in einigen Fällen durch Einschmelzen vor dem Mülleimer gerettet werden. Dafür eignen sich allerdings nur Seifen, bei denen anhand der Fehleranalyse eine Überdosierung der Lauge ausgeschlossen werden kann.

Zum Einschmelzen der Seifen benötigt man:

- Topf aus rostfreiem Stahl bzw. emaillierten Topf
- Backrohr
- destilliertes Wasser
- ggf. etwas Öl (flüssiges ÖL der Grundseife wie z. B. Olivenöl, Sonnenblumenöl HO)
- Blockform mit Silikoneinlage oder Einzelformen aus Silikon

„simsalabim"

Duftnote & Hauttyp:

durch fehlerhafte Seifen definiert

Arbeitsanleitung:

- Fehlerhafte Seife zerkleinern und in einen Topf geben.
- Über der Seifenmasse einige Löffel destilliertes Wasser verteilen.
- Topf mit Deckel verschließen und im Backrohr auf ca. 80°C erwärmen.
- Seife regelmäßig umrühren und nach Bedarf löffelweise destilliertes Wasser zugeben (Masse muss feucht sein, ca. 100 g destilliertes Wasser auf 1 kg Fettmasse), zum schonenden Schmelzen braucht die Seife einige Stunden.

- Wurden in der Seife Laugennester identifiziert, als Sicherheitsmaßnahme einige Esslöffel Öl (flüssiges Öl der Grundseife) unterrühren. Masse sehr gut vermengen.
- Geschmolzene Seife in Formen gießen.
- Nach Erkalten der Masse ist die Seife fest. Ausformen. Seifenblock schneiden. Kanten mit einem Hobel abrunden.
- Seifen auf Küchenpapier legen und bis zu vier Wochen nachtrocknen lassen. Je mehr Wasser der Masse während des Einschmelzens hinzugefügt wurde, desto länger braucht die Seife, um zu trocknen.
- Auf Banderolen Inhaltsstoffe, Einschmelzdatum und voraussichtliches Ablaufdatum festhalten. Seifen trocken, luftig und lichtgeschützt lagern. Alle Beobachtungen im Seifenbuch notieren.

Hinweise:

Wesentliche Eigenschaften der reifen Seife (pH, Glyceringehalt, Härte, Stabilität, Schaumverhalten) entsprechen denen der eingeschmolzenen Seife. Die Haptik der Oberfläche verändert sich. Die Struktur wird unregelmäßiger und gröber. Duftkomponenten verflüchtigen sich während des Einschmelzens. Die Seife kann neu parfümiert werden. Dazu eignen sich Duftstoffe mit einem hohem Siedepunkt (siehe Tabelle A15, S. 394). Der Farbton dunkelt oft nach. Das Umfärben der Seife ist nicht zu empfehlen, die Farbe lässt sich nicht gleichmäßig unterrühren.

Der Einfluss von Zusätzen auf Seifeneigenschaften

Die Eigenschaften einer Naturseife werden einerseits durch das Fettgemisch und andererseits durch die Art der Lauge (NaOH oder KOH) bestimmt. Zusätze können Eigenschaften mildern oder verstärken und der Seife eine besondere Note geben.
In diesem Kapitel wird die Wirkung ausgewählter Zusätze auf die Seife untersucht. Die Grundseife besteht nur aus Fett und Lauge und wird den durch Zusatzstoffe ergänzten Seifen gegenübergestellt.

Milch- und Milchersatzprodukte, Stärke, Honig, Seide, Natriumzitrat, Natriumlaktat

Testreihe 1

Die Testreihe untersucht die Wirkung folgender Zusätze:

tierische Milchprodukte

1) ultrahocherhitzte Kuhmagermilch
2) ultrahocherhitzte Kuhvollmilch
3) Kuhbuttermilch
4) Kuhjoghurt
5) Ziegenmilch
6) Ziegenjoghurt
7) Schafjoghurt

Milchersatzprodukte

8) Mandeldrink
9) Haferdrink
10) Sojadrink
11) Kokosmilch

sonstige Zusatzstoffe

12) Natriumlaktat
13) Stärke
14) Bienenhonig
15) Seidenprotein
16) Natriumzitrat

Die Grundseife besteht aus Fettansatz und Lauge. Die Vergleichsseifen enthalten je einen der oben genannten Zusätze.

Farbstoffe werden nur in geringer Dosierung eingesetzt und beeinträchtigen die Verseifung nicht. Duftstoffe können die Verseifungsreaktion und die Eigenschaften der Seife beeinflussen, weswegen hier auf ihren Einsatz verzichtet wird. Die Verseifung findet immer unter den gleichen Reaktionsbedingungen statt. Aus Gründen der besseren Vergleichbarkeit werden die Formen mit dem Seifenleim generell nicht isoliert.
Milch- und Milchersatzprodukte werden in einer Dosierung von 10%, bezogen auf den Gesamtfettansatz, eingesetzt, da bereits geringe Mengen das Schaumverhalten der Seife verändern. Das Ergebnis verbessert sich durch eine höhere Dosierung nicht, die Seifenherstellung wird allerdings durch die entsprechend größere Wärmeentwicklung deutlich schwieriger.
Zudem werden pure Produkte ohne Zusatz von Zucker gewählt, da die Kombination von Milch und Zucker das Schaumvolumen mindert. Ob das Produkt als Laugenflüssigkeit dient oder in den Seifenleim eingerührt wird, hat keinen signifikanten Einfluss auf das Schaumverhalten (siehe Kap. „Seifenrezepte“ S. 160). In den Testseifen wurden die Milch- und Milchersatzprodukte dem Seifenleim direkt zugegeben.

Uns interessieren vor allem Einflüsse auf Festigkeit und Stabilität der Seife, Trocknungszeit und Schaumverhalten.

„a piacere“

Duftnote: *frisch, blumig*

Hauttyp: *alle Hauttypen*

Rohstoffe:

Gesamtfettansatz (GFA):

400 g (40%) Olivenöl
300 g (30%) Kokosnussfett
300 g (30%) Schweineschmalz (bio)

Zusatzstoffe:

Inerte Farbstoffe: ¼ TL Titandioxid, je ¼ TL Mica (Rose hell, Rose dunkel, Violett)

Flüssigkeitsmenge:

28%, bez. auf GFA
280 g destilliertes Wasser
Laugenunterdosierung: 7%

Fettsäurenzusammensetzung im Fettansatz:

ca. 46% gesättigte FS; ca. 46% einf. unges. FS (davon ca. 46% Ölsäure); ca. 5,6% mehrf. unges. FS; Unverseifbares: ca. 0,7%

Reaktionsbedingungen:

Mischtemperatur: 30–35°C
Rührerdrehzahl: niedrige Stufe

Auswahl der Seifenform:

Blockform mit Silikoneinlage
Färbetechnik: Swirlen

Arbeitsanleitung:

- Rohstoffe in passenden Gefäßen abwiegen.
- Farbstoffe jeweils in etwas Olivenöl aus dem Fettansatz einrühren.
- NaOH portionsweise im destillierten Wasser auflösen. Abkühlen lassen.

- Schmalz schonend schmelzen (28–40°C) und gegebenenfalls filtern. Kokosnussfett ebenfalls schonend schmelzen (23–26°C).
- Fette in den Verseifungstopf umfüllen und mit Olivenöl vermischen.
- Abgekühlte Lauge vorsichtig durch ein Sieb in das Fettgemisch gießen. Abwechselnd manuell und mit Stabrührer rühren, bis der Seifenleim leicht zeichnet.
- 3 Portionen zu je 50 g Seifenleim in Bechergläser füllen und unterschiedlich einfärben. Bis zur gewünschten Konsistenz verrühren. Restleim mit Titandioxid aufhellen und kurz mit dem Stabrührer bis zur gewünschten Konsistenz homogen verrühren.
- Farbportionen nacheinander in die Form schichten und swirlen. Form mehrmals auf dem Tisch aufklopfen, damit Luftblasen entweichen können. Mit Frischhaltefolie abdecken, nicht isolieren.
- Festen Seifenblock ausformen und schneiden. Kanten mit einem Hobel abrunden.
- Seifen auf Küchenpapier legen und trocken, luftig und lichtgeschützt reifen lassen. Auf Banderolen Inhaltsstoffe, Erzeugungs- und voraussichtliches Ablaufdatum festhalten.
- Probestück wiegen, pH-Wert bestimmen, Messungen wiederholen; bleibt das Gewicht konstant, ist die Seife reif.
- Beobachtungen, Messdaten und Seifeneigenschaften im Seifenbuch notieren.

Hinweise:
Inerte Farbstoffe haben keinen Einfluss auf die Verseifungsreaktion und erzeugen lediglich einen optischen Effekt.
Seifenleim: normale Verseifung; Seife nach ca. 24 Stunden ausformbar
Reifezeit: ca. 9 Wochen (Wasserverlust ca. 11%)

Eigenschaften der reifen Seife:
pH = 9, Glyceringehalt: 8–9%; Farbe: cremefarben mit buntem Muster; Haptik: glatte Oberfläche; Härte: hart; Stabilität: formstabil; Schaum: reichlich, klein- bis mittelblasig

1) Zusatzstoff: 10% ultrahocherhitzte Kuhmagermilch (bez. auf GFA)

Sonstige Zusatzstoffe:
Inerter Farbstoff: ¼ TL Pearl Olive Yellow
Flüssigkeitsmenge:
28%, bez. auf GFA
180 g destilliertes Wasser als Laugenflüssigkeit
100 g Kuhmagermilch (direkt in den Seifenleim)
Laugenunterdosierung: 7%
Reaktionsbedingungen:
Mischtemperatur: 30–35°C
Rührerdrehzahl: niedrige Stufe
Seifenform:
Blockform mit Silikoneinsatz

Arbeitsanleitung:

- Kuhmagermilch auf Kühlschranktemperatur abkühlen.
- Rohstoffe in passenden Gefäßen abwiegen.
- Farbstoff in etwas Olivenöl aus dem Fettansatz einrühren.
- NaOH portionsweise im destillierten Wasser lösen. Abkühlen lassen.
- Schmalz schonend schmelzen (28–40°C) und gegebenenfalls filtern. Kokosnussfett ebenfalls schonend schmelzen (23–26°C).
- Fette in den Verseifungstopf umfüllen und mit Olivenöl vermischen. Farbstoff einrühren.
- Abgekühlte Lauge vorsichtig durch ein Sieb in den Fettansatz gießen. Abwechselnd manuell und mit Stabrührer rühren, bis der Seifenleim leicht zeichnet.
- Gekühlte Magermilch einrühren und kurz pürieren. Bei stärkerem Temperaturanstieg Verseifungstopf im Wasserbad kühlen.
- Den zeichnenden Seifenleim in die Blockform gießen. Form mehrmals auf dem Tisch aufklopfen, damit Luftblasen entweichen können. Form mit Frischhaltefolie abdecken.

- In einen kalten Raum stellen und Temperatur durch Befühlen der Form kontrollieren. Kommt es zu einem unangenehmen Geruch, ist die Temperatur zu hoch und Proteine denaturieren (Formen auf Kühlakkus stellen).
- Festen Seifenblock ausformen und schneiden. Kanten mit einem Hobel abrunden.
- Seifen auf Küchenpapier legen und trocken, luftig und lichtgeschützt reifen lassen. Auf Banderolen Inhaltsstoffe, Erzeugungs- und voraussichtliches Ablaufdatum festhalten.
- Probestück wiegen, pH-Wert bestimmen, Messungen wiederholen; bleibt das Gewicht konstant, ist die Seife reif.
- Beobachtungen, Messdaten und Seifeneigenschaften im Seifenbuch notieren.

Hinweise:
Seifenleim: Magermilch dickt den Seifenleim an und heizt ihn auf, zügig und kühl arbeiten; Seife nach ca. 24 Stunden ausformbar
Reifezeit: ca. 9 Wochen (Wasserverlust ca. 12%)

Eigenschaften der reifen Seife:
pH = 9, Glyceringehalt: 8–9%; Farbe: beige bis zart olivfarben; Haptik: glatte Oberfläche; Härte: hart; Stabilität: formstabil; Schaum: schäumt willig und üppig, kleinblasig, cremig

2) Zusatzstoff: 10% ultrahocherhitzte Kuhvollmilch (bez. auf GFA)

Sonstige Zusatzstoffe:
Inerter Farbstoff: 1 TL Pearl Luster Green
Flüssigkeitsmenge:
28%, bez. auf GFA
180 g destilliertes Wasser als Laugenflüssigkeit

100 g Kuhvollmilch (direkt in den Seifenleim)
Laugenunterdosierung: 7%

Reaktionsbedingungen:

Mischtemperatur: 30–35°C
Rührerdrehzahl: niedrige Stufe

Seifenform:

Einzelformen (Silikon)

Arbeitsanleitung:

- Kuhvollmilch auf Kühlschranktemperatur abkühlen.
- Rohstoffe in passenden Gefäßen abwiegen.
- Farbstoff in etwas Olivenöl aus dem Fettansatz einrühren.
- NaOH portionsweise im destillierten Wasser lösen. Abkühlen lassen.
- Schmalz schonend schmelzen (28–40°C) und gegebenenfalls filtern. Kokosnussfett ebenfalls schonend schmelzen (23–26°C).
- Fette in den Verseifungstopf umfüllen und mit Olivenöl vermischen. Farbstoff einrühren.
- Abgekühlte Lauge vorsichtig durch ein Sieb in den Fettansatz gießen. Abwechselnd manuell und mit Stabrührer rühren, bis der Seifenleim leicht zeichnet.
- Gekühlte Vollmilch einrühren und kurz mit dem Stabrührer pürieren. Bei stärkerem Temperaturanstieg Verseifungstopf im Wasserbad kühlen.
- Den zeichnenden Seifenleim in die Formen gießen. Formen mehrmals auf dem Tisch aufklopfen, damit Luftblasen entweichen können. Mit Frischhaltefolie abdecken.
- In einen kalten Raum stellen und Temperatur durch Befühlen der Formen kontrollieren. Kommt es zu einem unangenehmen Geruch, ist die Temperatur zu hoch und Proteine denaturieren (Formen auf Kühlakkus stellen).
- Feste Seifen ausformen. Kanten mit einem Hobel abrunden.

- Seifen auf Küchenpapier legen und trocken, luftig und lichtgeschützt reifen lassen. Auf Banderolen Inhaltsstoffe, Erzeugungs- und voraussichtliches Ablaufdatum festhalten.
- Probestück wiegen, pH-Wert bestimmen, Messungen wiederholen; bleibt das Gewicht konstant, ist die Seife reif.
- Beobachtungen, Messdaten und Seifeneigenschaften im Seifenbuch notieren.

Hinweise:
Seifenleim: Vollmilch dickt den Seifenleim an und heizt ihn auf, zügig und kühl arbeiten; Seife nach ca. 24 Stunden ausformbar
Reifezeit: ca. 9 Wochen (Wasserverlust ca. 12%)

Eigenschaften der reifen Seife:
pH = 9, Glyceringehalt: 8–9%; Farbe: grün; Haptik: glatte Oberfläche; Härte: hart; Stabilität: formstabil; Schaum: schäumt willig und üppig, klein- bis mittelblasig, cremig

3) Zusatzstoff: 10% Buttermilch (bez. auf GFA)

Sonstige Zusatzstoffe:
Inerter Farbstoff: 1 TL Erde Ocker Rot
Flüssigkeitsmenge:
28%, bez. auf GFA
180 g destilliertes Wasser als Laugenflüssigkeit
100 g Buttermilch (direkt in den Seifenleim)
Laugenunterdosierung: 7%
Reaktionsbedingungen:
Mischtemperatur: 30–35°C
Rührerdrehzahl: niedrige Stufe
Seifenform:
Einzelformen (Silikon)

Arbeitsanleitung:

- Buttermilch auf Kühlschranktemperatur abkühlen.
- Rohstoffe in passenden Gefäßen abwiegen.
- Farbstoff in etwas Olivenöl aus dem Fettansatz einrühren.
- NaOH portionsweise im destillierten Wasser lösen. Abkühlen lassen.
- Schmalz schonend schmelzen (28–40°C) und gegebenenfalls filtern. Kokosnussfett ebenfalls schonend schmelzen (23–26°C).
- Fette in den Verseifungstopf umfüllen und mit Olivenöl vermischen. Farbstoff einrühren.
- Abgekühlte Lauge vorsichtig durch ein Sieb in den Fettansatz gießen. Abwechselnd manuell und mit Stabrührer rühren, bis der Seifenleim leicht zeichnet.
- Gekühlte Buttermilch einrühren und kurz mit dem Stabrührer pürieren. Bei stärkerem Temperaturanstieg Verseifungstopf im Wasserbad kühlen.
- Den zeichnenden Seifenleim in Formen gießen. Formen mehrmals auf dem Tisch aufklopfen, damit Luftblasen entweichen können. Mit Frischhaltefolie abdecken.
- In einen kalten Raum stellen und Temperatur durch Befühlen der Formen kontrollieren. Kommt es zu einem unangenehmen Geruch, ist die Temperatur zu hoch und Proteine denaturieren (Formen auf Kühlakkus stellen).
- Feste Seifen ausformen. Kanten mit einem Hobel abrunden.
- Seifen auf Küchenpapier legen und trocken, luftig und lichtgeschützt reifen lassen. Auf Banderolen Inhaltsstoffe, Erzeugungs- und voraussichtliches Ablaufdatum festhalten.
- Probestück wiegen, pH-Wert bestimmen, Messungen wiederholen; bleibt das Gewicht konstant, ist die Seife reif.
- Beobachtungen, Messdaten und Seifeneigenschaften im Seifenbuch notieren.

Hinweise:
Seifenleim: Buttermilch dickt den Seifenleim an und heizt ihn auf, zügig und kühl arbeiten; Seife nach ca. 24 Stunden ausformbar
Reifezeit: ca. 9 Wochen (Wasserverlust ca. 11%)

Eigenschaften der reifen Seife:
Parameter: pH = 9, Glyceringehalt: 8–9%; Farbe: ocker bis rot; Haptik: glatte Oberfläche; Härte: hart; Stabilität: formstabil; Schaum: schäumt klein- bis mittelblasig

4) Zusatzstoff: 10% Kuhjoghurt (bez. auf GFA)

Sonstige Zusatzstoffe:
Inerter Farbstoff: 1 TL Seifenpulver Türkis
Flüssigkeitsmenge:
28%, bez. auf GFA
180 g destilliertes Wasser als Laugenflüssigkeit
100 g Kuhjoghurt (direkt in den Seifenleim)
Laugenunterdosierung: 7%
Reaktionsbedingungen:
Mischtemperatur: 30–35°C
Rührerdrehzahl: niedrige Stufe
Seifenform:
Einzelformen (Silikon)

Arbeitsanleitung:

- Kuhjoghurt auf Kühlschranktemperatur abkühlen.
- Rohstoffe in passenden Gefäßen abwiegen.
- Farbstoff in etwas Olivenöl aus dem Fettansatz einrühren.

- NaOH portionsweise im destillierten Wasser lösen. Abkühlen lassen.
- Schmalz schonend schmelzen (28–40°C) und gegebenenfalls filtern. Kokosnussfett ebenfalls schonend schmelzen (23–26°C).
- Fette in den Verseifungstopf umfüllen und mit Olivenöl vermischen. Farbstoff einrühren.
- Abgekühlte Lauge vorsichtig durch ein Sieb in den Fettansatz gießen. Abwechselnd manuell und mit Stabrührer rühren, bis der Seifenleim leicht zeichnet.
- Gekühlten Kuhjoghurt einrühren und kurz mit dem Stabrührer pürieren. Bei stärkerem Temperaturanstieg Verseifungstopf im Wasserbad kühlen.
- Den zeichnenden Seifenleim in die Formen gießen. Diese mehrmals auf dem Tisch aufklopfen, damit Luftblasen entweichen können. Mit Frischhaltefolie abdecken.
- In einen kalten Raum stellen und Temperatur durch Befühlen der Formen kontrollieren. Kommt es zu einem unangenehmen Geruch, ist die Temperatur zu hoch und Proteine denaturieren (Formen auf Kühlakkus stellen).
- Feste Seifen ausformen. Kanten mit einem Hobel abrunden.
- Seifen auf Küchenpapier legen und trocken, luftig und lichtgeschützt reifen lassen. Auf Banderolen Inhaltsstoffe, Erzeugungs- und voraussichtliches Ablaufdatum festhalten.
- Probestück wiegen, pH-Wert bestimmen, Messungen wiederholen; bleibt das Gewicht konstant, ist die Seife reif.
- Beobachtungen, Messdaten und Seifeneigenschaften im Seifenbuch notieren.

Hinweise:

Seifenleim: Joghurt dickt den Seifenleim an und heizt ihn auf, zügig und kühl arbeiten; Seife nach ca. 24 Stunden ausformbar

Reifezeit: ca. 9 Wochen (Wasserverlust ca. 12%)

Eigenschaften der reifen Seife:
pH = 9, Glyceringehalt: 8–9%; Farbe: helltürkis; Haptik: glatte Oberfläche; Härte: hart; Stabilität: formstabil; Schaum: schäut willig, kleinblasig, cremig

5) Zusatzstoff: 10% Ziegenmilch (bez. auf GFA)

Sonstige Zusatzstoffe:
Inerte Farbstoffe: ¼ TL Titandioxid, ¼ TL Pearl Olive Yellow
Flüssigkeitsmenge:
28%, bez. auf GFA
180 g destilliertes Wasser als Laugenflüssigkeit
100 g Ziegenmilch (direkt in den Seifenleim)
Laugenunterdosierung: 7%
Reaktionsbedingungen:
Mischtemperatur: 30–35°C
Rührerdrehzahl: niedrige Stufe
Seifenform:
Einzelformen (Silikon)

Arbeitsanleitung:

- Ziegenmilch auf Kühlschranktemperatur abkühlen.
- Rohstoffe in passenden Gefäßen abwiegen.
- Farbstoff in etwas Olivenöl aus dem Fettansatz einrühren.
- NaOH portionsweise im destillierten Wasser lösen. Abkühlen lassen.
- Schmalz schonend schmelzen (28–40°C) und gegebenenfalls filtern. Kokosnussfett ebenfalls schonend schmelzen (23–26°C).

- Fette in den Verseifungstopf umfüllen und mit Olivenöl vermischen. Farbstoff einrühren.
- Abgekühlte Lauge vorsichtig durch ein Sieb in den Fettansatz gießen. Abwechselnd manuell und mit Stabrührer rühren, bis der Seifenleim leicht zeichnet.
- Gekühlte Ziegenmilch einrühren und kurz mit dem Stabrührer pürieren. Bei stärkerem Temperaturanstieg Verseifungstopf im Wasserbad kühlen.
- Den zeichnenden Seifenleim in die Formen gießen. Diese mehrmals auf dem Tisch aufklopfen, damit Luftblasen entweichen können. Mit Frischhaltefolie abdecken.
- In einen kalten Raum stellen und Temperatur durch Befühlen der Formen kontrollieren. Kommt es zu einem unangenehmen Geruch, ist die Temperatur zu hoch und Proteine denaturieren (Formen auf Kühlakkus stellen).
- Feste Seifen ausformen. Kanten mit einem Hobel abrunden.
- Seifen auf Küchenpapier legen und trocken, luftig und lichtgeschützt reifen lassen. Auf Banderolen Inhaltsstoffe, Erzeugungs- und voraussichtliches Ablaufdatum festhalten.
- Probestück wiegen, pH-Wert bestimmen, Messungen wiederholen; bleibt das Gewicht konstant, ist die Seife reif.
- Beobachtungen, Messdaten und Seifeneigenschaften im Seifenbuch notieren.

Hinweise:
Seifenleim: Ziegenmilch dickt den Seifenleim an und heizt ihn auf, zügig und kalt arbeiten; Seife nach ca. 24 Stunden ausformbar
Reifezeit: ca. 9 Wochen (Wasserverlust ca. 12%)

Eigenschaften der reifen Seife:
pH = 9, Glyceringehalt: 8–9%; Farbe: beige; Haptik: glatte Oberfläche; Härte: hart; Stabilität: formstabil; Schaum: klein- bis mittelblasig

6) Zusatzstoff: 10% Ziegenjoghurt (bez. auf GFA)

Sonstige Zusatzstoffe:
Inerter Farbstoff: ¼ TL Titandioxid
Flüssigkeitsmenge:
28%, bez. auf GFA
180 g destilliertes Wasser als Laugenflüssigkeit
100 g Ziegenjoghurt (direkt in den Seifenleim)
Laugenunterdosierung: 7%
Reaktionsbedingungen:
Mischtemperatur: 30–35°C
Rührerdrehzahl: niedrige Stufe
Seifenform:
Einzelformen (Silikon)

Arbeitsanweisung

- Ziegenjoghurt auf Kühlschranktemperatur abkühlen.
- Rohstoffe in passenden Gefäßen abwiegen.
- Farbstoff in etwas Olivenöl aus dem Fettansatz einrühren.
- NaOH portionsweise im destillierten Wasser lösen. Abkühlen lassen.
- Schmalz schonend schmelzen (28–40°C) und gegebenenfalls filtern. Kokosnussfett ebenfalls schonend schmelzen (23–26°C).
- Fette in den Verseifungstopf umfüllen und mit Olivenöl vermischen. Farbstoff einrühren.
- Abgekühlte Lauge vorsichtig durch ein Sieb in den Fettansatz gießen. Abwechselnd manuell und mit Stabrührer rühren, bis der Seifenleim leicht zeichnet.
- Gekühlten Ziegenjoghurt einrühren und kurz mit dem Stabrührer pürieren. Bei stärkerem Temperaturanstieg Verseifungstopf im Wasserbad kühlen.

- Den zeichnenden Seifenleim in die Formen gießen. Diese mehrmals auf dem Tisch aufklopfen, damit Luftblasen entweichen können. Mit Frischhaltefolie abdecken.
- In einen kalten Raum stellen und Temperatur durch Befühlen der Formen kontrollieren. Kommt es zu einem unangenehmen Geruch, ist die Temperatur zu hoch und Proteine denaturieren (Formen auf Kühlakkus stellen).
- Feste Seifen ausformen. Kanten mit einem Hobel abrunden.
- Seifen auf Küchenpapier legen und trocken, luftig und lichtgeschützt reifen lassen. Auf Banderolen Inhaltsstoffe, Erzeugungs- und voraussichtliches Ablaufdatum festhalten.
- Probestück wiegen, pH-Wert bestimmen, Messungen wiederholen; bleibt das Gewicht konstant, ist die Seife reif.
- Beobachtungen, Messdaten und Seifeneigenschaften im Seifenbuch notieren.

Hinweise:
Seifenleim: Joghurt dickt den Seifenleim an und heizt ihn auf, zügig und kalt arbeiten; Seife nach ca. 24 Stunden ausformbar
Reifezeit: ca. 9 Wochen (Wasserverlust ca. 11%)

Eigenschaften der reifen Seife:
pH = 9, Glyceringehalt: 8–9%; Farbe: cremefarben; Haptik: glatte Oberfläche; Härte: hart; Stabilität: formstabil; Schaum: klein- bis mittelblasig

7) Zusatzstoff: 10% Schafjoghurt (bez. auf GFA)

Sonstige Zusatzstoffe:
Inerter Farbstoff: ¼ TL Ultramarin Violett
Flüssigkeitsmenge:
28%, bez. auf GFA
180 g destilliertes Wasser als Laugenflüssigkeit

100 g Schafjoghurt (direkt in den Seifenleim)
Laugenunterdosierung: 7%

Reaktionsbedingungen:

Mischtemperatur: 30–35°C
Rührerdrehzahl: niedrige Stufe

Seifenform:

Einzelformen (Silikon)

Arbeitsanweisung:

- Schafjoghurt auf Kühlschranktemperatur abkühlen.
- Rohstoffe in passenden Gefäßen abwiegen.
- Farbstoff in etwas Olivenöl aus dem Fettansatz einrühren.
- NaOH portionsweise im destillierten Wasser lösen. Abkühlen lassen.
- Schmalz schonend schmelzen (28–40°C) und gegebenenfalls filtern. Kokosnussfett ebenfalls schonend schmelzen (23–26°C).
- Fette in den Verseifungstopf umfüllen und mit Olivenöl vermischen. Farbstoff einrühren.
- Abgekühlte Lauge vorsichtig durch ein Sieb in den Fettansatz gießen. Abwechselnd manuell und mit Stabrührer rühren, bis der Seifenleim leicht zeichnet.
- Gekühlten Schafjoghurt einrühren und kurz mit dem Stabrührer pürieren. Bei stärkerem Temperaturanstieg Verseifungstopf im Wasserbad kühlen.
- Den zeichnenden Seifenleim in die Formen gießen. Diese mehrmals auf dem Tisch aufklopfen, damit Luftblasen entweichen können. Mit Frischhaltefolie abdecken. In einen kalten Raum stellen und Temperatur durch Befühlen der Formen kontrollieren. Kommt es zu einem unangenehmen Geruch, ist die Temperatur zu hoch und Proteine denaturieren (Formen auf Kühlakkus stellen).
- Feste Seifen ausformen. Kanten mit einem Hobel abrunden.

- Seifen auf Küchenpapier legen und trocken, luftig und lichtgeschützt reifen lassen. Auf Banderolen Inhaltsstoffe, Erzeugungs- und voraussichtliches Ablaufdatum festhalten.
- Probestück wiegen, pH-Wert bestimmen, Messungen wiederholen; bleibt das Gewicht konstant, ist die Seife reif.
- Beobachtungen, Messdaten und Seifeneigenschaften im Seifenbuch notieren.

Hinweise:
Seifenleim: Joghurt dickt den Seifenleim an und heizt ihn auf, zügig und kalt arbeiten; Seife nach ca. 24 Stunden ausformbar
Reifezeit: ca. 9 Wochen (Wasserverlust ca. 12%)

Eigenschaften der reifen Seife:
pH = 9, Glyceringehalt: 8–9%; Farbe: hellviolett; Haptik: glatte Oberfläche; Härte: hart; Stabilität: formstabil; Schaum: mittelblasig

8) Zusatzstoff: 10% Mandeldrink (bez. auf GFA)

Sonstige Zusatzstoffe:
Inerte Farbstoffe: ¼ TL Titandioxid, je ¼ TL Mica (Gold, Rosa, Violett)
Flüssigkeitsmenge:
28%, bez. auf GFA
180 g destilliertes Wasser als Laugenflüssigkeit
100 g Mandeldrink (direkt in den Seifenleim)
Laugenunterdosierung: 7%
Reaktionsbedingungen:
Mischtemperatur: 30–35°C
Rührerdrehzahl: niedrige Stufe

Seifenform:

Blockform mit Silikoneinlage
Färbetechnik: Swirlen

Arbeitsanweisung:

- Mandeldrink auf Kühlschranktemperatur abkühlen.
- Rohstoffe in passenden Gefäßen abwiegen.
- Farbstoff in etwas Olivenöl aus dem Fettansatz einrühren.
- NaOH portionsweise im destillierten Wasser lösen. Abkühlen lassen.
- Schmalz schonend schmelzen (28–40°C) und gegebenenfalls filtern. Kokosnussfett ebenfalls schonend schmelzen (23–26°C).
- Fette in den Verseifungstopf umfüllen und mit Olivenöl vermischen.
- Abgekühlte Lauge vorsichtig durch ein Sieb in das Fettgemisch gießen. Abwechselnd manuell und kurz mit Stabrührer rühren, bis der Seifenleim leicht zeichnet.
- 3 Portionen zu je 50 g Seifenleim in Bechergläser füllen und unterschiedlich einfärben.
- Restleim mit Titandioxid aufhellen. Kalten Mandeldrink zugeben und kurz mit dem Stabrührer bis zur gewünschten Konsistenz homogen verrühren. Bei stärkerem Temperaturanstieg Verseifungstopf im Wasserbad kühlen.
- Farbportionen nacheinander in die Form schichten und swirlen. Auf der Oberfläche Muster zeichnen. Die Form mehrmals auf dem Tisch aufklopfen, damit Luftblasen entweichen können. Mit Frischhaltefolie abdecken.
- In einen kalten Raum stellen und Temperatur durch Befühlen der Form kontrollieren. Kommt es zu einem unangenehmen Geruch, ist die Temperatur zu hoch und Proteine denaturieren (Form auf Kühlakkus stellen).

- Festen Seifenblock ausformen und schneiden. Kanten mit einem Hobel abrunden.
- Seifen auf Küchenpapier legen und trocken, luftig und lichtgeschützt reifen lassen. Auf Banderolen Inhaltsstoffe, Erzeugungs- und voraussichtliches Ablaufdatum festhalten.
- Probestück wiegen, pH-Wert bestimmen, Messungen wiederholen; bleibt das Gewicht konstant, ist die Seife reif.
- Beobachtungen, Messdaten und Seifeneigenschaften im Seifenbuch notieren.

Hinweise:
Seifenleim: Mandeldrink dickt den Seifenleim an und heizt ihn auf, zügig und kühl arbeiten; Seife nach ca. 24 Stunden ausformbar
Reifezeit: ca. 9 Wochen (Wasserverlust ca. 12%)

Eigenschaften der reifen Seife:
pH = 8–9, Glyceringehalt: 8–9%; Farbe: beige mit buntem Muster; Haptik: glatte Oberfläche; Härte: hart; Stabilität: formstabil; Schaum: benötigt etwas Zeit zum Aufschäumen, klein- bis mittelblasig, cremig

9) Zusatzstoff: 10% Haferdrink (bez. auf GFA)

Sonstige Zusatzstoffe:
Farbstoffe: ¼ TL Titandioxid, ¼ TL Aktivkohle, ¼ TL Mica Perlglanz gelb
Flüssigkeitsmenge:
28%, bez. auf GFA
180 g destilliertes Wasser als Laugenflüssigkeit
100 g Haferdrink (direkt in den Seifenleim)
Laugenunterdosierung: 7%

Reaktionsbedingungen:

Mischtemperatur: 30–35°C
Rührerdrehzahl: niedrige Stufe

Seifenform:

Blockform mit Silikoneinlage
Färbetechnik: Swirlen

Arbeitsanweisung:

- Haferdrink auf Kühlschranktemperatur abkühlen.
- Rohstoffe in passenden Gefäßen abwiegen.
- Farbstoff in etwas Olivenöl aus dem Fettansatz einrühren.
- NaOH portionsweise im destillierten Wasser lösen. Abkühlen lassen.
- Schmalz schonend schmelzen (28–40°C) und gegebenenfalls filtern. Kokosnussfett ebenfalls schonend schmelzen (23–26°C).
- Fette in den Verseifungstopf umfüllen und mit Olivenöl vermischen.
- Abgekühlte Lauge vorsichtig durch ein Sieb in das Fettgemisch gießen. Abwechselnd manuell und kurz mit Stabrührer rühren, bis der Seifenleim leicht zeichnet.
- 2 Portionen zu je 50 g Seifenleim in Bechergläser füllen und unterschiedlich einfärben.
- Restleim mit Titandioxid aufhellen. Kalten Haferdrink zugeben und kurz mit dem Stabrührer bis zur gewünschten Konsistenz homogen verrühren. Bei stärkerem Temperaturanstieg Verseifungstopf im Wasserbad kühlen.
- Farbportionen nacheinander in die Form schichten und swirlen. Auf der Oberfläche Muster zeichnen. Form mehrmals auf dem Tisch aufklopfen, damit Luftblasen entweichen können. Mit Frischhaltefolie abdecken.
- In einen kalten Raum stellen und Temperatur durch Befühlen der Form kontrollieren. Kommt es zu einem unangenehmen

Geruch, ist die Temperatur zu hoch und Proteine denaturieren (Form auf Kühlakkus stellen).

- Festen Seifenblock ausformen und schneiden. Kanten mit einem Hobel abrunden.
- Seifen auf Küchenpapier legen und trocken, luftig und lichtgeschützt reifen lassen. Auf Banderolen Inhaltsstoffe, Erzeugungs- und voraussichtliches Ablaufdatum festhalten.
- Probestück wiegen, pH-Wert bestimmen, Messungen wiederholen; bleibt das Gewicht konstant, ist die Seife reif.
- Beobachtungen, Messdaten und Seifeneigenschaften im Seifenbuch notieren.

Hinweise:

Seifenleim: Haferdrink dickt den Seifenleim an und heizt ihn auf, zügig und kühl arbeiten; Seife erst nach ca. 76 Stunden ausformbar
Reifezeit: ca. 9 Wochen (Wasserverlust ca. 13%)

Eigenschaften der reifen Seife:

pH = 8–9, Glyceringehalt: 8–9%; Farbe: hellbeige mit schwarz-gelbem Muster; Haptik: glatte Oberfläche; Härte: hart; Stabilität: Formstabilität eingeschränkt; Schaum: schäumt üppig, klein- bis mittelblasig, cremig

10)Zusatzstoff: 10% Sojadrink (bez. auf GFA)

Sonstige Zusatzstoffe:

Peelingmittel: 0,2% Rosmarin (bez. auf GFA)
Farbstoff: ¼ TL Seifenfarbe Türkis

Flüssigkeitsmenge:

28%, bez. auf GFA
180 g destilliertes Wasser als Laugenflüssigkeit

100 g Sojadrink (direkt in den Seifenleim)
Laugenunterdosierung: 7%

Reaktionsbedingungen:

Mischtemperatur: 30–35°C
Rührerdrehzahl: niedrige Stufe

Seifenform:

Einzelformen (Silikon)

Arbeitsanweisung:

- Sojadrink auf Kühlschranktemperatur abkühlen.
- Rohstoffe in passenden Gefäßen abwiegen.
- Rosmarin fein zerkleinern und für ca. eine Stunde in etwas Olivenöl aus dem Fettansatz einlegen.
- Farbstoff in etwas Olivenöl aus dem Fettansatz einrühren.
- NaOH portionsweise im destillierten Wasser lösen. Abkühlen lassen.
- Schmalz schonend schmelzen (28–40°C) und gegebenenfalls filtern. Kokosnussfett ebenfalls schonend schmelzen (23–26°C).
- Fette in den Verseifungstopf umfüllen und mit Olivenöl, Farbstoff und Rosmarin vermischen.
- Abgekühlte Lauge vorsichtig durch ein Sieb in das Fettgemisch gießen. Abwechselnd manuell und mit Stabrührer rühren, bis der Seifenleim leicht zeichnet. Gekühlten Sojadrink einrühren und kurz mit dem Stabrührer pürieren. Bei stärkerem Temperaturanstieg Verseifungstopf im Wasserbad kühlen.
- Den zeichnenden Seifenleim in Formen gießen. Formen mehrmals auf dem Tisch aufklopfen, damit Luftblasen entweichen können. Mit Frischhaltefolie abdecken.
- In einen kalten Raum stellen und Temperatur durch Befühlen der Formen kontrollieren. Kommt es zu einem unangenehmen Geruch, ist die Temperatur zu hoch und Proteine denaturieren (Formen auf Kühlakkus stellen).

- Feste Seifen ausformen. Kanten mit einem Hobel abrunden.
- Seifen auf Küchenpapier legen und trocken, luftig und lichtgeschützt reifen lassen. Auf Banderolen Inhaltsstoffe, Erzeugungs- und voraussichtliches Ablaufdatum festhalten.
- Probestück wiegen, pH-Wert bestimmen, Messungen wiederholen; bleibt das Gewicht konstant, ist die Seife reif.
- Beobachtungen, Messdaten und Seifeneigenschaften im Seifenbuch notieren.

Hinweise:
Seifenleim: Sojadrink dickt den Seifenleim an und heizt ihn auf, zügig und kühl arbeiten; Seife nach ca. 24 Stunden ausformbar
Reifezeit: ca. 9 Wochen (Wasserverlust ca. 13%)

Eigenschaften der reifen Seife:
pH = 9, Glyceringehalt: 8–9%; Farbe: türkis, Farbe blutet leicht aus; Haptik: leicht raue Oberfläche, angenehmer Peelingeffekt; Härte: hart; Stabilität: formstabil; Schaum: schäumt üppig, überwiegend kleinblasig, cremig

11) Zusatzstoff: 10% Kokosmilch (bez. auf GFA)

Sonstige Zusatzstoffe:
Inerte Farbstoffe: ¼ TL Titandioxid, je ¼ TL Mica (Perl Luster Green, Pigment Green 7, Pigment Blue 27)
Flüssigkeitsmenge:
28%, bez. auf GFA
180 g destilliertes Wasser als Laugenflüssigkeit
100 g Kokosmilch (direkt in den Seifenleim)
Laugenunterdosierung: 7%

Reaktionsbedingungen:

Mischtemperatur: 30–35°C
Rührerdrehzahl: niedrige Stufe

Seifenform:

Blockform mit Silikoneinsatz
Färbetechnik: Swirlen

Arbeitsanweisung:

- Kokosmilch auf Kühlschranktemperatur abkühlen.
- Rohstoffe in passenden Gefäßen abwiegen.
- Farbstoff in etwas Olivenöl aus dem Fettansatz einrühren.
- NaOH portionsweise im destillierten Wasser lösen. Abkühlen lassen.
- Schmalz schonend schmelzen (28–40°C) und gegebenenfalls filtern. Kokosnussfett ebenfalls schonend schmelzen (23–26°C).
- Fette in den Verseifungstopf umfüllen und mit Olivenöl vermischen.
- Abgekühlte Lauge vorsichtig durch ein Sieb in das Fettgemisch gießen. Abwechselnd manuell und kurz mit Stabrührer rühren, bis der Seifenleim leicht zeichnet.
- 3 Portionen zu je 50 g Seifenleim in Bechergläser füllen und unterschiedlich einfärben.
- Restleim mit Titandioxid aufhellen. Kalte Kokosmilch zugeben und kurz mit dem Stabrührer bis zur gewünschten Konsistenz homogen verrühren. Bei stärkerem Temperaturanstieg Verseifungstopf im Wasserbad kühlen.
- Farbportionen nacheinander in die Form schichten und swirlen. Auf der Oberfläche Muster zeichnen. Form mehrmals auf dem Tisch aufklopfen, damit Luftblasen entweichen können. Mit Frischhaltefolie abdecken.
- In einen kalten Raum stellen und Temperatur durch Befühlen der Form kontrollieren. Kommt es zu einem unangenehmen

Geruch, ist die Temperatur zu hoch und Proteine denaturieren (Form auf Kühlakkus stellen).

- Festen Seifenblock ausformen und schneiden. Kanten mit einem Hobel abrunden.
- Seifen auf Küchenpapier legen und trocken, luftig und lichtgeschützt reifen lassen. Auf Banderolen Inhaltsstoffe, Erzeugungs- und voraussichtliches Ablaufdatum festhalten.
- Probestück wiegen, pH-Wert bestimmen, Messungen wiederholen; bleibt das Gewicht konstant, ist die Seife reif.
- Beobachtungen, Messdaten und Seifeneigenschaften im Seifenbuch notieren.

Hinweise:
Seifenleim: Kokosmilch dickt den Seifenleim an und heizt ihn auf, zügig und kühl arbeiten; Seife nach ca. 24 Stunden ausformbar
Reifezeit: ca. 9 Wochen (Wasserverlust ca. 13%)

Eigenschaften der reifen Seife:
pH = 9, Glyceringehalt: 8–9%; Farbe: weiß mit grünblauem Muster; Haptik: glatte Oberfläche; Härte: hart; Stabilität: formstabil; Schaum: schäumt willig, überwiegend kleinblasig, cremig

12) Zusatzstoff: 2% Natriumlaktat (Milchsäure; 60% Lösung)

Sonstige Zusatzstoffe:
Inerte Farbstoffe: ¼ TL Titandioxid, ¼ TL Mica Olive, ½ TL Mica Rose

Flüssigkeitsmenge:
28%, bez. auf GFA
280 g destilliertes Wasser
Laugenunterdosierung: 7%

Reaktionsbedingungen:

Mischtemperatur: 30–35°C
Rührerdrehzahl: niedrige Stufe

Seifenform:

Blockform mit Silikoneinlage
Färbetechnik: Swirlen

Arbeitsanleitung:

- Rohstoffe in passenden Gefäßen abwiegen.
- Farbstoff in etwas Olivenöl aus dem Fettansatz einrühren.
- Natriumlaktat im destillierten Wasser lösen, anschließend portionsweise NaOH hinzufügen. Abkühlen lassen.
- Schmalz schonend schmelzen (28–40°C) und gegebenenfalls filtern. Kokosnussfett ebenfalls schonend schmelzen (23–26°C).
- Fette in den Verseifungstopf umfüllen und mit Olivenöl vermischen.
- Abgekühlte Lauge vorsichtig durch ein Sieb in das Fettgemisch gießen. Abwechselnd manuell und kurz mit Stabrührer rühren, bis der Seifenleim leicht zeichnet.
- 3 Portionen zu je 50 g Seifenleim in Bechergläser füllen und mit Mica Rose färben. Mit Titandioxid zwei Portionen aufhellen und so verschiedene Nuancen erzeugen.
- Restlichen Seifenleim mit Mica Olive färben.
- Seifenleime bis zur gewünschten Konsistenz rühren und bis auf einen kleinen Teil in die Blockform schichten und swirlen.
- Form mit den Restleimen auffüllen. Auf der Oberfläche Muster zeichnen.
- Form mehrmals auf dem Tisch aufklopfen, damit Luftblasen entweichen können. Mit Frischhaltefolie abdecken. Nicht isolieren.
- Festen Seifenblock ausformen und schneiden. Kanten mit einem Hobel abrunden.

- Seifen auf Küchenpapier legen und trocken, luftig und lichtgeschützt reifen lassen. Auf Banderolen Inhaltsstoffe, Erzeugungs- und voraussichtliches Ablaufdatum festhalten.
- Probestück wiegen, pH-Wert bestimmen, Messungen wiederholen; bleibt das Gewicht konstant, ist die Seife reif.
- Beobachtungen, Messdaten und Seifeneigenschaften im Seifenbuch notieren.

Hinweise:
Seifenleim: normale Verseifung; Seife nach ca. 24 Stunden ausformbar
Reifezeit: ca. 9 Wochen (Wasserverlust ca. 13%)

Eigenschaften der reifen Seife:
pH = 9, Glyceringehalt: 8–9%; Farbe: rosa mit farbigem Muster; Haptik: glatte Oberfläche; Härte: hart; Stabilität: formstabil; Schaum: schäumt üppig, klein- bis mittelblasig, cremig

13) Zusatzstoff: 1% Stärke (bez. auf GFA)

Sonstige Zusatzstoffe:
Peelingmittel: 2 TL Salbei
Inerter Farbstoff: ¼ TL Titandioxid
Flüssigkeitsmenge:
28%, bez. auf GFA
280 g Salbeiauszug
Laugenunterdosierung: 7%
Reaktionsbedingungen:
Mischtemperatur: 30–35°C
Rührerdrehzahl: niedrige Stufe
Seifenform:
Einzelformen (Silikon)

Arbeitsanleitung:

- Rohstoffe in passenden Gefäßen abwiegen.
- Salbei fein zerkleinern und für ca. eine Stunde in etwas Olivenöl aus dem Fettansatz einlegen.
- Titandioxid in etwas Ölivenöl aus dem Fettansatz einrühren und Stärke in 2 Esslöffeln destilliertem Wassers lösen.
- NaOH portionsweise im restlichen Wasser lösen. Abkühlen lassen.
- Schmalz schonend schmelzen (28–40°C) und gegebenenfalls filtern. Kokosnussfett ebenfalls schonend schmelzen (23–26°C).
- Fette in den Verseifungstopf umfüllen und mit Olivenöl vermischen.
- Abgekühlte Lauge vorsichtig durch ein Sieb in das Fettgemisch gießen. Abwechselnd manuell und kurz mit Stabrührer rühren, bis der Seifenleim zeichnet.
- Zeichnenden Seifenleim in Formen gießen. Diese mehrmals auf dem Tisch aufklopfen, damit Luftblasen entweichen können. Mit Frischhaltefolie abdecken.
- Feste Seifen ausformen. Kanten mit einem Hobel abrunden.
- Seifen auf Küchenpapier legen und trocken, luftig und lichtgeschützt reifen lassen. Auf Banderolen Inhaltsstoffe, Erzeugungs- und voraussichtliches Ablaufdatum festhalten.
- Probestück wiegen, pH-Wert bestimmen, Messungen wiederholen; bleibt das Gewicht konstant, ist die Seife reif.
- Beobachtungen, Messdaten und Seifeneigenschaften im Seifenbuch notieren.

Hinweise:

Seifenleim: dickt schnell an, zügig arbeiten; Seife nach ca. 24 Stunden ausformbar

Reifezeit: ca. 10 Wochen (Wasserverlust ca. 11%)

Eigenschaften der reifen Seife:

pH = 9, Glyceringehalt: 8–9%; Farbe: cremefarben; Haptik: leicht raue Oberfläche, Peelingeffekt; Härte: hart; Stabilität: formstabil; Schaum: schäumt üppig, kleinblasig, sehr dicht und cremig

14) Zusatzstoff: 10% Bienenhonig (bez. auf GFA)

Sonstige Zusatzstoffe:
Inerter Farbstoff: ¼ TL Titandioxid
Flüssigkeitsmenge:
28%, bez. auf GFA
280 g destilliertes Wasser
Laugenunterdosierung: 7%
Reaktionsbedingungen:
Mischtemperatur: 30–35°C
Rührerdrehzahl: niedrige Stufe
Seifenform:
Einzelformen (Silikon)

Arbeitsanleitung:

- Rohstoffe in passenden Gefäßen abwiegen.
- Titandioxid in etwas Ölivenöl aus dem Fettansatz einrühren und Bienenhonig in 2 Esslöffeln destilliertem Wasser lösen.
- NaOH portionsweise im restlichen Wasser lösen. Abkühlen lassen.
- Schmalz schonend schmelzen (28–40°C) und gegebenenfalls filtern. Kokosnussfett ebenfalls schonend schmelzen (23–26°C).
- Fette in den Verseifungstopf umfüllen und mit Olivenöl und Titandioxid vermischen.
- Abgekühlte Lauge vorsichtig durch ein Sieb in das Fettgemisch gießen. Abwechselnd manuell und mit Stabrührer rühren. Honig homogen einrühren. Arbeitstemperatur darf 40°C nicht überschreiten. Gegebenenfalls den Verseifungstopf im Wasserbad kühlen.
- Zeichnenden Seifenleim in die Formen gießen. Diese mehrmals auf dem Tisch aufklopfen, damit Luftblasen entweichen können. Mit Frischhaltefolie abdecken.

- In einen kalten Raum stellen und Temperatur durch Befühlen der Formen kontrollieren. Kommt es zu einem unangenehmen Geruch oder verdunkelt sich der Seifenleim, ist die Temperatur zu hoch und der Honig denaturiert (Formen auf Kühlakkus stellen).
- Feste Seifen ausformen. Kanten mit einem Hobel abrunden.
- Seifen auf Küchenpapier legen und trocken, luftig und lichtgeschützt reifen lassen. Auf Banderolen Inhaltsstoffe, Erzeugungs- und voraussichtliches Ablaufdatum festhalten.
- Probestück wiegen, pH-Wert bestimmen, Messungen wiederholen; bleibt das Gewicht konstant, ist die Seife reif.
- Beobachtungen, Messdaten und Seifeneigenschaften im Seifenbuch notieren.

Hinweise:

Seifenleim: wird aufgeheizt, kühl arbeiten; Seife nach ca. 30 Stunden ausformbar
Reifezeit: ca. 13 Wochen (Wasserverlust ca. 12%)

Eigenschaften der reifen Seife:

pH = 9, Glyceringehalt: 8–9%; Farbe: karamell; Haptik: glatte Oberfläche, leicht klebrig; Härte: hart; Stabilität: formstabil; Schaum: schäumt üppig, kleinblasig, sehr dicht und cremig

15) Zusatzstoff: 2% Seidenprotein (bez. auf GFA)

Sonstige Zusatzstoffe:

Inerte Farbstoffe: ¼ TL Titandioxid, ¼ TL Mica Hellviolett

Flüssigkeitsmenge:

28%, bez. auf GFA
280 g destilliertes Wasser
Laugenunterdosierung: 7%

Reaktionsbedingungen:

Mischtemperatur: 30–35°C
Rührerdrehzahl: niedrige Stufe

Seifenform:

Blockform mit Silikoneinsatz

Arbeitsanleitung:

- Rohstoffe in passenden Gefäßen abwiegen.
- Titandioxid in etwas Olivenöl aus dem Fettansatz einrühren.
- NaOH portionsweise im destillierten Wasser lösen. Abkühlen lassen.
- Schmalz schonend schmelzen (28–40°C) und gegebenenfalls filtern. Kokosnussfett ebenfalls schonend schmelzen (23–26°C).
- Fette in den Verseifungstopf umfüllen und mit Olivenöl vermischen.
- Abgekühlte Lauge vorsichtig durch ein Sieb in das Fettgemisch gießen. Abwechselnd manuell und kurz mit Stabrührer rühren, bis der Seifenleim leicht zeichnet. Seidenprotein homogen einrühren. Bei stärkerem Temperaturanstieg Verseifungstopf im Wasserbad kühlen.
- Zeichnenden Seifenleim in Form gießen, auf der Oberfläche Muster zeichnen. Form mehrmals auf dem Tisch aufklopfen, damit Luftblasen entweichen können. Mit Frischhaltefolie abdecken.
- In einen kalten Raum stellen und Temperatur durch Befühlen der Form kontrollieren. Kommt es zu einem unangenehmen Geruch, ist die Temperatur zu hoch und Proteine denaturieren (Form auf Kühlakkus stellen).
- Festen Seifenblock ausformen und schneiden. Kanten mit einem Hobel abrunden.

- Seifen auf Küchenpapier legen und trocken, luftig und lichtgeschützt reifen lassen. Auf Banderolen Inhaltsstoffe, Erzeugungs- und voraussichtliches Ablaufdatum festhalten.
- Probestück wiegen, pH-Wert bestimmen, Messungen wiederholen; bleibt das Gewicht konstant, ist die Seife reif.
- Beobachtungen, Messdaten und Seifeneigenschaften im Seifenbuch notieren.

Hinweise:
Seifenleim: Proteine dicken den Seifenleim an und heizen ihn auf, kalt arbeiten; Seife nach ca. 24 Stunden ausformbar
Reifezeit: ca. 9 Wochen (Wasserverlust ca. 13%)

Eigenschaften der reifen Seife:
pH = 9, Glyceringehalt: 8–9%; Farbe: hellviolett; Haptik: glatte Oberfläche; Härte: hart; Stabilität: formstabil; Schaum: schäumt üppig, überwiegend kleinblasig, dicht, cremig

16) Zusatzstoff: 5% Natriumzitrat (bez. auf GFA)

Sonstige Zusatzstoffe:
Inerter Farbstoff: ¼ TL Titandioxid, ¼ TL Mica Olive
Flüssigkeitsmenge:
28%, bez. auf GFA
280 g destilliertes Wasser
Laugenunterdosierung: 7%
Reaktionsbedingungen:
Mischtemperatur: 30–35°C
Rührerdrehzahl: niedrige Stufe
Seifenform:
Einzelformen (Silikon)

Arbeitsanleitung:

- Rohstoffe in passenden Gefäßen abwiegen.
- Farbstoffe in etwas Ölivenöl aus dem Fettansatz einrühren.
- Natriumzitrat im destillierten Wasser lösen, anschließend portionsweise NaOH hinzufügen. Abkühlen lassen.
- Schmalz schonend schmelzen (28–40°C) und gegebenenfalls filtern. Kokosnussfett ebenfalls schonend schmelzen (23–26°C).
- Fette in den Verseifungstopf umfüllen und mit Olivenöl vermischen. Farbstoff einrühren.
- Abgekühlte Lauge vorsichtig durch ein Sieb in das Fettgemisch gießen. Abwechselnd manuell und kurz mit Stabrührer rühren, bis der Seifenleim zeichnet.
- Zeichnenden Seifenleim in die Formen gießen. Formen mehrmals auf dem Tisch aufklopfen, damit Luftblasen entweichen können. Mit Frischhaltefolie abdecken.
- Feste Seifen ausformen. Kanten mit einem Hobel abrunden.
- Seifen auf Küchenpapier legen und trocken, luftig und lichtgeschützt reifen lassen. Auf Banderolen Inhaltsstoffe, Erzeugungs- und voraussichtliches Ablaufdatum festhalten.
- Probestück wiegen, pH-Wert bestimmen, Messungen wiederholen; bleibt das Gewicht konstant, ist die Seife reif.
- Beobachtungen, Messdaten und Seifeneigenschaften im Seifenbuch notieren.

Hinweise:

Seifenleim: normale Verseifung; Seife nach ca. 24 Stunden ausformbar
Reifezeit: ca. 9 Wochen (Wasserverlust ca. 10%)

Eigenschaften der reifen Seife:

pH = 9, Glyceringehalt: 8–9%; Farbe: olivfarben; Haptik: glatte Oberfläche; Härte: hart; Stabilität: formstabil; Schaum: schäumt üppig, kleinblasig, dicht, cremig

Kaffee, Haushaltszucker, Salz

Testreihe 2

In dieser Testreihe wird die Wirkung von Kaffee, Haushaltszucker und Salz auf die Seifeneigenschaften untersucht.

Die Grundseife besteht aus einem Fettansatz und Lauge, ist ungefärbt, aber parfümiert. Die Vergleichsseifen enthalten jeweils einen Zusatzstoff. Die Seifen mit Beimischung von Salz bzw. Zucker werden gefärbt, der Farbstoff beeinflusst die Verseifung nicht.
Die Verseifung findet immer unter den gleichen Reaktionsbedingungen statt. Der zeichnende Seifenleim wird in die Form gegossen. Die Formen werden mehrmals auf dem Tisch aufgeklopft, damit Luftblasen entweichen können, und anschließend mit Frischhaltefolie abgedeckt und isoliert. Die festen Seifen werden ausgeformt und zum Reifen gelagert. Alle Seifen werden beschriftet und Beobachtungen werden im Seifenbuch notiert.

Uns interessieren die Einflüsse auf Festigkeit und Stabilität der Seife, Schaumverhalten, Hautgefühl, Duft- und Farbintensität.

„giusto“

Gesamtfettansatz (GFA) der Grundseife:

350 g (35%) Olivenöl
300 g (30%) Kokosnussfett
300 g (30%) Palmfett (bio)
50 g (5%) Traubenkernöl

Zusatzstoffe:

Duftstoffe: 2%, bez. auf GFA (Bergamotte, Lavendel, Geranie, Sandelholz)

Kaffeeseife: 5 g fein gemahlener Kaffeesatz (2%, bez. auf 250 g GFA)
Zuckerseife: 20 g Haushaltszucker (8%, bez. auf 250 g GFA)
Salzseife: 10 g Speisesalz (4%, bez. auf 250 g GFA)
Inerter Farbstoff für Zucker- und Salzseife: ¼ TL Mica Olive

Flüssigkeitsmenge:

30%, bez. auf GFA
300 g destilliertes Wasser als Laugenflüssigkeit

Reaktionsbedingungen:

Laugenunterdosierung: 7%
Mischtemperatur: 30–35°C

Arbeitsanleitung:

- Rohstoffe in passenden Gefäßen abwiegen.
- NaOH portionsweise im destillierten Wasser lösen.
- Palmfett (30–37°C) und Kokosnussfett schonend schmelzen (23–26°C).
- Fette in den Verseifungstopf umfüllen, flüssige Öle zugeben und alles manuell vermengen.
- Abgekühlte Lauge vorsichtig durch ein Sieb in das Fettgemisch gießen. Abwechselnd manuell und mit Stabrührer rühren, bis der Seifenleim zeichnet.
- Seifenleim beduften, händisch umrühren und in zwei gleiche Portionen halbieren: eine Portion bleibt ungefärbt, die zweite wird mit Mica Olive gefärbt.

Aus diesen Seifenleimen entstehen nun die Testseifen.

Die ungefärbte Portion wird wiederum halbiert und zu zwei Seifen verarbeitet:

1) Grundseife

Eine Portion wird ohne sonstige Zusätze bis zum Zeichnen des Seifenleims gerührt, in Einzelformen gegossen, abgedeckt, isoliert, nach dem Festwerden ausgeformt. Die Seifen werden bis zur Reife gelagert.

Seifenleim: normale Verseifung; Seife nach ca. 24 Stunden ausformbar
Reifezeit: ca. 7 Wochen (Wasserverlust ca. 12%)

Die Grundseife eignet sich vor allem für normale Haut sowie Mischhaut und zeichnet sich, wenn der Reifeprozess abgeschlossen ist, durch folgende Eigenschaften aus:

pH = 9, Glyceringehalt: 8–9%; Duftnote: blumig; Farbe: gelblich; Haptik: glatte Oberfläche; Härte: hart; Stabilität: formstabil; Schaum: instabil, mittel- bis großblasig

2) Kaffeeseife

In die zweite ungefärbte Teilportion werden 5 Gramm Kaffeesatz (2%, bez. auf 250 g GFA) eingerührt. Der zeichnende Seifenleim wird in Einzelformen gegossen, abgedeckt, isoliert, nach dem Festwerden ausgeformt und bis zur Reife gelagert.

Seifenleim: normale Verseifung; Seife nach ca. 24 Stunden ausformbar.
Reifezeit: ca. 7 Wochen (Wasserverlust ca. 12%)

Die Kaffeeseife eignet sich vor allem für normale Haut und Mischhaut und zeichnet sich, wenn der Reifeprozess abgeschlossen ist, durch folgende Eigenschaften aus:

pH = 9, Glyceringehalt: 8–9%; Duftnote: Duft im Vergleich zur Grundseife kaum wahrnehmbar, da Kaffee Gerüche bindet; Farbe: beige-braun; Haptik: raue Oberfläche, sichtbare Kaffeepartikel, kräftiger Peelingeffekt; Härte: hart; Stabilität: formstabil; Schaum: schäumt dichter und cremiger als Grundseife

Anmerkungen:

Da Kaffee Gerüche bindet, eignet er sich in Seifen besonders zur Handreinigung nach Küchenarbeiten. Gröbere Kaffeesatzkörnchen wirken als Peeling, erhöhen die Waschkraft und können besonders für stark verschmutzte Hände/Füße eingesetzt werden. Für ein sanfteres Peeling kann Kaffee mit einem feineren Mahlgrad eingesetzt und die Dosis halbiert werden.

Kaffee stabilisiert den Schaum, macht ihn kleinblasig und cremig. Das Parfümieren der Seife ist überflüssig, da der Duft nicht freigesetzt wird.

Der olivfarbene Seifenleim wird halbiert und zu weiteren Seifen verarbeitet:

3) Zuckerseife

In eine Portion Seifenleim werden 20 Gramm feine Zuckerkristalle (8%, bez. auf 250 g GFA) eingerührt. Der zeichnende Seifenleim wird in Einzelformen gegossen, abgedeckt, isoliert, nach dem Festwerden ausgeformt und bis zur Reife gelagert.

Seifenleim: normale Verseifung; zähflüssiger als Seifenleim der Grundseife; Seife erst nach ca. 60 Stunden ausformbar (weiche, klebrige Konsistenz)
Reifezeit: ca. 14 Wochen (Wasserverlust ca. 12%)

Die Zuckerseife eignet sich vor allem für normale Haut und Mischhaut und zeichnet sich, wenn der Reifeprozess abgeschlossen ist, durch folgende Eigenschaften aus:
pH = 9, Glyceringehalt: 8–9%; Duftnote: blumig; Farbe: olivfarben; Haptik: rauere Oberfläche als Grundseife; Zucker löst sich im Seifenleim vollständig auf, kein Peelingeffekt; Härte: mittelhart bis hart, härtet nach und verliert dabei ihre Klebrigkeit; Stabilität: nach ca. 14 Wochen formstabil; Schaum: schäumt dichter und cremiger als Grundseife

Anmerkungen:
Haushaltszucker heizt den Seifenleim nicht auf. Da er sich darin vollständig auflöst, ist er als Peeling nicht geeignet. Je länger die Naturseife lagert, desto fester wird sie. Mit der Reife verliert die Seife ihre Klebrigkeit, die Haptik wird feiner und der Farbton intensiver. Zucker fixiert den Duft nicht. Die Duftintensität der reifen Seife unterscheidet sich im Vergleich zur Grundseife kaum. Es konnte auch bezüglich der Dufthaltbarkeit kein Unterschied festgestellt werden. Zucker stabilisiert den Schaum und macht ihn cremiger.

4) Salzseife

In die zweite gefärbte Portion werden 10 Gramm feine Salzkristalle (4%, bez. auf 250 g GFA) eingerührt. Der zeichnende Seifenleim wird in Einzelformen gegossen, abgedeckt, isoliert, nach dem Festwerden ausgeformt und bis zur Reife gelagert.

Seifenleim: normale Verseifung; Seife nach ca. 20 Stunden ausformbar
Reifezeit: ca. 11 Wochen (Wasserverlust ca. 11%)

Diese „Salzseife" eignet sich vor allem für fettige Haut und zeichnet sich, wenn der Reifeprozess abgeschlossen ist, durch folgende Eigenschaften aus:
pH = 9, Glyceringehalt: 8–9%; Duftnote: geruchlos; Farbe: helles Oliv (auffallend heller als Zuckerseife); Haptik: raue Oberfläche, sichtbare ungelöste Salzkristalle, Peelingeffekt; Härte: sehr hart; Stabilität: formstabil; Schaum: schäumt unwillig und sehr wenig

Anmerkungen:
Salzkristalle lösen sich im Seifenleim nicht. Feine Salzkristalle sind als sanftes Peelingmittel geeignet und hinterlassen ein angenehmes Hautgefühl.
Der Seifenleim wird in der Form schnell fest. Im Vergleich mit den anderen Testseifen sind die Salzseifen am härtesten.
Salz bindet Wasser, dadurch verlängert sich gegenüber der Grundseife die Trocknungszeit.
Die Schaumbildung ist stark gehemmt. Salz bindet Gerüche, Parfüms kommen in der Seife nicht zur Geltung. Der Farbton wird durch das Salz stark aufgehellt.

Butter

Testreihe 3

Gesättigte Fettsäuren sorgen für harte, formstabile und schäumende Seifen. Daher sollte man bei der Zusammenstellung des Fettansatzes auf ein ausgewogenes Verhältnis zwischen gesättigten und einfach ungesättigten Fettsäuren achten.

Als Lieferanten für gesättigte Fettsäuren kommen alle tierischen Fette, aber auch pflanzliche Fette wie Kokosnussfett, Babassufett, Palmkernfett und Palmfett infrage. Laurin- und Myristinsäure in diesen drei Fettarten produzieren großblasigen, instabilen Schaum. Palmitin- und Stearinsäure in Palmfett und tierischem Fett geben dem Schaum hingegen Stabilität.
Verzichtet man auf Tier- und Palmfett in der Seife, kann der fehlende Anteil an Palmitin- und Stearinsäure durch pflanzliche Butter teilweise ausgeglichen werden. Doch pflanzliche Butter lässt sich nicht in beliebiger Menge einsetzen. Butter in hoher Konzentration bremst die Schaumproduktion der Seife. Butter kann den Seifenleim frühzeitig andicken (z. B. Mangobutter), in höherer Konzentration die Haut austrocknen (z. B. Kakaobutter) und die Haptik der Seife unangenehm buttrig machen.
Pflanzliche Butter verträgt keine hohen Temperaturen, die Arbeitstemperatur darf die Schmelztemperatur von diesen 3 Fettarten nur minimal überschreiten. Butter kann bei hoher Temperatur ihre konsistenzgebenden Eigenschaften verlieren (z. B. Kakaobutter). Die Temperatur muss andererseits aber oberhalb des Erstarrungsbereichs liegen, sonst besteht die Gefahr, dass der Seifenleim vor dem Emulgieren fest wird, nicht zur Seife aushärtet und sich in Schichten trennt.

In der Testreihe 3 wird die Wirkung von

1) Mangobutter
2) Cupuaçubutter
3) Olivenbutter
4) Kakaobutter
5) Sheabutter

auf Seifeneigenschaften untersucht.

Die Zusammensetzung in den Rezepten unterscheidet sich durch die Butterart und den Fettansatz, der geringfügig an die jeweilige Butter angepasst wird. Alle anderen Komponenten sind identisch. Rizinusöl wird zur Schaumförderung eingesetzt. Der Butteranteil liegt in allen Seifen bei 10%, bezogen auf den Gesamtfettansatz.
Farbstoffe nehmen an der Reaktion nicht teil. Da Duftstoffe die Verseifung beeinflussen können, wird auf ihren Zusatz generell verzichtet. Die Arbeitstemperatur ergibt sich aus dem Schmelzpunkt der Butter. Die Seifenformen werden nicht isoliert und kühl gestellt.

„quasi"

milde Seife

1) 10% Mangobutter

Gesamtfettansatz (GFA):

330 g (33%) Sonnenblumenöl HO
320 g (32%) Kokosnussfett
200 g (20%) Erdnussöl HO
100 g (10%) Mangobutter
50 g (5%) Rizinusöl

Zusatzstoffe:

Inerte Farbstoffe: je ¼ TL Titandioxid, Mica Blau und Aktivkohle

Flüssigkeitsmenge:

30%, bez. auf GFA

300 g destilliertes Wasser

Laugenunterdosierung: 7%

Fettsäurenzusammensetzung im Fettansatz:

ca. 43% gesättigte FS; ca. 48% einf. unges. FS (davon ca. 42% Ölsäure); ca. 9% mehrf. unges. FS; Unverseifbares: ca. 0,6%

Reaktionsbedingungen:

Mischtemperatur: 35–40°C

Rührerdrehzahl: niedrige Stufe

Seifenform:

Blockform mit Silikoneinlage

Färbetechnik: Swirlen

Arbeitsanleitung:

- Rohstoffe in passenden Gefäßen abwiegen.
- Farbstoffe in etwas Olivenöl aus dem Fettansatz einrühren.
- NaOH portionsweise im destillierten Wasser lösen. Abkühlen lassen.
- Mangobutter (31–39°C) und Kokosnussfett schonend schmelzen (23–26°C).
- Fette in den Verseifungstopf umfüllen und mit den flüssigen Ölen vermischen.
- Abgekühlte Lauge vorsichtig durch ein Sieb in das Fettgemisch gießen. Abwechselnd manuell und kurz mit Stabrührer rühren, bis der Seifenleim leicht zeichnet.
- 2 Portionen zu je 100 g Seifenleim in Bechergläser füllen und unterschiedlich einfärben.
- Restleim mit Titandioxid aufhellen und bis auf einen kleinen Teil in die Form gießen. Gefärbte Portionen schichten und swirlen. Restlichen hellen Leim auf der Oberfläche verteilen und Muster zeichnen.

- Form mehrmals auf dem Tisch aufklopfen, damit Luftblasen entweichen können. Mit Frischhaltefolie abdecken. In einen kalten Raum stellen.
- Festen Seifenblock ausformen und schneiden. Kanten mit einem Hobel abrunden.
- Seifen auf Küchenpapier legen und trocken, luftig und lichtgeschützt reifen lassen. Auf Banderolen Inhaltsstoffe, Erzeugungs- und voraussichtliches Ablaufdatum festhalten.
- Probestück wiegen, pH-Wert bestimmen, Messungen wiederholen; bleibt das Gewicht konstant, ist die Seife reif.
- Beobachtungen, Messdaten und Seifeneigenschaften im Seifenbuch notieren.

Hinweise:
Seifenleim: dickt schnell an, zügig arbeiten; Seife nach ca. 48 Stunden ausformbar
Reifezeit: ca. 12 Wochen (Wasserverlust ca. 12%)

Eigenschaften der reifen Seife:
pH = 9, Glyceringehalt: 8–9%; Farbe: weiß mit blaugrauem Muster; Haptik: glatte Oberfläche; Härte: hart; Stabilität: formstabil; Schaum: schäumt unwillig, mittel- bis kleinblasig

2) 10% Cupuaçubutter

Gesamtfettansatz (GFA):

330 g (33%) Olivenöl
320 g (32%) Kokosnussfett
200 g (20%) Erdnussöl HO
100 g (10%) Cupuaçubutter
50 g (5%) Rizinusöl

Zusatzstoffe:

Inerte Farbstoffe: je ¼ TL Titandioxid und Mica Rot

Flüssigkeitsmenge:

30%, bez. auf GFA

300 g destilliertes Wasser

Laugenunterdosierung: 7%

Fettsäurenzusammensetzung im Fettansatz:

ca. 43% gesättigte FS; ca. 48% einf. unges. FS (davon ca. 42% Ölsäure); ca. 9% mehrf. unges. FS; Unverseifbares: ca. 0,7%

Reaktionsbedingungen:

Mischtemperatur: 30–35°C

Rührerdrehzahl: niedrige Stufe

Seifenform:

Einzelformen (Silikon)

Arbeitsanleitung:

- Rohstoffe in passenden Gefäßen abwiegen.
- Farbstoffe in etwas Olivenöl aus dem Fettansatz einrühren.
- NaOH portionsweise im destillierten Wasser lösen. Abkühlen lassen.
- Cupuaçubutter (27–33°C) und Kokosnussfett schonend schmelzen (23–26°C).
- Fette in den Verseifungstopf umfüllen und mit flüssigen Ölen und Farbstoffen vermischen.
- Abgekühlte Lauge vorsichtig durch ein Sieb in das Fettgemisch gießen. Abwechselnd manuell und kurz mit Stabrührer rühren, bis der Seifenleim zeichnet.
- Den zeichnenden Seifenleim in die Formen gießen. Diese mehrmals auf dem Tisch aufklopfen, damit Luftblasen entweichen können. Mit Frischhaltefolie abdecken. In einen kalten Raum stellen.
- Feste Seifen ausformen. Kanten mit einem Hobel abrunden.
- Seifen auf Küchenpapier legen und trocken, luftig und lichtgeschützt reifen lassen. Auf Banderolen Inhaltsstoffe, Erzeugungs- und voraussichtliches Ablaufdatum festhalten.

- Probestück wiegen, pH-Wert bestimmen, Messungen wiederholen; bleibt das Gewicht konstant, ist die Seife reif.
- Beobachtungen, Messdaten und Seifeneigenschaften im Seifenbuch notieren.

Hinweise:
Seifenleim: dickt schnell an, zügig arbeiten; Seife nach ca. 48 Stunden ausformbar
Reifezeit: ca. 12 Wochen (Wasserverlust ca. 12%)

Eigenschaften der reifen Seife:
pH = 9, Glyceringehalt: 8–9%; Farbe: ziegelrot; Haptik: leicht strukturierte Oberfläche; Härte: hart; Stabilität: formstabil; Schaum: schäumt willig, üppig, kleinblasig, cremig

3) 10% Olivenbutter

Gesamtfettansatz (GFA):
330 g (33%) Olivenöl
320 g (32%) Kokosnussfett
200 g (20%) Erdnussöl HO
100 g (10%) Olivenbutter
50 g (5%) Rizinusöl
Zusatzstoffe:
Farbstoffe: je ¼ TL Titandioxid und Mica Grün
Flüssigkeitsmenge:
30%, bez. auf GFA
300 g destilliertes Wasser
Laugenunterdosierung: 7%
Fettsäurenzusammensetzung im Fettansatz:
ca. 42% gesättigte FS; ca. 49% einf. unges. FS (davon ca. 43% Ölsäure); ca. 9% mehrf. unges. FS; Unverseifbares: ca. 0,7%

Reaktionsbedingungen:
Mischtemperatur: 45–50°C
Rührerdrehzahl: niedrige Stufe

Seifenform:
Einzelformen (Silikon)

Arbeitsanleitung:

- Rohstoffe in passenden Gefäßen abwiegen.
- Farbstoffe in etwas Olivenöl aus dem Fettansatz einrühren.
- NaOH portionsweise im destillierten Wasser lösen. Abkühlen lassen.
- Olivenbutter (42–50°C) und Kokosnussfett schonend schmelzen (23–26°C).
- Fette in den Verseifungstopf umfüllen und mit flüssigen Ölen und Farbstoffen vermischen.
- Abgekühlte Lauge vorsichtig durch ein Sieb in das Fettgemisch gießen. Abwechselnd manuell und kurz mit Stabrührer rühren, bis der Seifenleim zeichnet.
- Den zeichnenden Seifenleim in die Formen gießen. Diese mehrmals auf dem Tisch aufklopfen, damit Luftblasen entweichen können. Mit Frischhaltefolie abdecken. In einen kalten Raum stellen.
- Feste Seifen ausformen. Kanten mit einem Hobel abrunden.
- Seifen auf Küchenpapier legen und trocken, luftig und lichtgeschützt reifen lassen. Auf Banderolen Inhaltsstoffe, Erzeugungs- und voraussichtliches Ablaufdatum festhalten.
- Probestück wiegen, pH-Wert bestimmen, Messungen wiederholen; bleibt das Gewicht konstant, ist die Seife reif.
- Beobachtungen, Messdaten und Seifeneigenschaften im Seifenbuch notieren.

Hinweise:
Seifenleim: dickt an, zügig arbeiten; Seife nach ca. 50 Stunden ausformbar
Reifezeit: 16 Wochen (Wasserverlust ca. 15%)

Eigenschaften der reifen Seife:
pH = 9, Glyceringehalt: 9–10%; Farbe: hellgrün; Haptik: leicht raue und buttrige Oberfläche; Härte: mittelhart; Stabilität: aufweichend; Schaum: schäumt verhalten, mittelblasig

4) 10% Kakaobutter

Gesamtfettansatz (GFA):
330 g (33%) Olivenöl
200 g (20%) Erdnussöl HO
100 g (10%) Kakaobutter
50 g (5%) Rizinusöl
Zusatzstoffe:
Inerte Farbstoffe: je ¼ TL Titandioxid und Mica Violett
Flüssigkeitsmenge:
30%, bez. auf GFA
300 g destilliertes Wasser
Laugenunterdosierung: 7%
Fettsäurenzusammensetzung im Fettansatz:
ca. 44% gesättigte FS; ca. 47% einf. unges. FS (davon ca. 42% Ölsäure); ca. 9% mehrf. unges. FS; Unverseifbares: ca. 0,6%
Reaktionsbedingungen:
Mischtemperatur: 30–35°C
Rührerdrehzahl: niedrige Stufe
Seifenform:
Blockform mit Silikoneinlage
Färbetechnik: Swirlen

Arbeitsanleitung:

- Rohstoffe in passenden Gefäßen abwiegen.
- Farbstoffe in etwas Olivenöl aus dem Fettansatz einrühren.
- NaOH portionsweise im destillierten Wasser lösen. Abkühlen lassen.
- Kakaobutter (30–35°C) und Kokosnussfett schonend schmelzen (23–26°C).
- Fette in den Verseifungstopf umfüllen und mit flüssigen Ölen vermischen.
- Abgekühlte Lauge vorsichtig durch ein Sieb in das Fettgemisch gießen. Abwechselnd manuell und kurz mit Stabrührer rühren, bis der Seifenleim leicht zeichnet.
- 2 Portionen zu je 50 g Seifenleim in Bechergläser füllen und mit Mica Violett färben. Eine Portion mit ein wenig Titandioxid aufhellen und so unterschiedliche Nuancen erzeugen.
- Restleim mit Titandioxid aufhellen und bis auf einen kleinen Teil in die Form gießen. Gefärbte, zeichnende Portionen schichten, mit hellem Leim bedecken und swirlen. Kleine Reste auf der Obefläche verteilen und Muster zeichnen.
- Form mehrmals auf dem Tisch aufklopfen, damit Luftblasen entweichen können. Mit Frischhaltefolie abdecken. In einen kalten Raum stellen.
- Festen Seifenblock ausformen und schneiden. Kanten mit einem Hobel abrunden.
- Seifen auf Küchenpapier legen und trocken, luftig und lichtgeschützt reifen lassen. Auf Banderolen Inhaltsstoffe, Erzeugungs- und voraussichtliches Ablaufdatum festhalten.
- Probestück wiegen, pH-Wert bestimmen, Messungen wiederholen; bleibt das Gewicht konstant, ist die Seife reif.
- Beobachtungen, Messdaten und Seifeneigenschaften im Seifenbuch notieren.

Hinweise:
Kakaobutter ist sehr hitzeempfindlich und verliert ihre konsistenzbildenden Eigenschaften bereits ab 35°C!
Seifenleim: dickt an, zügig arbeiten; Seife nach ca. 48 Stunden ausformbar
Reifezeit: ca. 10 Wochen (Wasserverlust ca. 12%)

Eigenschaften der reifen Seife:
pH = 9, Glyceringehalt: 8–9%; Farbe: cremefarben mit violetten Mustern; Haptik: glatte Oberfläche; Härte: hart; Stabilität: formstabil; Schaum: schäumt sehr willig, üppig, klein- bis mittelblasig

5) 10% Sheabutter

Gesamtfettansatz (GFA):
330 g (33%) Olivenöl
320 g (32%) Kokosnussfett
200 g (20%) Erdnussöl HO
100 g (10%) Sheabutter
50 g (5%) Rizinusöl
Zusatzstoffe:
Peelingmittel: 10 g Jojobeads (1%, bez. auf GFA)
Inerter Farbstoffe: ¼ TL Titandioxid
Flüssigkeitsmenge:
30%, bez. auf GFA
300 g destilliertes Wasser
Laugenunterdosierung: 7%
Fettsäurenzusammensetzung im Fettansatz:
ca. 43% gesättigte FS; ca. 47% einf. unges. FS (davon ca. 42% Ölsäure); ca. 9% mehrf. unges. FS; Unverseifbares: ca. 1,5%
Reaktionsbedingungen:
Mischtemperatur: 35–40°C
Rührerdrehzahl: niedrige Stufe

Seifenform:

Einzelformen (Silikon)

Arbeitsanleitung:

- Rohstoffe in passenden Gefäßen abwiegen.
- Farbstoff in etwas Olivenöl aus dem Fettansatz einrühren.
- NaOH portionsweise im destillierten Wasser lösen. Abkühlen lassen.
- Sheabutter (24–38°C) und Kokosnussfett schonend schmelzen (23–26°C).
- Fette in den Verseifungstopf umfüllen und mit flüssigen Ölen, Farbstoff und Peelingmittel vermischen.
- Abgekühlte Lauge vorsichtig durch ein Sieb in das Fettgemisch gießen. Abwechselnd manuell und kurz mit Stabrührer rühren, bis der Seifenleim zeichnet.
- Den zeichnenden Seifenleim in die Formen gießen. Diese mehrmals auf dem Tisch aufklopfen, damit Luftblasen entweichen können. Mit Frischhaltefolie abdecken. In einen kalten Raum stellen.
- Feste Seifen ausformen. Kanten mit einem Hobel abrunden.
- Seifen auf Küchenpapier legen und trocken, luftig und lichtgeschützt reifen lassen. Auf Banderolen Inhaltsstoffe, Erzeugungs- und voraussichtliches Ablaufdatum festhalten.
- Probestück wiegen, pH-Wert bestimmen, Messungen wiederholen; bleibt das Gewicht konstant, ist die Seife reif.
- Beobachtungen, Messdaten und Seifeneigenschaften im Seifenbuch notieren.

Hinweise:

Seifenleim: dickt schnell an, zügig arbeiten; Seife nach ca. 30 Stunden ausformbar

Reifezeit: ca. 10 Wochen (Wasserverlust ca. 13%)

Eigenschaften der reifen Seife:
Parameter: pH = 9, Glyceringehalt: 8–9%; Farbe: cremefarben; Haptik: glatte Oberfläche, leicht buttrig; Härte: hart; Stabilität: formstabil; Schaum: schäumt unwillig, klein- bis mittelblasig

Zusammenfassung der Ergebnisse

Testreihe 1

Zusätze:
Milch- und Milchersatzrodukte, Natriumlaktat, Stärke, Honig, Seide, Natriumzitrat

Einfluss von Milch- und Milchersatzprodukten auf Schaumeigenschaften von Naturseifen (Testreihe 1):

Nr.	Milchprodukt	Schaum
1	ultrahocherhitzte Kuhmagermilch	üppig, kleinblasig, cremig
2	ultrahocherhitzte Kuhvollmich	üppig, klein- bis mittelblasig, cremig
3	Kuhbuttermilch	klein- bis mittelblasig
4	Kuhjoghurt	kleinblasig, dicht und cremig
5	Ziegenmilch	mittel- bis kleinblasig
6	Ziegenjoghurt	klein- bis mittelblasig
7	Schafjoghurt	mittelblasig
8	Mandeldrink	benötigt etwas Zeit zum Aufschäumen, klein- bis mittelblasig, cremig
9	Haferdrink	schäumt üppig, klein- bis mittelblasig, cremig
10	Sojadrink	üppig, überwiegend kleinblasig, cremig
11	Kokosmilch	überwiegend kleinblasig, cremig

Einfluss sonstiger Zusätze auf die Schaumeigenschaften von Naturseifen (Testreihe 1):

Nr.	Produkt	Schaum
12	Natriumlaktat	schäumt üppig, klein- bis mittelblasig, cremig
13	Stärke	schäumt üppig, kleinblasig, sehr dicht und cremig
14	Bienenhonig	schäumt üppig, kleinblasig, sehr dicht und cremig
15	Seide	schäumt üppig, klein- bis mittelblasig, dicht und cremig
16	Natriumzitrat	schäumt üppig, kleinblasig, dicht und cremig

Schaumvolumen und -konsistenz in Abhängigkeit von Zusätzen (Testreihe 1)

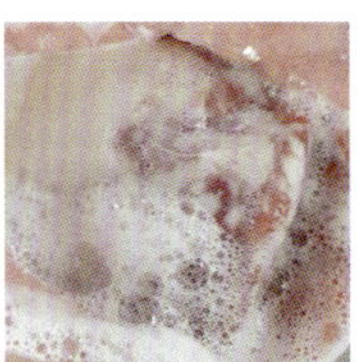

„a piacere"

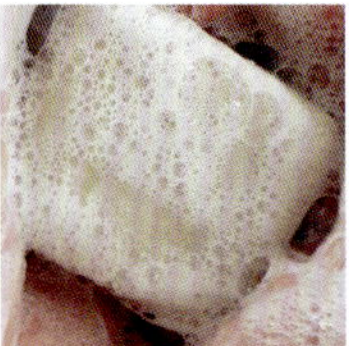

Nr. 1 Kuhmagermilch

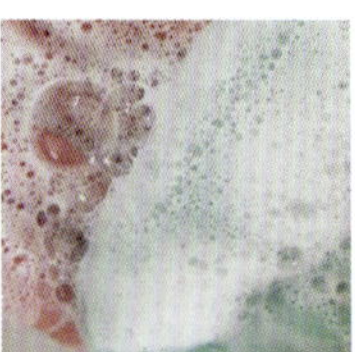

Nr. 2 Kuhvollmilch

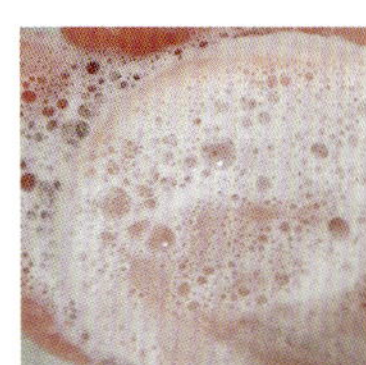

Nr. 3 Buttermilch

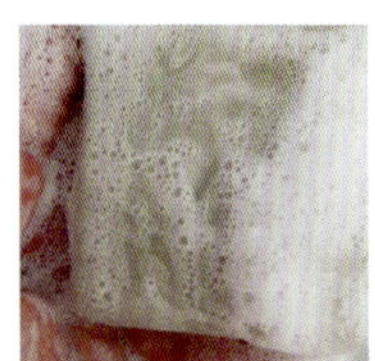

Nr. 4 Kuhjoghurt

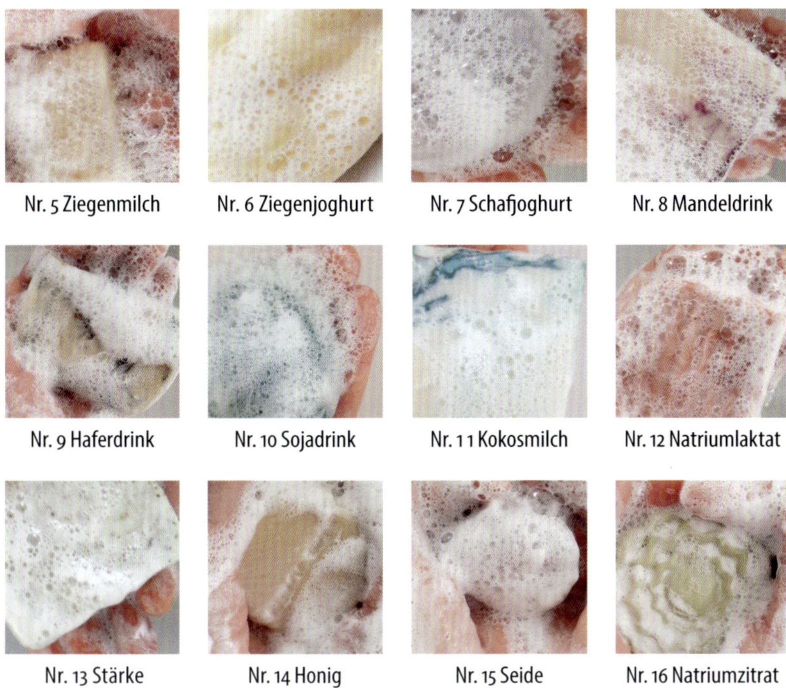

Nr. 5 Ziegenmilch | Nr. 6 Ziegenjoghurt | Nr. 7 Schafjoghurt | Nr. 8 Mandeldrink

Nr. 9 Haferdrink | Nr. 10 Sojadrink | Nr. 11 Kokosmilch | Nr. 12 Natriumlaktat

Nr. 13 Stärke | Nr. 14 Honig | Nr. 15 Seide | Nr. 16 Natriumzitrat

Ergebnisse:

- Für einen cremigen, stabilen Schaum sorgen vor allem Kuhmilchprodukte, insbesondere ultrahocherhitzte Magermilch und Joghurt. Die Schaumdichte ist deutlich höher als im Seifengrundrezept (ohne Zugabe von Milchprodukten).
- Natriumlaktat stabilisiert den Schaum und macht ihn cremig.
- Auch Kokosmilch, Mandel-, Soja- und Haferdrink verdichten den Schaum im Vergleich zum Grundrezept.
- Haferdrink erzeugt ein besonders angenehmes Hautgefühl. Die Seife schäumt willig, üppig und cremig.
- Der Vergleich von Kokosmilch, Mandeldrink und Sojadrink ist weniger deutlich. Seifen mit diesen Zusätzen schäumen klein- bis mittelblasig und weniger üppig als die Haferseife.

- Stärke und Honig sorgen für einen üppigen, dichten und cremigen Schaum.
- Seidenprotein macht den Schaum weich und cremig.
- Natriumzitrat fördert die Schaumbildung und wirkt stabilisierend.

Testreihe 2

Zusätze: Kaffee, Zucker, Salz

Schaumvolumen und -konsistenz in Abhängigkeit von Zusätzen (Testreihe 2)

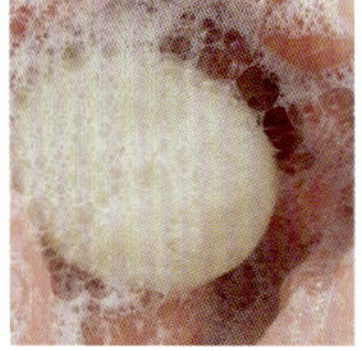
Grundrezept

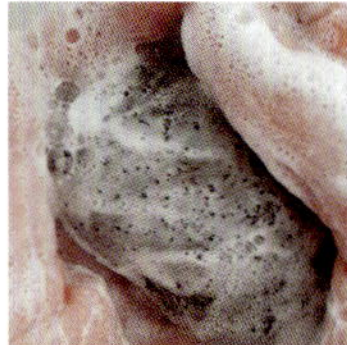
+ Kaffee

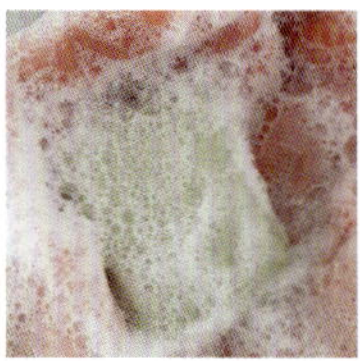
+ Zucker

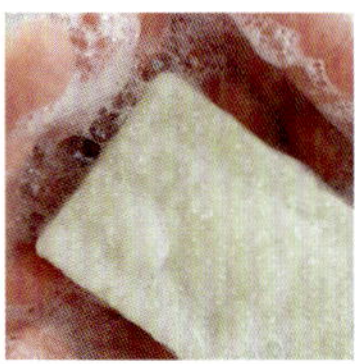
+ Salz

Ergebnisse:

- Kaffee fördert cremigen Schaum, färbt die Seife braun und bindet Gerüche. Der Mahlgrad bestimmt den Peelingeffekt.
- Haushaltszucker stabilisiert den Schaum, macht ihn dicker und cremiger. Er heizt den Seifenleim nicht auf, macht ihn zähflüssiger, mindert bei höherer Dosierung den Härtegrad der Seife und macht sie klebrig. Zuckerkristalle lösen sich im Seifenleim auf.
- Salzkristalle lösen sich im Seifenleim nicht und können als Peelingmittel eingesetzt werden. Salz erhöht den Härtegrad der Seife, hellt den Farbton auf, bindet Düfte und bremst die Schaumentwicklung. Salz bindet Wasser und verlängert die Trocknungszeit der Naturseife.

Testreihe 3

Zusätze: Butter

Schaumvolumen und -konsistenz in Abhängigkeit von Zusätzen (Testreihe 3)

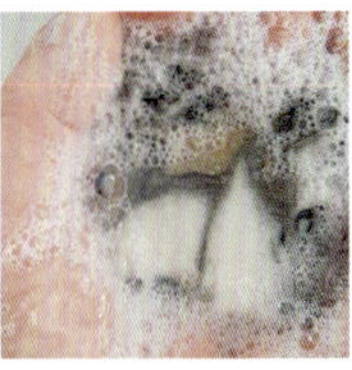
Mangobutter

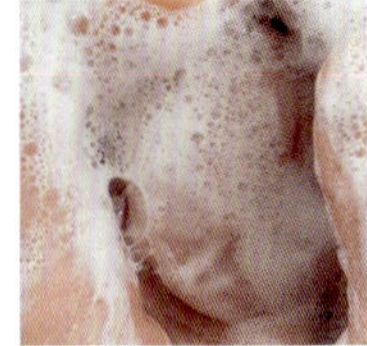
Cupuaçubutter

Olivenbutter

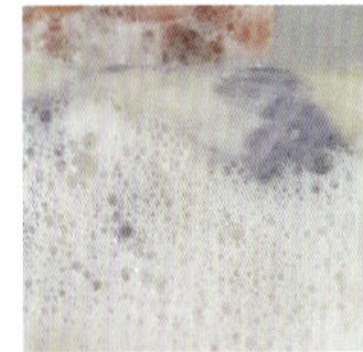
Kakaobutter

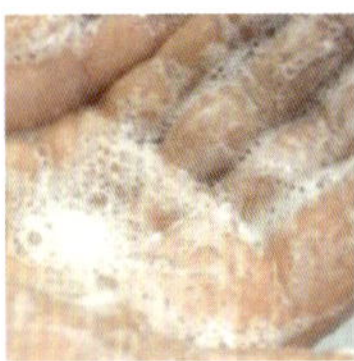
Sheabutter

Ergebnisse:

- Butter wirkt als Konsistenzgeber in der Seife, ist aber temperaturempfindlich und kann bereits bei geringer Überschreitung der Schmelztemperatur ihre konsistenzgebenden Eigenschaften verlieren.
- Beim Unterschreiten der Erstarrungstemperatur wird Butter und damit der Seifenleim (ohne zu emulgieren) fest.
- Die Arbeitstemperatur bei der Verseifung orientiert sich an der Schmelz- und Erstarrungstemperatur der Butter.
- Die Seife kann sich buttrig anfassen, vor allem bei hoher Dosierung.
- Seifen mit Shea- und Olivenbutter schäumen unwillig mit eingeschränktem Schaumvolumen.
- Cupuaçu- und Kakaobutterseifen schäumen willig mit dichtem, kleinblasigem Schaum.
- Seifen mit Mangobutter schäumen klein- bis mittelblasig und deutlich weniger als Cupuaçu- und Kakaobutterseifen.

Anhang

Anhangsverzeichnis

Tabelle A1: Charakteristik der Fette/Öle/Wachse; Dosierungsempfehlungen

Name: Deutsch/Englisch/INCI; VZ: Verseifungszahl (VZNaOH = VZ_{KOH}/1,4); JZ: Jodzahl; SL: Seifenleim; SP: Schmelzpunkt; EKS: Einkomponentenseife; Dosierung bez. auf GFA; FS: Fettsäuren

Anmerkung: Je niedriger die JZ, desto höher der Anteil an gesättigten FS im Fett/Öl. Für Seifen eignen sich besonders Fette und Öle mit einer JZ kleiner als 100.

*) Butter kann bei höherer Temperatur ihre konsistenzgebenden Eigenschaften verlieren.

**) dickt SL an

Name	VZ_{KOH} mg/g	JZ	Ranzneigung bez. auf 12 Mon.	SP	Bemerkungen
Aprikosenkernöl Apricot kernel oil Prunus Armeniaca Kernel Oil	185–195	90–115	mittel		verseift schwer; mäßige Schaumfähigkeit; verringert Formstabilität der Seife; für alle Hauttypen geeignet; Kerne mit allergenem Potenzial; Dosierung bis 25% (mehrf. unges. FS > 25%)
Arganöl Argan seed oil Argenia Spinosa Kernel Oil	187–197	92–102	mittel		verseift schwer; verringert Formstabilität der Seife; für alle Hauttypen geeignet; Dosierung bis 25% (mehrf. unges. FS> 30%)
Avocadobutter Avocado butter Persea Gratissima Butter	170–198	65–95	gering	42–55	Konsistenzgeber*)**); wirkt stabilisierend auf den Schaum; für trockene und normale Haut geeignet; Dosierung 10–15%
Avocadoöl Avocado oil Persea Gratissima Oil	177–198	65–95	gering		verseift schwer; mäßige Schaumfähigkeit; verringert Formstabilität der Seife; für empfindliche und trockene Haut geeignet; Dosierung bis 60%

Name	VZ_{KOH} mg/g	JZ	Ranzneigung bez. auf 12 Mon.	SP	Bemerkungen
Babassufett Babassu oil Orbignya Oleifera Seed Oil	245–256	10–18	nein	21–26	verseift leicht; härtet Seifen; Schaumfett (großblasiger Schaum); fördert die Verseifung schwer verseifbarer Öle; bei einer Dosierung von bis zu 35% für alle Hauttypen geeignet; in höherer Konzentration austrocknend
Baumwollsamenöl Cotton seed oil Gossypium Herbaceum Seed Oil	189–198	100–118	mittel		verseift schwer; mäßige Schaumfähigkeit; weicht Seifen auf; für alle Hauttypen geeignet; Dosierung bis 10% (mehrf. unges. FS > 50%)
Bienenwachs bee wax Cera Flava/Cera Alba	70–80	3–6	nein	55–65	Konsistenzgeber**); stabilisiert den Schaum; Dosierung bis 4%
Beerenwachs Berry wax Rhus Verniciflua (Peel) Cera	180–220	10	nein	48–54	Konsistenzgeber**); stabilisiert den Schaum; Dosierung bis 4%
Borretschsamenöl Borage seed oil Brassica Borago Seed Oil	184–194	130–150	hoch		verseift schwer; mäßige Schaumfähigkeit; weicht Seifen auf; für alle Hauttypen geeignet; Dosierung 5–10% (mehrf. unges. FS > 50%)
Candelillawachs Candelilla wax Euphorbia Cerifera Wax	50–60	15–20	nein	68–70	Konsistenzgeber**); stabilisiert den Schaum; Dosierung bis 4%
Cupuaçubutter Cupuaçu butter Theobroma Grandiflorium Butter	180–200	40–50	nein	27–33	Konsistenzgeber*)**) stabilisiert den Schaum; fördert cremigen Schaum (schäumt selbst nicht); Dosierung 10–15%

Name	VZ_{KOH} mg/g	JZ	Ranzneigung bez. auf 12 Mon.	SP	Bemerkungen
Distelöl HO Safflower oil HO Carthamus Tinctorius Seed Oil	186–194	80–99	gering		verseift schwer; mittlere Schaumfähigkeit; verringert Formstabilität der Seife; für normale Haut, Mischhaut und fettige Haut geeignet; Dosierung bis 60%
Distelöl Safflower oil Carthamus Tinctorius Seed Oil	186–198	138–152	hoch		verseift schwer; mittlere Schaumfähigkeit; weicht Seifen auf; für normale Haut, Mischhaut und fettige Haut geeignet; Dosierung 5–10% (mehrf. unges. FS > 50%)
Erdnussöl Peanut oil Arachis Hypogaea Oil	188–196	83–107	mittel		verseift schwer; mäßige Schaumfähigkeit; verringert Formstabilität der Seife; für alle Hauttypen geeignet; Erdnüsse haben allergenes Potenzial; Dosierung bis 30% (mehrf. unges. FS > 30%)
Gänseschmalz Goose fat Adipe Anserinum	191–196	59–81	gering	23–25	verseift leicht; härtet Seifen; schäumt selbst überwiegend mittelblasig; für alle Hauttypen geeignet; Dosierung bis 40% (aufgrund der FS-Zusammensetzung möglicher Ersatz für Palmfett)
Hanföl Hemp oil Cannabis Sativa Seed Oil	190–195	148–171	hoch		verseift schwer; mäßige Schaumfähigkeit; weicht Seifen auf; für trockene Haut geeignet; Dosierung bis 5–10% (mehrf. unges. FS > 50%)
Haselnussöl Hazelnut oil Corylus Avellana Seed Oil	190–195	85–95	gering		verseift schwer; mäßige Schaumfähigkeit; verringert Formstabilität der Seife; für trockene Haut geeignet; Öl mit allergenem Potenzial; Dosierung bis 40%

Name	VZ_{KOH} mg/g	JZ	Ranzneigung bez. auf 12 Mon.	SP	Bemerkungen
Jojobaöl (Wachs) Jojoba oil Simmondsia Chinensis Seed Oil	90–98	80–88	nein		keine Triglyceride; verseift schwer; kein Konsistenzgeber (macht Seifen weicher); mild auf der Haut, für alle Hauttypen geeignet; Dosierung bis 4%
Kakaobutter Cocoa butter Theobroma Cacao Seed Butter	188–200	20–50	nein	30–35	Konsistenzgeber*)**); stabilisiert den Schaum; fördert cremigen Schaum (schäumt selbst kaum), verliert bereits ab ca. 35°C konsistenzgebende Eigenschaften! Dosierung 10–15%
Kokosnussfett Coconut oil Cocos Nucifera Oil	245–265	6–10	nein	23–26	verseift leicht; härtet Seifen; Schaumfett (großblasiger Schaum); fördert die Verseifung schwer verseifbarer Öle; in einer Dosierung bis 35% für alle Hauttypen geeignet; in höherer Konzentration austrocknend
Kürbiskernöl Pumpkin seed oil Cucurbita Pepo Seed Oil	188–197	113–134	mittel bis hoch		verseift schwer; weicht Seifen auf; mäßige Schaumfähigkeit; färbt Seifen karamell bis braun (Farbe nicht lichtecht) Dosierung 10–20% (bei hohem Anteil an mehrfach ungesättigten Fettsäuren Dosierung reduzieren)
Leinsamenöl Linseed oil Linum Usitatissimum Seed Oil	189–196	170–204	sehr hoch		für Seifen nicht geeignet

Name	VZ_{KOH} mg/g	JZ	Ranzneigung bez. auf 12 Mon.	SP	Bemerkungen
Lorbeeröl Laurel fruit oil Laurus Nobilis Leaf Oil	197–210	49–81	gering		verseift mittelschwer; gute Schaumfähigkeit; fördert feinporigen Schaum; färbt die Seife grau bis olivgrün; besonders für unreine Haut zu empfehlen; Öl mit allergenem Potenzial; Dosierung bis 10%
Macadamia-nussöl Macadamia nut oil Macadamia Terniofolia Seed Oil	190–200	70–80	gering		verseift schwer; mittlere Schaumfähigkeit; verringert Formstabilität der Seife; für empfindliche und trockene Haut geeignet; Dosierung bis 60%
Macadamia-butter Macadamia nut butter Macadamia Integrifolia Seed Butter	175–200	45–75	gering	50–60	Konsistenzgeber*)**); stabilisiert den Schaum; fördert cremigen Schaum; Dosierung bis 15%
Maiskeimöl Corn oil Zea Mays Germ Oil	187–193	107–130	mittel bis hoch		verseift schwer; mäßige Schaumfähigkeit; weicht Seifen auf; für alle Hauttypen geeignet; Dosierung bis 10% (mehrf. unges. FS >50%)
Mandelöl Almond oil Prunus amygdalus dulcis	189–196	92–105	mittel		verseift schwer; mittlere Schaumfähigkeit; verringert Formstabilität der Seife; für alle Hauttypen geeignet; Dosierung bis 25% (mehrf. unges. FS > 20%)
Mandelbutter Almond butter Prunus Amygdalis Dulcis Butter	175–200	60–90	gering	50–60	Konsistenzgeber*)**); stabilisiert den Schaum; fördert cremigen Schaum (schäumt selbst kaum); Dosierung 10–15%

Name	VZ_{KOH} mg/g	JZ	Ranzneigung bez. auf 12 Mon.	SP	Bemerkungen
Mangobutter Mango seed butter Mangifera Indica Seed Oil	180–200	50–54	gering	31–39	Konsistenzgeber*)**); stabilisiert den Schaum (schäumt selbst kaum); Dosierung 10–15%
Mohnöl Poppyseed oil Papaver Somniferum Seed Oil	188–195	130–143	hoch		weicht Seifen auf; für alle Hauttypen geeignet; Dosierung 5–10% (mehrf. unges. FS >50%)
Nachtkerzenöl Oenothera biennis seed oil Oenothera Biennis Oil	184–194	145–162	hoch		weicht Seifen auf; für alle Hauttypen geeignet; Dosierung 5–10% (mehrf. unges. FS > 50%)
Olivenbutter Hydrogenated olive oil Olive Butteri	185–196	50–70	gering		Konsistenzgeber*)**); stabilisiert den Schaum (schäumt selbst nicht); Dosierung 10–15%
Olivenöl Olive oil Olea Europea Fruit Oil	184–196	75–94	gering		verseift bei geringem Gehalt an freien Fettsäuren besonders schwer (raffiniertes Öl); mittlere Schaumfähigkeit; verringert Formstabilität der Seife; sehr mildes Öl, für alle Hauttypen geeignet; Dosierung bis 100% (Beachte: In hoher Konzentration weicht die Seife bei der Anwendung auf und muss gut trocknen können.)
Palmfett Palm oil Elaeis Guineensis Oil	190–209	50–55	gering	30–37	verseift leicht; härtet Seifen; stabilisiert den Schaum; schäumt selbst wenig (kleinblasig); für alle Hauttypen geeignet; Dosierung bis 50%

Name	VZ_{KOH} mg/g	JZ	Ranzneigung bez. auf 12 Mon.	SP	Bemerkungen
Palmkernfett Palm kernel oil Elaeis Guineensis Kernel Oil	242–254	10–20	nein	25–30	verseift leicht; härtet Seifen; Schaumfett (großblasiger Schaum); fördert die Verseifung schwer verseifbarer Öle; in einer Dosierung bis ca. 35% für alle Hauttypen geeignet; in höherer Konzentration austrocknend
Rapsöl Rapeseed oil Canola Oil	168–192	100–129	mittel		verseift schwer; mäßige Schaumfähigkeit; weicht Seifen auf; geringe Waschkraft; für empfindliche und trockene Haut geeignet; Dosierung bis 10% (mehrf. unges. FS > 40%)
Rapsöl HO Rapeseed oil HO Canola Oleum Hydrogenatum	168–192	96–100	gering		verseift schwer; mäßige Schaumfähigkeit; verringert Formstabilität der Seife; geringe Waschkraft; für empfindliche und trockene Haut geeignet; Dosierung bis 35%
Reiskeimöl Rice bran oil Oryza Sativa Germ Oil	185–195	99–108	mittel		verseift schwer; gute Schaumfähigkeit; verringert Formstabilität der Seife; für empfindliche und trockene Haut geeignet; Dosierung 20–35% (bei hohem Anteil an mehrfach ungesättigten Fettsäuren Dosierung reduzieren)
Rindertalg Tallow, Sodium tallowate Adeps bovis	192–198	42–51	nein	42–50	optimale Fettsäurenzusammensetzung für Seifen; verseift leicht; härtet Seifen; schäumt selbst überwiegend kleinblasig; für empfindliche und trockene Haut geeignet; Dosierung bis 50% (aufgrund der FS-Zusammensetzung möglicher Ersatz für Palmfett)

Name	VZ_{KOH} mg/g	JZ	Ranzneigung bez. auf 12 Mon.	SP	Bemerkungen
Ricinusöl Castor oil Ricinus Communis Seed Oil	175–187	82–88	gering		verseift leicht; Konsistenzgeber; stabilisiert den Schaum; fördert die Schaumbildung anderer Fette/Öle (schäumt selbst kaum) Dosierung bis 10%
Schweineschmalz Lard Adeps suis	192–197	58–77	gering	28–40	optimale Fettsäurenzusammensetzung; verseift leicht; härtet Seifen; schäumt selbst überwiegend klein- bis mittelblasig; für empfindliche und trockene Haut geeignet; Dosierung bis 50% (aufgrund der FS-Zusammensetzung möglicher Ersatz für Palmfett)
Sesamöl Sesame oil Sesamum indicum seed oil	186–195	104–120	mittel		verseift schwer; mittlere Schaumfähigkeit; weicht Seifen auf; für empfindliche und trockene Haut geeignet; Dosierung bis 10% (mehrf. unges. FS > 40%)
Sheabutter Shea butter Butyrospermum Parkii Butter	165–190	52–66	gering	24–38	Konsistenzgeber*)**); stabilisiert den Schaum; fördert cremigen Schaum (schäumt selbst kaum); Dosierung 10–15%
Sojaöl Soybean oil Glycine Soja Oil	188–195	125–139	hoch		verseift schwer; mittlere Schaumfähigkeit; weicht Seifen auf; für empfindliche und trockene Haut geeignet; Dosierung bis 10% (mehrf. unges. FS > 40%)
Sojawachs Soybean wachs Glycine Soya wachs	193	<10	nein	50–55	Konsistenzgeber**); stabilisiert den Schaum; Dosierung bis 4%

Name	VZ_{KOH} mg/g	JZ	Ranzneigung bez. auf 12 Mon.	SP	Bemerkungen
Sonnenblumenöl HO Sunflower oil (high oleic acid) HO Helianthus Anuus Seed Oil	182–194	78–90	gering		verseift schwer; mittlere Schaumfähigkeit; verringert Formstabilität der Seife; sehr mildes Öl, für alle Hauttypen geeignet; Dosierung bis 60%
Sonnenblumenöl Sunflower oil Helianthus anuus seed oil	188–193	118–141	hoch		verseift schwer; mittlere Schaumfähigkeit; weicht Seifen auf; für alle Hauttypen geeignet; Dosierung bis 10% (mehrf. unges. FS > 50%)
Traubenkernöl Grape seed oil Vitis vinifera Seed Oil	188–194	128–150	hoch		verseift schwer; mittlere Schaumfähigkeit; weicht Seifen auf; für empfindliche und trockene Haut geeignet; Dosierung bis 10% (mehrf. unges. FS > 50%)
Walnussöl Walnut oil Juglans Regia Seed Oil	189–198	135–151	hoch		verseift schwer; weicht Seifen auf; für empfindliche und trockene Haut geeignet; Dosierung bis 10% (mehrf. unges. FS > 50%)
Weizenkeimöl Wheat germ oil Triticum Vulgare Germ Oil	180–195	118–128	hoch		verseift schwer; weicht Seifen auf; für empfindliche und trockene Haut geeignet; Dosierung bis 10% (mehrf. unges. FS > 50%)
Wollwachs Lanolin Lanolin	90–110	18–36	nein	38–48	Konsistenzgeber**); stabilisiert den Schaum; Dosierung bis 4%

Tabelle A2: Wesentliche Fettsäuren pflanzlicher und tierischer Fette (Gewichtsprozent)[84, 85]

C12:0 Laurinsäure, C14:0 Myristinsäure, C16:0 Palmitinsäure, C18:0 Stearinsäure, C18:1 Ölsäure, C18:2 Linolsäure, C 18:3 Linolensäure; VV: Unverseifbare Anteile

*) enthält 16–23% C16:1 (Palmitolensäure),
**) enthält 76–94% Ricinolsäure

Name	C12:0	C14:0	C16:0	C18:0	C18:1	C18:2	C18:3	UV%
Aprikosenkernöl			4–5		65–70	21–26		0,8
Arganöl			12–15	5–6	45–48	31–35		1
Avocadoöl			16–28		42–64	7–17		4
Babassufett	40–55	11–27	5–11		9–20	1–6		1,3
Baumwollsamenöl			21–28		14–22	46–58		0,7
Borretschsamenöl			8–10		15–18	32–37	20–21	1
Cupuaçubutter			5–8	30–33	38–45			2
Distelöl HO			4–6		70–84	9–20		
Distelöl			5–8		8–22	53–84		1
Erdnussöl			8–14		35–69	12–43		
Gänseschmalz			22–25	6–10	51–57	9–10		
Hanföl					12–16	52–57	15–20	1
Haselnussöl			5–9		66–83	8–25		
Kakaobutter			23–31	30–37	30–39			0,4
Kokosnussfett	45–53	17–21	7–10		5–10			0,5
Kürbiskernöl			3–8		21–47	36–60		
Leinsamenöl			4–6		10–22	12–18	56–71	
Lorbeeröl			10–18	11–35	33–41	18–32		3,5
Macadamianussöl*			7–10		54–68			1,5
Maiskeimöl			7–17		20–42	34–67		

Name	C12:0	C14:0	C16:0	C18:0	C18:1	C18:2	C18:3	UV%
Mandelöl			6–8		64–82	8–28		1,5
Mangobutter			7–10	33–44	44–53	4–7		0,5
Mohnöl			9–11		13–18	69–77		1
Nachtkerzenöl			5–7		7–9	72–75	8–9	1
Olivenöl			9–11		76–80	5–7		1
Palmfett			39–48	3–6	36–44	9–12		0,5
Palmkernfett	45–55	14–18	7–10		12–19			
Rapsöl HO					51–70	15–30	5–14	
Reiskeimöl			14–23		38–48	20–40		3
Rizinusöl**					2–8	4–10		
Rindertalg			20–30	15–30	30–45	2–6		
Schweineschmalz			20–30	8–22	35–55	4–12		
Sesamöl			8–12	5–7	34–42	36–46		1,5
Sheabutter				25–51	39–60			6–12
Sojaöl			8–14		17–30	48–59	5–11	
Sonnenblumenöl HO			3–5	3–6	75–90	2–17		
Sonnenblumenöl			5–8	3–7	14–39	48–74		
Traubenkernöl			6–11	3–7	12–28	58–78		
Walnussöl			6–8	1–3	14–21	54–65	9–15	
Weizenkeimöl			13–20		13–21	55–60	4–10	

Tabelle A3: Trivialnamen der Fettsäuren bis C24

Die systematische Bezeichnung beruht auf der Anzahl der Kohlenstoffatome in der Fettsäurekette und der Anzahl der Doppelbindungen. 16:1 benennt z.B. eine Fettsäure mit 16 Kohlenstoffatomen und einer Doppelbindung.
(:0) = Fettsäuren ohne Doppelbindung, d. h. gesättigt;
(:1) = einfach ungesättigt;
(:2), (:3) usw. = mehrfach ungesättigt.

Die Eigenschaften der Seifen werden durch die Zusammensetzung ihrer Fettsäuren bestimmt. Zur Herstellung von harten Seifen eignen sich nur Fette, die einen niedrigen Gehalt an mehrfach ungesättigten Fettsäuren haben und im Wesentlichen aus gesättigten und einfach ungesättigten Fettsäuren mit 12–18 Kohlenstoffatomen bestehen (graue Markierung). Schmierseifen werden überwiegend aus ungesättigten Fettsäuren mit 18 oder mehr Kohlenstoffatomen hergestellt.

C	Chemische Bezeichnung	Trivialname
4:0	Butansäure	Buttersäure
6:0	Hexansäure	Capronsäure
8:0	Octansäure	Caprylsäure
10:0	Decansäure	Caprinsäure
12:0	Dodecansäure	Laurinsäure
14:0	Tetradecansäure	Myristinsäure
15:0	Pentadecansäure	
16:0	Hexadecansäure	Palmitinsäure
16:1	Delta-9-cis-Hexadecensäure	Palmitoleinsäure
16:2	Delta-7-cis,10-cis-Hexadecadiensäure	
17:0	Heptadecansäure	Margarinsäure
17:1	Delta-9-cis-Heptadecensäure	
18:0	Octadecansäure	Stearinsäure

C	Chemische Bezeichnung	Trivialname
18:1	Delta-9-cis-Octadecensäure	Ölsäure
18:1	Delta-6-cis-Octadecensäure	Petroselinsäure
18:1	Delta-11-cis-Octadecensäure	cis-Vaccensäure
18:2	Delta-9-cis, Delta-12-cis-Octadecadiensäure	Linolsäure
18:3	Delta-9-cis,12-cis, 15-cis-Octadecatriensäure	α-Linolensäure
18:3	Delta-6-cis, 9-cis, 12-cis-Octadecatriensäure	γ-Linolensäure
18:4	Delta-6-cis, 9-cis, 12-cis, 15-cis-Octadecatetraensäure	Stearidonsäure
20:0	Eicosansäure	Arachinsäure
20:1	Delta-9-cis-Eicosensäure	Gadoleinsäure
20:1	Delta-11-cis-Eicosensäure	Gondosäure
20:2	Delta-11-cis, 14-cis-Eicosadiensäure	
20:4	Delta-5-cis, 8-cis, 11-cis, 14-cis-Eicosatetraensäure	Arachidonsäure
20:5	Delta-5-cis, 8-cis, 11-cis, 14-cis, 17-cis-Eicosapentaensäure	
22:0	Docosansäure	Behensäure
22:1	Delta-11-cis-Docosensäure	Cetoleinsäure
22:1	Delta-13-cis-Docosensäure	Erucasäure
22:2	Delta-13-cis,16-cis-Docosadiensäure	
22:5	Delta-4-cis, 7-cis, 10-cis, 13-cis, 16-cis, 19-cis-Docosapentaens.	
24:0	Tetracosansäure	Lignocerinsäure
24:1	Delta-15-cis-Tetracosensäure	Nervonsäure

Tabelle A4: Vergleich der Fette/Öle bezüglich ihrer Anteile an gesättigten bzw. einfach und mehrfach ungesättigten Fettsäuren

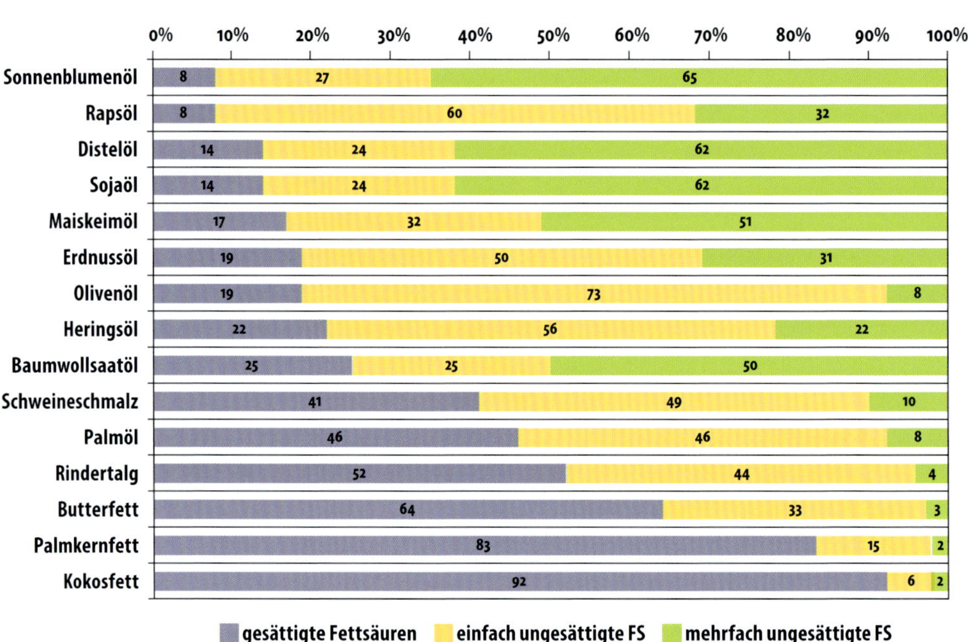

Tabelle A5: Fettsäuren und Fettkennzahlen (VZ, JZ) tierischer Fette

Parameter	Schweineschmalz	Rindertalg	Gänseschmalz
Myristinsäure	1–2,5%	2–6%	< 0,5%
Palmitinsäure	20–30%	20–30%	22–25%
Stearinsäure	8–22%	15–30%	6,5–9,5%
Ölsäure	35–55%	30–45%	51–57%
Linolsäure	4–12%	1–6%	9,1–10%
JZ	50–70	32–46	59–81
VZ (NaOH in g/g)	0,1380	0,1390–0,1405	0,1369

Tabelle A6: Milchsorten (Kuhmilch)

Milchsorten	Fettgeh. in %	Anmerkung
Rohmilch v. Hof	3,5–5,0	unbehandelte Milch
Vorzugsmilch	3,5–4,0	filtriert und verpackt
Vollmilch	3,5	wärmebehandelt (pasteurisiert)
fettarme Milch	1,5–1,8	
Magermilch/entrahmt	max. 0,5	

Tabelle A7: Zusammensetzung von Milch[86, 87]

Milchart	mittlere Gew. in %			
	Wasser	Fett	Proteine	KH
Kuhvollmilch	87	3,5	3,4	4,9
Ziegenmilch	87	4,1	3,4	4,3
Schafsmilch	82	7,1	5,8	4,6
Stutenmilch	89	1,9	2,5	6,2
Eselsmilch	89	1,1	1,7	6,6
menschl. Muttermilch	87	3,8	1,3	6,7

Tabelle A8: Kennzahlen (VZ, JZ) verschiedener Milchsorten

Milchart	Kennzahlen	
	VZ KOH	JZ
Kuhmilchfett	218-235	21-36
Ziegenmilchfett	233	33,5
Schafmilchfett	231	33,5
Stutenmilchfett	256	30,6

Tabelle A9: Merkmale von Einkomponentenseifen

Gesättigte FS: C12:0 (Laurinsäure), C14:0 (Myristinsäure), C16:0 (Palmitinsäure), C 18:0 (Stearinsäure)
Einfach ungesättigte FS: C16:1 (Palmitoleinsäure), C18:1 (Ölsäure); C18:1-OH (Ricinolsäure)
Zweifach ungesättigte FS: C18:2 (Linolsäure); dreifach ungesättigte FS: C18:3 (Linolensäure)

Name	Charakteristik der Naturseife	Bemerkungen
Dominante Fettsäure: C12:0: Laurinsäure (oxidationsbeständig)		
Babassufett C12:0: 40–55%	verseift leicht; Seife ist glatt, sehr hart, weiß bis cremefarben mit dezentem, nussigem Geruch; schäumt leicht, üppig, großblasig, Schaum unbeständig; Seife formstabil; sehr hohe Waschkraft; austrocknend	in einer Dosierung bis 35%, bez. auf GFA, für alle Hauttypen geeignet; in höherer Konzentration austrocknend; Fett beschleunigt die Verseifung schwer verseifbarer Öle; erhöht in Kombination mit anderen Ölen die Waschkraft, den Härtegrad und das Schaumvolumen der Seife
Kokosfett C12:0: 45–53%	verseift leicht; Seife ist glatt, sehr hart bis spröde, weiß bis grauweiß mit schwachem Kokosgeruch; schäumt leicht, üppig, großblasig, Schaum unbeständig; Seife formstabil; sehr hohe Waschkraft; austrocknend	
Palmkernfett C12:0: 45–55%	verseift leicht; Seife ist glatt, sehr hart bis spröde, grauweiß bis gelblich mit schwachem Geruch nach Palmkernfett; schäumt leicht, üppig, großblasig, Schaum unbeständig; Seife formstabil; sehr hohe Waschkraft; austrocknend	

Name	Charakteristik der Naturseife	Bemerkungen
Dominante Fettsäure: C16:0: Palmitinsäure (oxidationsbeständig)		
Palmfett gebleicht C16:0: 39–48%	verseift leicht; Seife ist glatt, hart, gelblich mit charakteristischem Fettgeruch; reduzierter, feinblasiger, beständiger Schaum; Seife formstabil; sehr hohe Waschkraft; sehr mild auf der Haut	in einer Dosierung bis 50%, bez. auf GFA, für alle Hauttypen geeignet; erhöht in Kombination mit anderen Ölen den Härtegrad der Seife und stabilisiert und verdichtet den Schaum
Dominante Fettsäure: C18:1: Ölsäure (relativ oxidationsbeständig)		
Aprikosenkernöl C18:1: 65–70%	verseift schwer; Seife ist glatt, hart, cremefarben mit schwachem Eigengeruch; schäumt kleinblasig und mäßig; Seife weicht nach Anwendung auf (nicht formstabil), ist leicht glitschig und zieht Fäden; hohe Waschkraft; sehr mild auf der Haut	allergenes Potenzial; für alle Haut-typen geeignet; Dosierung bez. auf GFA: bis 25%
Avocadoöl C18:1: 42–64%	verseift schwer; Seife ist glatt, hart, grün (unraff. Öl, Farbe verblasst schon während der Reifung) mit schwachem Eigengeruch; schäumt kleinblasig mit beständigem, reduziertem Schaum; Seife nicht formstabil; hohe Waschkraft; sehr mild auf der Haut	für empfindliche und trockene Haut geeignet; Dosierung bez. auf GFA: bis 60%
Distelöl HO C18:1: 70–84%	verseift schwer; Seife ist glatt, hart, cremefarben, geruchsneutral; schäumt unwillig und kleinblasig mit beständigem, reduziertem Schaum; Seife nicht formstabil, leicht glitschig; hohe Waschkraft; sehr mild auf der Haut	für normale Haut, Mischhaut und fettige Haut geeignet; Dosierung bez. auf GFA: bis 60%
Erdnussöl C18:1: 35–69%	verseift schwer; Seife ist glatt, mittelhart, grauweiß bis gelblich mit charakteristischem Eigengeruch; schäumt unwillig und kleinblasig mit beständigem Schaum; Seife nicht formstabil, leicht glitschig; ausreichende Waschkraft; sehr mild auf der Haut	allergenes Potenzial; für alle Hauttyp geeignet; Dosierung bez. auf GFA: 20–30%

Name	Charakteristik der Naturseife	Bemerkungen
Gänseschmalz C18:1: 51–57%	verseift leicht; Seife ist glatt, mittelhart, weiß bis grauweiß mit schwachem Eigengeruch; schäumt leicht, mittelblasig; Seife weicht nach Anwendung auf (nicht formstabil); hohe Waschkraft; mild auf der Haut	für alle Hauttypen geeignet; Dosierung bez. auf GFA: bis 40% (möglicher Ersatz für Palmöl)
Haselnussöl C18:1: 66–83%	verseift schwer; Seife ist glatt, hart, cremefarben, geruchsneutral; schäumt unwillig und kleinblasig mit beständigem, reduziertem Schaum; Seife weicht nach Anwendung auf (nicht formstabil); hohe Waschkraft; leicht austrocknend	allergenes Potenzial; für trockene Haut geeignet; Dosierung bez. auf GFA: bis 40%
Macadamianussöl C18:1: 54–68%	verseift schwer; Seife ist glatt, hart, weiß, geruchsneutral; schäumt kleinblasig; weicht nach Anwendung auf (nicht formstabil), ist leicht glitschig, zieht Fäden; hohe Waschkraft; leicht austrocknend	besonders für empfindliche und trockene Haut geeignet; Dosierung bez. auf GFA: bis 60%
Mandelöl C18:1: 64–82%	verseift schwer; Seife ist glatt, mittelhart, weiß, geruchsneutral; schäumt gut und mittelblasig; weicht nach Anwendung auf (nicht formstabil), zieht Fäden; hohe Waschkraft; mild auf der Haut	für alle Hauttypen geeignet; Dosierung bez. auf GFA: bis 25%
Olivenöl C18:1: 76–80%	verseift schwer; Seife ist gelb bis gelbbraun mit schwachem Eigengeruch; erstarrt sehr langsam; Reifezeit bis zu 16 Monaten, nach der Reifung glatt und hart; kleinblasiger, beständiger Schaum; Seife weicht nach Anwendung auf (nicht formstabil), leicht glitschig; hohe Waschkraft; sehr mild auf der Haut	für alle Hauttypen geeignet; Dosierung bez. auf GFA: bis 100%
Rapsöl HO C18:1: 51–70%	verseift schwer; Seife ist hart, gelb, geruchsneutral; schäumt unwillig und kleinblasig mit beständigem Schaum; Seife weicht nach Anwendung auf (nicht formstabil); geringe Waschkraft; mild auf der Haut, angenehmes Hautgefühl	für empfindliche und trockene Haut geeignet; Dosierung bez. auf GFA: bis 35%
Reiskeimöl C18:1: 38–48%	verseift schwer; Seife ist glatt, mittelhart, beige bis gelblich, geruchsneutral; schäumt kleinblasig und beständig; weicht nach Anwendung auf (nicht formstabil); hohe Waschkraft; sehr mild auf der Haut (gutes Hautgefühl)	für empfindliche und trockene Haut geeignet; Dosierung im GFA: bis 20–35%
Rindertalg C18:1: 30–45%	verseift leicht bis mittelschwer; Seife ist glatt, sehr hart, grauweiß bis cremefarben mit schwachem Eigengeruch; schäumt unwillig und feinblasig mit beständigem Schaum; Seife formstabil; hohe Waschkraft; sehr mild auf der Haut	für empfindliche und trockene Haut; Dosierung bez. auf GFA: bis 50% (möglicher Ersatz für Palmöl)

Name	Charakteristik der Naturseife	Bemerkungen
Schweineschmalz C18:1: 35–55%	verseift leicht bis mittelschwer; Seife ist glatt, hart, weiß bis gelblich, geruchsneutral (nach Ausreifung); schäumt willig, reichlich und feinblasig mit beständigem Schaum; Seife formstabil; hohe Waschkraft; sehr mild auf der Haut	für empfindliche und trockene Haut geeignet; Dosierung bez. auf GFA: bis 50% (möglicher Ersatz für Palmöl)
Sheabutter C18:1: 39–60%	verseift leicht; Seife ist glatt, sehr hart, weiß bis cremefarben mit dezentem Geruch nach Veilchen; schäumt wenig, unwillig, feinblasig; Seife formstabil; sehr hohe Waschkraft; sehr mild auf der Haut	gute Hautverträglichkeit; für empfindliche, trockene und normale Haut geeignet; Konsistenzgeber; Dosierung bez auf GFA: bis 15%
Sonnenblumenöl HO C18:1: 75–90%	verseift schwer; Seife ist glatt, sehr hart, weiß bis gelblich mit schwachem Eigengeruch; schäumt unwillig, nach längerer Reifung kleinblasig mit beständigem, reduziertem Schaum; Seife weicht nach Anwendung auf (nicht formstabil), leicht schmierig; hohe Waschkraft; sehr mild auf der Haut	für empfindliche und trockene Haut geeignet; Dosierung bez. auf GFA: bis 60%
Dominante Fettsäure: C18:1-OH: Ricinolsäure (relativ oxidationsbeständig)		
Rizinusöl C18:1-OH: 76–94%	verseift leicht; Seife ist glatt, sehr hart, weiß bis gelblich, geruchsneutral; schäumt wenig und kleinblasig, Schaum ist stabil; Seife formstabil; bildet leichten Film auf der Haut. Nach Dr. H. Schönfeld[88] schäumt die Seife gut, wenn nicht die gesamte Ricinolsäure verseift wurde, d. h., unverseift in der Seife verbleibt (Laugenunterdosierung).	fördert die Schaumbildung anderer Fette/Öle; Dosierung bez. auf GFA: bis 10%
Dominante Fettsäure: C:18:2: Linolsäure (reaktiv und damit oxidationsempfindlich)		
Baumwollsaatöl C18:2: 46–58%	verseift schwer; Seife ist uneben, weich, gelb mit Eigengeruch; schäumt mäßig, aber beständig; Seife schmiert und weicht nach Anwendung auf (nicht formstabil); mild auf der Haut	Linolsäurehaltige Seifen sind uneben, druckempfindlich, zerfallen und verbrauchen sich sehr schnell.
Distelöl C18:2: 53–84%	verseift mittelschwer; Seife ist uneben, weich, gelb, geruchsneutral; schäumt leicht, reichlich und mittelblasig, Schaum unbeständig; Seife schmiert leicht und weicht nach Anwendung auf (nicht formstabil); mild auf der Haut	

Name	Charakteristik der Naturseife	Bemerkungen
Hanföl C18:2: 52–57%	verseift schwer; Seife ist uneben, weich, grünlich mit unangenehmem Geruch; schäumt reichlich, großblasig, Schaum instabil; Seife schmiert und ist nicht formstabil; stumpfes Hautgefühl (lässt nach dem Trocknen der Haut nach)	Seifen verderben oft schon währ-end der Reifezeit, werden fleckig und entwickeln einen unangeneh-men Geruch.
Maiskeimöl C18:2: 34–67%	verseift schwer; Seife ist uneben, mäßig fest, gelblich mit Eigengeruch; schäumt wenig, mittelblasig; weicht nach Anwendung auf (nicht formstabil); mild auf der Haut	
Sesamöl hell C18:2: 36–46%	verseift mittelschwer bis schwer; Seife ist uneben, mäßig fest, beige bis bräunlich, geruchsneutral; schäumt gut, mittelblasig, mäßig beständiger Schaum; Seife weicht nach Anwendung auf (nicht formstabil); mild auf der Haut	
Sojaöl C18:2: 48–59% C18:1: 17–30%	verseift schwer; Seife ist uneben, weich, beige bis bräunlich, geruchsneutral; schäumt wenig, mittelblasig; weicht nach Anwendung auf (nicht formstabil); neutrales Hautgefühl	Einige Öle haben allergenes Potenzial (z.B. Baumwollsaatöl, Sojaöl, Walnussöl, Weizenkeimöl) Dosierung bez. auf GFA: bis 10%
Sonnenblumenöl C18:2: 48–74%	verseift schwer; Seife ist uneben, weich, gelblich mit Eigengeruch; schäumt gut, mittelblasig, Schaum mäßig stabil; Seife weicht nach Anwendung auf (nicht formstabil); mild auf der Haut	
Traubenkernöl C18:2: 58–78%	verseift mittelschwer; Seife ist uneben, mäßig fest, weiß bis beige, geruchsneutral; schäumt mäßig, mittelblasig; weicht nach Anwendung auf (nicht formstabil); mild auf der Haut	
Walnussöl C18:2: 54–65%	verseift schwer; Seife ist uneben, weich, beige mit schwachem Eigengeruch; schäumt gut, mittelblasig; weicht nach Anwendung auf (nicht formstabil); mild auf der Haut	
Weizenkeimöl C18:2: 55–60%	verseift schwer; Seife ist uneben, weich, beige, geruchs-neutral; schäumt wenig, mittelblasig; weicht nach Anwendung auf (nicht formstabil); mild auf der Haut	

Anmerkungen:

Die ideale Naturseife besteht aus einer ausgewogenen Kombination verschiedener Fette und Öle. Fette mit einem hohen Anteil an gesättigten Fettsäuren verseifen im Allgemeinen leicht und erzeugen

harte, formstabile und haltbare Seifen. Fette mit einem hohen Anteil an Ölsäure (einfach unges. FS) verseifen schwer und das Andicken des Seifenleims dauert lange. Durch eine Kombination von gesättigten und einfach ungesättigten Fettsäuren wird der Verseifungsprozess beschleunigt. Raffinierte Öle verseifen aufgrund ihres niedrigen Gehalts an freien Fettsäuren schwerer als unraffinierte.
Beschleunigt wird die Verseifung auch durch die Erhöhung der Arbeitstemperatur und der Rührdrehzahl sowie durch die Reduzierung der Flüssigkeitsmenge.

Tabelle A10: Mittlere Verseifungszahlen (VZ_{NaoH} und VZ_{KOH} in g/g)

Fette/Öle/Wachse/Butter	NaOH	KOH
Aloe-vera-Öl	0,135	0,189
Aprikosenkernbutter	0,097	0,136
Aprikosenkernöl	0,136	0,190
Arganöl	0,137	0,192
Avocadobutter	0,131	0,184
Avocadoöl	0,134	0,188
Babassufett	0,179	0,250
Baobaöl	0,144	0,201
Baumwollsaatöl	0,139	0,194
Beerenwachs	0,153	0,214
Bienenwachs	0,069	0,096
Borretschöl	0,135	0,189
Camelliaöl	0,136	0,191
Candelillawachs	0,039	0,055
Carnaubawachs	0,067	0,094
Cupuaçubutter	0,138	0,190
Distelöl	0,138	0,190

Fette/Öle/Wachse/Butter	NaOH	KOH
Erdnussöl	0,137	0,192
Gänsefett	0,139	0,194
Hagebuttenkernöl	0,139	0,195
Hanföl	0,138	0,193
Haselnussöl	0,138	0,193
Hirschtalg	0,139	0,194
Hühnerfett	0,142	0,199
Jojobaöl	0,067	0,094
Kakaobutter	0,137	0,192
Kokosnussfett	0,182	0,255
Kürbiskernöl	0,138	0,193
Lanolin	0,075	0,105
Leinsamenöl	0,138	0,193
Lorbeeröl	0,146	0,204
Macadamianussöl	0,140	0,195
Maiskeimöl	0,136	0,190
Mandelbutter	0,134	0,188
Mandelöl (süß)	0,138	0,193
Mangobutter	0,136	0,190
Mohnöl	0,137	0,192
Muskatnussbutter	0,116	0,163
Nachtkerzenöl	0,135	0,189
Neemöl	0,138	0,193
Olivenbutter	0,136	0,191
Olivenöl	0,136	0,190
Palmkernfett	0,177	0,248
Palmfett	0,143	0,200
Pfirsichkernöl	0,135	0,189
Pflaumenkernöl	0,139	0.194
Pistazienöl	0,137	0,192
Rapsöl	0,136	0,190

Fette/Öle/Wachse/Butter	NaOH	KOH
Reiskeimöl	0,135	0,189
Rindertalg	0,139	0,195
Rizinusöl	0,129	0,181
Sanddornkernöl	0,139	0,195
Schafstalg	0,139	0,194
Schwarze Johannisbeere (Cassisöl)	0,135	0,189
Schwarzkümmelöl	0,135	0,189
Schweineschmalz	0,139	0,195
Sesamöl	0,136	0,191
Sheabutter	0,127	0,178
Sojaöl	0,137	0,192
Sojawachs	0,139	0,194
Sonnenblumenöl HO	0,134	0,188
Sonnenblumenöl	0,136	0,191
Stearinsäure	0,146	0,205
Straußenfett	0,139	0,195
Tafelöl	0,136	0,191
Traubenkernöl	0,136	0,191
Walnussöl	0,138	0,194
Weizenkeimöl	0,131	0,184
Ziegentalg	0,139	0,194

Tabelle A11: Berechnungsgleichungen: Grundflächen diverser Seifenformen

(Überschlagsberechnung: Weicht die Form von der Grundform ab, jene Grundform auswählen, die die Form am besten beschreibt).
Volumen = Grundfläche x Höhe**
* π ist eine Konstante und beträgt gerundet 3,14.
** Es empfiehlt sich, die Form bis ca. einen Zentimeter unterhalb der Kante zu befüllen, d. h., die Höhe wird in der Berechnung um einen Zentimeter gegenüber der gemessenen Höhe verkleinert.

Form		Berechnung der Grundfläche A
M, r, d	**Kreis** M: Mittelpunkt r: Radius d: Durchmesser	A = r2 x π* = r2 x 3,14 bzw. A = d2 x π = d2 x 3,14
a, b	**Ellipse** a, b: Halbachsen	A = a x b x π = a x b x 3,14
a, a	**Quadrat** a: Seitenlänge	A = a x a = a2
a	**Sechseck** a: Seitenlänge	A= a2 x A ~ a2 x 1,73
a, b	**Rechteck** a, b: Seitenlängen	A = a x b

Tabelle A12: Standardisierte Gewichte zur Überprüfung digitaler Feinwaagen

3,92 g	4,10 g	5,74 g
7,80 g	7,50 g	8,50 g

Tabelle A13: Liste kennzeichnungspflichtiger allergener Duftstoffe gem. EU-Kosmetikverordnung[89, 90, 91]

Die in der nachfolgenden Tabelle aufgeführten Duftstoffe müssen in der Liste der Bestandteile angegeben werden, wenn ihr Gehalt in der Seife 0,01% übersteigt.
Die CAS-Nummer klassifiziert Farbmittel als Chemikalien. Dadurch ist eine Zuordnung zum Gefahrenpotenzial möglich.

CAS-Nr.	INCI	Bezeichnung	Bemerkungen
sehr hohes allergenes Potenzial			
104-55-2	Cinnamal	Zimtaldehyd	gewonnen aus Zimtrinde; intensiver Duft nach Zimt
90028-67-4	Evernia Furfuracea	Baummoos-extrakt	Duftnote: Chypre, Basisduftstoff mit männlicher Duftnote
90028-68-5	Evernia Prunastri	Eichenmoos-extrakt	Duftnote: Chypre, Basisduftstoff mit männlicher Duftnote
97-54-1	Isoeugenol	Isoeugenol	blumig-würziger Duft nach Gewürz-nelken kommt u. a. in Ylang-Ylang-Öl, Muskatöl, Gewürznelken und Dill vor; auch aus synthetischer Herstellung

CAS-Nr.	INCI	Bezeichnung	Bemerkungen
hohes allergenes Potenzial			
104-54-1	Cinnamyl Alcohol	Zimtalkohol	süßlich-balsamischer Duft nach Hyazinthen und Nadelgewächsen; natürlich vorkommender Duft z. B. in Styrax, Hyazinthen, Narzissen, Zimtblättern, Perubalsam
107-75-5	Hydroxycitronellal	Hydroxycitronellal	süß-blumiger Duft mit fixierenden Eigenschaften (nach Flieder, Lilie, Linde, Maiglöckchen); kommt in einigen äth. Ölen vor; auch aus synthetischer Herstellung
31906-04-4	Hydroxyisohexyl-3-cyclohexen-carboxaldehyd	Hydroxyisohexyl-3-cyclohexen-carboxaldehyd (Lyral)	süßlicher Duft nach Maiglöckchen; hemmt den Eigengeruch eines Produktes; synthetischer Duftstoff
geringes allergenes Potenzial			
122-40-7	Amyl Cinnamal	Amylzimtaldehyd	blumiger Duft, erinnert verdünnt an den Duft von Jasmin; synthetischer Duftstoff
5392-40-5	Citral	Citral	intensiver Zitronenduft; gewonnen aus Lemongrasöl oder synthetisch hergestellt
97-53-0	Eugenol	Eugenol	intensiver, würzig-blumiger Duft nach Nelken; kommt in Gewürznelken, Piment, Bay- und Zimtölen, Lorbeer, Basilikum, Bananen, Kirschen und Muskat vor; auch aus synthetischer Herstellung; äth. Öle sind antibakteriell
4602-84-0	Farnesol	Farnesol	blumiger Duft nach Maiglöckchen; wird aus Moschuskörnern, Lindenblüten, Anis, Jasmin und Rosen gewonnen; äth. Öl sind antibakteriell
80-54-6	Butylphenyl-methyl-propional	Butylphenylmethylpropional = Lilial	sanfter, blumiger Duft nach Maiglöckchen; synthetischer Duftstoff
111-12-6	Methyl 2-Octynoate	2-Octinsäure	synthetischer Duftstoff
sehr geringes allergenes Potenzial			
127-51-5	Alpha-Isomethyl Ionone	α-Isomethylionon	veilchenartiger Duft; kommt in vielen Pflanzen vor; auch aus synthetischer Herstellung

CAS-Nr.	INCI	Bezeichnung	Bemerkungen
101-85-9	Amylcinnamyl Alkohol	Amylzimtal-kohol	würzige Duftnote
105-13-5	Anise Alcohol	Anisalkohol	leicht blumig-süßlicher Duft; synthetischer Duftstoff
100-51-6	Benzyl Alcohol	Benzylalkohol	milde, aromatische Duftnote; gewonnen z. B. aus Jasminblüten, Nelken, Peru-balsam, Styrax, auch aus synthetischer Herstellung
120-51-4	Benzyl Benzoate	Benzoesäure-benzylester	harzige Duftnote; gewonnen aus Harzen der Straxbaumgewächse; kommt auch in Preiselbeeren, Himbeeren, Heidelbeeren, Pflaumen, Milchprodukten, Honig, Schwimmkäfern usw. vor; in Weihrauch enthalten, wirkt u. a. antibakteriell und fungistatisch; Weichmacher
103-41-3	Benzyl Cinnamate	Zimtsäureben-zylester	zimtartige Geruchsnote; gewonnen aus Peru- und Tolubalsam, auch aus synthetischer Herstellung
118-58-1	Benzyl Salicylate	Salicylsäure-benzylester	blumiger Duft; gewonnen aus dem äth. Öl der Landnelke; stabilisiert Parfüms; UV-Absorber: schützt Duft-, Farb- und Wirkstoffe im Produkt vor Schäden durch UV-Licht
106-22-9	Citronellol	Citronellol	blumiger Duft; gewonnen aus Rosen und Geranium oder aus Zitronengras; auch aus synthetischer Herstellung
91-64-5	Cumarin	Cumarin	heuartiger, süß-würziger Duft; kommt in Pflanzen wie z. B. Ruchgräsern, Schmetterlingsblütlern, Steinweichsel, Datteln, Tonkabohne, Zimt vor; auch aus synthetischer Herstellung
101-86-0	Hexyl Cinnamal	Hexylzimtal-dehyd	erinnert verdünnt an den Duft von Jasmin; gewonnen aus Echter Kamille oder Echtem Tausendgüldenkraut; auch aus synthetischer Herstellung
106-24-1	Geraniol	Geraniol	blumiger, rosenähnlicher Duft; gewonnen aus Pflanzen wie z.B. Koriander, Lorbeer und Muskat; auch aus synthetischer Herstellung

CAS-Nr.	INCI	Bezeichnung	Bemerkungen
5989-27-5	Limone	Limonen	licht-, luft-, wärme-, alkali- und säureempfindlich; gewonnen aus Zitrusfrüchten; wird eingesetzt, um den Eigengeruch eines Produktes zu hemmen
78-70-6	Linalool	Linalool	blumiger Duft nach Maiglöckchen; gewonnen aus Pflanzen wie z. B. Bergamotte, Rosen, Zimt, Thymian, Geranium, Zitrus, Koriander, Muskat usw.
Ein neuer, noch nicht regulierter Duftstoff ist Majantol. Er ist bereits in vielen kosmetischen Produkten enthalten und besitzt ein hohes allergenes Potential. Majantol kann bei Allergikern eine Kontaktdermatitis und Ekzeme hervorrufen. Der Europäische Wissenschaftliche Ausschuss für Verbraucherschutz (SCCS) weist in seinem Memo vom 13.2.2014 auf drei Allergene in Duftstoffen hin, die er als „nicht sicher" einstuft: HICC (siehe oben: CAS-Nr. 31906-04-4), Atranol und Chloratranol. Sie sollten zukünftig nicht mehr in Kosmetikprodukten enthalten sein.[92] Duftstoffe in Pflegemitteln für Kinder sehen Dermatologen als besonders problematisch.[93]			

Tabelle A14: Ätherische Öle: Färbende Wirkung und Charakter, Stärke und Haltbarkeit des Duftes in Seifen

Anmerkungen:

Hellgraue Felder: alkalibeständige, dufthaltende, nicht färbende äth. Öle (für Kaltverseifung);

*) Zitronen-, Pomeranzen- und Mandarinenöle sowie Ester (Ausnahme: Salicylsäureester) und Aldehyde sind nicht alkalibeständig und für die Kaltverseifung nicht geeignet.

Durch Schwankungen der Rohstoffqualität und Chargen der Parfümöle und Seifen sowie der gewählten Reaktionsbedingungen bei der Verseifung können die Ergebnisse abweichen.

K: Kopfnote, H: Herznote, B: Basisnote; Duftstärke: 1 – schwach; 10 – sehr stark

Ätherisches Öl Duftnote	Hauptkomponenten	Duftcharakter	Haltbarkeit in der Seife	Verfärbung	Duftstärke 1–10
Angelikawurzel und Angelikasamenöl (H)	Phellandren	würzig	gut	nein	10
Anisöl (K, H)	Anethol, Pinen	würzig, aromatisch	gut	nein	10
Auraucariaöl (B)	Sesquiterpenalkohole	rosenartig	sehr gut (Fixator)	nein	1
Bergamotteöl (K)	Limonen Linalylacetat Linalool	blumig, zitronig	mittel	nein	4
Birkenteeröl (K)	Phenole	Juchten, rauchig	gut	ja	10
Canangaöl (javanische Unterart des Ylang-Ylang / var. Macro-phylla) (H)	Eugenol Linalool p. Kresolmethylether	Basis für Blumengerüche	gut	nein	3
Cassiaöl, chinesisch (s.a. Zimtöl) (H)	Zimtaldehyd	süß, warm, würzig	gut	ja	10
Citronellöl (K)	Geranium Camphen Dipenten	frisch	gut	nein	10
Corianderöl (K, H)	Linalool	frisch, würzig	gut	nein	5
Cypressenöl (H)	Sylvestren Camphen Furfural Pinen	holzig	gut	nein	9
Edeltannenöl (K, H)	Pinen Limonen Bornylacetat	Tannen	schlecht (verharzt)	ja (grau)	5
Eucalyptusöl (K)	Eucalyptol	camphrig	schlecht	nein	9
Fenchelöl (K,H)	Fenton Menthol Anethon	würzig, anisähnlich	gut	nein	9
Fichtennadelöl (K, H)	Bornylacetat Pinen	frisch, balsamisch	schlecht (verharzt)	ja (grau)	3

Ätherisches Öl Duftnote	Hauptkomponenten	Duftcharakter	Haltbarkeit in der Seife	Verfärbung	Duftstärke 1–10
Geraniumöl, afrikanisch (H)	Geraniol Citronellol Terpene	Rose	sehr gut	nein	7
Geraniumöl Bourbon (H)	Geraniol Citronellol Terpene	Rose (dumpf)	sehr gut	nein	8
Gingergrassöl (H)	Geraniol Phellandren Limonen	Rose (scharf)	gut	nein	9
Guajakholz (H,B)	Guajol	Teerose, holzig	sehr gut (Fixator)	nein	1
Ingweröl (K,H)	Citral Cineol Camphon	würzig, aromatisch	schlecht (verharzt)	ja	7
Kalmusöl (K,B)	Asaron Eugenol	holzig	schlecht	nein	6
Kiefernadelöl (K,H)	Bornylacetet Pinen	balsamisch, süß	schlecht (verharzt)	nein	5
Kümmelöl (H,B)	Carvon Carven	würzig, süß	schlecht (verharzt)	nein	6
Ladanumharzöl (Cistusöl) (B)	Pinen Camphen Myrcen	balsamisch, leicht herb, harzig, Amber	sehr gut	nein	10
Latschenkiefernöl (K,H)	Bornylachetat Sylvestren	belebend, erfrischend, waldig	schlecht (verharzt)	nein	7
Lavendelöl (H)	Linalylacetat Linalool	Lavendel	schlecht	ja (grau)	5
Lavendelspiköl (H)	Champher Linalool Linalylacetat Eucalyptol	Lavendel, camphrig	schlecht	ja (grau)	6
Lemongrasöl (K)	Citral, Methylheptenon	frisch, zitronenartig	gut	ja (gelb)	8
Linaloeöl (Linaloeholz) (H)	Linalool Methylheptenon Terpineol	frisch, rosenartig, dezent holzig	gut	nein	4

Ätherisches Öl Duftnote	Hauptkomponenten	Duftcharakter	Haltbarkeit in der Seife	Verfärbung	Duftstärke 1–10
Litseaöl (cubeba) (K)	Citral	frisch, zitronig	gut	ja (gelb)	
Macisöl (Muskatnussöl) (H)	Eugenol Pinen	Nelke, würzig	schlecht	ja (braun)	3
Nelkenöl (H)	Eugenol Caryophyllen	Nelke, würzig	gut	ja (braun)	7
Neroliöl* (K)	Anthranilsäuremethylester Linalool Linalylacetat	Orangenblüte	gut	nein	8
Opoponaxöl (K,H,B)	variieren je nach Herkunft	würzig, süß	gut	ja (braun)	6
Palmrosaöl (H)	Geraniol	Rose (dumpf)	gut	nein	7
Patschuliöl (H)	Sesquiterpene Alkohole	Chypre, modrig	sehr gut	nein	8
Petitgrainöl (K,H)	Linalylacetat Linalool Geraniol Dipenten	Orangenblüte	gut	nein	5
Pfefferminzöl (K)	Menthol	minzig, leicht balsamisch	gut	nein	10
Pimentöl (K)	Eugenol Eugenolmethylether Caryophyllen	Nelke, Zimt	gut	ja (braun)	8
Polei-Minz-Öl (K)	Pulegon Menthol	minzig	gut	nein	10
Pomeranzenöl* (K)	Limonen Decylaldehyd Citral	Orange	schlecht (verharzt)	nein	5
Rautenöl (H)	Methylnonylketon	intensiv nach Kraut (in hoher Dosierung unangenehm)	gut	nein	10

Ätherisches Öl Duftnote	Hauptkomponenten	Duftcharakter	Haltbarkeit in der Seife	Verfärbung	Duftstärke 1–10
Rosenöl* (H)	Citronellol Geraniol Aldehyde Stearoptene Fettaldehyde	Rose	gut	nein	10
Rosmarinöl (K)	Camper Borneol Bornylacetat	camphrig	schlecht	nein	9
Muskatellersalbeiöl (K,H)	Linalylacetat	frisch, lavendelartig	gut	nein	9
Salbeiöl, spanisch (K,H)	Citronel	camphrig	schlecht	ja (grau)	8
Salbeiöl, dalmatisch (K,H)	Tujon	aromatisch, würzig	gut	nein	9
Sandelholzöl, ostindisch (H,B)	Santalol Terpene	holzig, balsamisch	sehr gut (Fixator)	nein	1
Sandelholzöl, australisch (H,B)	Santalol Terpene	holzig, balsamisch	sehr gut (Fixator)	nein	1
Sandelholzöl, westindisch (H,B)	Caryophyllen, Cadinen Amyrol	leicht balsamisch	sehr gut (Fixator)	nein	2
Shiubaumöl (Kapferbaum) (K)	Linalool Campher Termene	frisch, camphrig	gut	nein	8
Siamholz (B)		holzig, balsamisch	sehr gut (Fixator)	nein	2
Spiköl (H)		camphrig, lavendelartig	schlecht	ja (grau)	5
Storax*, flüssig (Benzoe) (B)	Styrol Zimtsäureester	blumig	gut	nein	6
Thymianöl (H)	Carvacrol Thymol	Thymian	gut	nein	10
Verbenaöl (Eisenkraut) (K)	Citral-Methylheptenon	frisch, zitronig	gut	nein	9

Ätherisches Öl Duftnote	Hauptkomponenten	Duftcharakter	Haltbarkeit in der Seife	Verfärbung	Duftstärke 1–10
Veilchenwurzelöl (Irisöl) (H)	Iron	Iris, Veilchen	gut	nein	6
Vetiveröl (B)	Vetiverol	holzig	sehr gut (Fixator)	nein	2
Wacholderbeeröl (K)	Pinen Cadinen	aromatisch, würzig	schlecht	nein	6
Wintergrünöl (Gaultheriaöl) (H)	Salicylsäure-methylester	grün, warm	gut	nein	10
Ylang-Ylang Blüten von Cananga odorata (var. genuina) (H)	p-Kresol-methylether Linalool	blumig-süß	schlecht	ja (grau)	4
Zedernholzöl (H,B)	Cedrol Cedren	Zedernholz	gut (Fixator)	nein	1
Zimtblätteröl (H,B)	Eugenol Caryophyllen Linallol	Zimt, Nelke	gut	ja (gelb)	8
Zimtöl*, Ceylon (H,B)	Benzoesäure-ester, Pinen, Zimtaldehyd Eugenol	Zimt	gut	ja (gelb)	10
Zitronenöl* (K)	Limonen Citral	zitronig	schlecht (verharzt)	ja (gelb)	4

Tabelle A15: Beispiele für Seifenparfüms aus ätherischen Ölen (nicht andickend; nicht färbend)

Anmerkungen:

Parfüme bestehen normalerweise zu 30–40% aus der Kopfnote. In Seifen verflüchtigt sich diese zu einem großen Teil bereits während der Herstellung und Reifung und spielt dadurch nur eine untergeordnete Rolle. Wir empfehlen zum Abrunden des Duftes einen Einsatz von 10–20%. Duftmischungen zeigen ihren Charakter erst nach 2–4 Wochen Lagerung. Zum Ausbalancieren der Mischung kann tropfenweise äth. Öl zugegeben werden, zum Verdünnen des Duftes eine kleine Dose Neutralöl.

FP: Flammpunkt

Duft	Kopfnote 10–20%	Herznote 70–80%	Basisnote 10%
blumig	Bergamotte (FP: 50–58°C)	Linaloe (FP: 70–75°C) Geranium (FP: 82–86°C)	Sandelholz (FP >100°C)
blumig	Bergamotte	Cananga (FP: 95–100°C) Geranium Anis (FP: 89–98°C)	Sandelholz
blumig	Bergamotte	Geranium Petitgrain (FP: 63–88°C)	Sandelholz
blumig	Bergamotte	Linaloe Iris (FP ca. 94°C) Petitgrain	Sandelholz
blumig	Citronell (FP ca. 78°C)	Geranium Muskatellersalbei (FP: 57–65°C)	Patchouli (FP ca. 117°C)
blumig	Citronell	Cananga Palmrosa (FP: 90–95°C)	Sandelholz
blumig	Bergamotte	Iris Geranium	Vetiver (FP > 100°C)
würzig	Bergamotte	Fenchel (FP: 62–66°C) Petitgrain	Sandelholz

Duft	Kopfnote 10–20%	Herznote 70–80%	Basisnote 10%
würzig	Citronell	Pfefferminz (FP: 80–88°C) Salbei (FP: 48–53°C) Ingwer (FP: 66–71°C)	Sandelholz
würzig	Citronell	Anis (FP: 50–58°C) Fenchel Geranium	Sandelholz
würzig, holzig	Citronell Bergamotte	Muskatellersalbei Petitgrain	Zedernholz (FP > 100°C) Sandelholz
würzig, holzig	Bergamotte	Wintergrün (FP: 80–85°C) Geranium Pfefferminz	Patchouli Zedernholz
nach Kräutern	Bergamotte	Thymian (FP: 53–57°C) Wintergrün Muskatellersalbei	Patchouli
nach Kräutern	Bergamotte	Thymian Pfefferminz Cypresse (FP: 35–38°C)	Vetiver
frisch, leicht fruchtig	Bergamotte	Verbena (FP: 52–70°C)	Sandelholz

Tabelle A16: Synthetische Riechstoffe: Färbende Wirkung und Charakter, Stärke und Haltbarkeit des Duftes in Seifen

Anmerkungen:

Durch Schwankungen der Rohstoffqualität und Chargen der Parfümöle und Seifen sowie der gewählten Reaktionsbedingungen bei der Verseifung können die Ergebnisse abweichen.

K: Kopfnote, H: Herznote, B: Basisnote; Duftstärke: 1 – schwach; 10 – sehr stark

chem. Verbindung	Duftcharakter	Haltbarkeit in der Seife	Verfärbung	Duftstärke 1–10
Octylalkohol	Rose	gut	nein	10
Nonylalkohol				
Decylalkohol				
Undecylalkohol	Jasmin	gut	nein	10
Laurinalkohol	Maiglöckchen	gut	nein	10
Acetophenon	Mimosa	gut	nein	8
Amylsalicylat	Klee	gut	nein	4
Benzylacetat	Jasmin	schlecht	nein	3
Benzylalkohol	leicht blumig	gut	nein	1
Benzylbenzonat	leicht balsamisch	sehr gut (Fixator)	nein	0
Benzylpropionat	Jasmin	sehr gut	nein	5
Benzylsalicylat	Tanne	gut	nein	5
ß-Naphthyläthylether	Orange	gut	nein	6
Carvacrol	thymianartig	gut	ja	8
Citral	Zitrone	mäßig	nein	5
Citronell	Rose	gut	nein	3
Citronellylacetat	fruchtig, Rose	gut	nein	7
Citronylformiat	Maiglöckchen	gut	ja (Flecken-bildung)	7
Cumarin	Waldmeister	sehr gut	nein	5
Dipentin	Terpentin	gut	nein	4
Diphenylether	Geranium	gut	nein	8
Eugenol	Gewürznelke	gut	ja (braun)	5
Eugenolmethylether	Gartennelke	gut	nein	3
Geraniol	Rose	gut	nein	4
Geranylacetat	fruchtig	gut	nein	6
Geranylbutyrat		mäßig	nein	6
Geranylformat		gut	nein	6
Geranylphosphat		gut	nein	6
Heliotropin	süß	gut	nein	5

chem. Verbindung	Duftcharakter	Haltbarkeit in der Seife	Verfärbung	Duftstärke 1–10
Hyacinthin	Hyazinthen	gut	ja (dunkelt nach)	8
Hydroxycitronellal	Flieder	mäßig	nein	2
Indol	Jasmin	gut	ja (rot)	10
Isoeugenol	Gartennelke	gut	ja	7
Isogenolmethylether	Gartennelke	gut	nein	2
Jonon	Veilchen	gut	ja (grau)	6
Linallol	Lavendel, Maiglöckchen	gut	nein	5
Linalylacetat	Bergamotte, Lavendel	gut	nein	5
Linalylbutyrat	Lavendel	mäßig	ja	5
Linalylformiat		mäßig	ja	7
Linalylisobutyrat		gut	nein	7
Menthol	Pfefferminz	gut	nein	8
Methylacetophenol	Mimosa	gut	nein	8
Methyljonon	Iris	gut	ja (grau)	6
Moschusambrette	ambretteartig	sehr gut (Fixator)	ja (gelb)	3
Moschusketon	moschusartig	gut (Fixator)	nein	2
Moschusxylol			ja (grau)	1
ß-Naphtylmethylketon	Orange	gut	nein	2
p-Kresolmethylether	Ylang-Ylang	gut	nein	9
p-Kresylacetat	Narzisse	gut	nein	10
Phenylethylacetat	honigartig	gut	ja (Fleckenbildung)	5
Phenylethylalkohol	blumig, Rose	gut	nein	3
Phenylethylbutyrat	fruchtig	gut	ja (Fleckenbildung)	5
Phenylethylisobutyrat	fruchtig, süß	gut		5
Phenylethylpropionat	Honig	gut	nein	6
Rhodinol	Rose	gut	nein	5

chem. Verbindung	Duftcharakter	Haltbarkeit in der Seife	Verfärbung	Duftstärke 1–10
Safron	Kraut	gut	nein	8
Salicylsäureamylester (Trefol)	Orchidee, Klee	sehr gut	nein	6
Salicylsäurebenzylester	leicht blumig	sehr gut	nein	1
Salicylsäuremethylester	Wintergrün	gut	nein	2
Terpineol	Flieder	sehr gut (Fixator)	nein	2
Terpinylacetat	Bergamotte	gut	nein	5
Terpinolen	camphrig	gut	nein	5
Thymol	Thymian	gut	nein	8
Vanillin	Vanille	gut	Ja (schwarzbraun)	8
Vetiverylacetat	holzig	gut	nein	4
Yara-Yara (Neolin)	Orange	gut	nein	4
Zimtalkohol	Zimt	sehr gut	ja	2

Tabelle A17: Beispiele für nicht andickende und nicht färbende Parfümöle

Nach Angaben von Lieferanten, eigenen Erfahrungen und Erfahrungen von Seifensiedern (Kaltverseifung)

Anmerkungen:
Durch Schwankungen der Rohstoffqualität und Chargen der Parfümöle und Seifen sowie der gewählten Reaktionsbedingungen bei der Verseifung können die Ergebnisse abweichen.

Parfümöl	Duftnote	Duftcharakter
Gracefruit – https://www.gracefruit.com/		
Garden Path	weiblich	blumig, leicht würzig, holzig

Parfümöl	Duftnote	Duftcharakter
Kosmetikmanifaktur – https://www.kosmetik-manufaktur.at		
Grapefruit	unisex	frisch, nach Grapefruit
Rose	weiblich	blumig
Veilchen	weiblich	blumig
Zitronenmyrte	unisex	herb, frisch
Manske GmbH – https://www.manske-shop.com		
Aprikosenkuchen	weiblich	fruchtig, leicht blumig
Bergamotte	unisex	zitrusartig
Fichtennadel	unisex	holzig
Flieder	weiblich	blumig, leicht würzig
Ginger Lime	unisex	frisch, dezent würzig
Honey Wash	weiblich	süß, honigartig, blumig
Ice	unisex	frisch, leicht würzig
Like me all over	weiblich	tropisch, fruchtig
Melone	unisex	fruchtig
Mittelmeer	unisex	frisch, maritim
Nautic	unisex	frisch, leicht fruchtig
Pfirsich	weiblich	früchtig, süß
Rose/Lavendel/Hagebutte	unisex	frisch, leicht blumig
Seerose	unisex	frisch, blumig
Tropicana	weiblich	süß, exotisch
Nature's Garden – https://www.naturesgardencandles.com		
NG Aloe und White Lilac	unisex	frisch, blumig
NG Amber Romancing	unisex	nach Vanille, Moschus, Kirsche
Bergamotte	unisex	frisch, zitrusartig
Black Ops	männlich	orientalisch, holzig, leicht blumig
Black Raspberry und Vanilla	weiblich	fruchtig, süß, nach Beeren
Che Bella Donna	weiblich	blumig
Coconut Lime Verbana	unisex	frisch, blumig
Endlessly in Love	unisex	fruchtig, blumig, dezent holzig
Hot Pink Pomegranate	unisex	frisch, würzig

Parfümöl	Duftnote	Duftcharakter
NG Loving Spell	unisex	fruchtig, süß
Poison Crocus	weiblich	blumig
Pretty Kitty	unisex	frisch, fruchtig, leicht blumig
NG Viva la Juicee	weiblich	süß, fruchtig, blumig, leicht holzig
Juzu	unisex	nach Grapefruit
Rosarome – https://www.rosarome.de		
Pfingstrose „Paeonia"	weiblich	frisch, blumig
Rustic Escentuals – https://www.rusticescentuals.com/		
Alpine Frost	unisex	frisch, würzig, holzig
Angel Baby	unisex	süß, blumig, holzig
Angel Heart	unisex	warm, fruchtig, blumig, dezent holzig
Apricot und Honig	weiblich	dezent süß, fruchtig, blumig
Arctica	männlich	frisch, zart blumig, holzig
Autumn Rain	unisex	frisch, holzig mit Heunote
Bamboo Sugar Cane	unisex	fruchtig, nach Gräsern und Zitrus
Barbershop 1920's	männlich	nach Amber, Rum und Aftershave
Beachwood Vetiever	unisex	exotisch, frisch, blumig, leicht holzig
Black Cherry	weiblich	süß, fruchtig, nach Kirschen
Candied Ginger	unisex	robust, würzig, zitronig
Clementine Lavender	unisex	nach Kräutern, frisch, dezent fruchtig
Coconut Crem Pie	unisex	frisch, nach Zitrus und Kokos
Cucumber Mint	unisex	frisch
Eucalyptus und Thyme	unisex	erfrischend, belebend
Evergreen Oasis	unisex	frisch, erdig-fruchtig
Flanell Sheets	unisex	frisch, nach Leinen
Gardenia	weiblich	blumig
Gilded Amber	weiblich	warm, blumig, leicht holzig
Green Irich Tweed	männlich	sportlicher Duft, holzig, leicht blumig
Green Tea und Cucumber	unisex	frisch
Hipster	männlich	holzig, nach Leder und Zitrus
Jasmine	weiblich	blumig

Parfümöl	Duftnote	Duftcharakter
Lemon Verbena	unisex	frisch, zitronig
Lovely type	weiblich	fruchtig, blumig, leicht holzig
Neroli	unisex	nach Orangenblüten
Patchouli Oud Wood	unisex	erdig, holzig, leicht blumig
Patchouli Rain	unisex	frisch, erdig
The Fragrancy – https://www.fragrancy.de/		
Almond Milk	weiblich	süß, nach Mandelmilch
Aloe Vera	unisex	frisch
Amber und Lavender	weiblich	blumig
Apple	unisex	fruchtig, nach Apfel
Apple Jack und Peel	weiblich	fruchtig nach Apfel, Zimt und Nelken
Aromatherapy Moods	weiblich	blumig
Bamboo	weiblich	holzig, orientalisch
Bedtime Bath	weiblich	nach Heu und Kräutern, leicht blumig
Bite Me	unisex	zitrusartig, fruchtig
Blackcurrant	unisex	grün, fruchtig, erdig
Bluebell	unisex	sanft blumig
Butterfly Hugs	unisex	fruchtig, sanft blumig
Chamomile	unisex	nach Kamille
Clean	weiblich	frisch, blumig
Cool Clear Water	männlich	frisch, holzig, kräutig
Daffodil	weiblich	blumig
Elderflower	weiblich	blumig nach Holunderblüten
English Rain	weiblich	blumig
Exotic Mango	weiblich	fruchtig
Fig und Cassis	unisex	fruchtig-herb
Galaxy of Stars	unisex	frisch, dezent nach Gewürzen
Green Clover and Aloe	unisex	frisch, nach Kräutern
Harvest Moon	unisex	frisch, fruchtig, holzig
Jungle Love	unisex	frisch, fruchtig
Maraschino Cherry	weiblich	fruchtig, süß

Parfümöl	Duftnote	Duftcharakter
Monkey Farts	weiblich	fruchtig
Parma Violet	weiblich	blumig, süß
Strawberries und Fizz	weiblich	frisch, fruchtig, süß
Sweet Orange Chili Pepper	unisex	spritzig, würzig
Violet PÖ	weiblich	blumig
Waterlily	weiblich	blumig
Yumminess	unisex	fruchtig
Vieftopic – https://www.scentperfique.com		
Fresh Linen	weiblich	blumig, nach frischem Leinen
Jai Ciao	unisex	holzig, orientalisch
Scotch Mist	unisex	nach Kräutern, leicht holzig
Sea Salt und Wood Sage	unisex	warm, nach Salbei und Gartenfrucht
Vita von Waldehoe – https://www.waldehoe.at		
Winterwald	unisex	nach Tannen mit leichter Zitrus- und Gewürznote

Tabelle A18: Hydrolate: Färbende Wirkung und Haltbarkeit des Duftes in Seifen

Anmerkungen:

Durch Schwankungen der Rohstoffqualität und Chargen der Parfümöle und Seifen sowie der gewählten Reaktionsbedingungen bei der Verseifung können die Ergebnisse abweichen.

Hydrolat	Haltbarkeit in der Seife	Verfärbung	Bemerkungen
Fichtennadeln	mäßig	ja	
Kamille	mäßig	ja	
Lavendel	mäßig bis gut	ja	
Mimosa	gut	ja	kräftig
Oeilett (Nelke)	gut	ja	Honiggeruch
Orangenblüten	gut	ja	

Hydrolat	Haltbarkeit in der Seife	Verfärbung	Bemerkungen
Oregano	gut	ja	
Rose	gut	nein	
Rosmarin	mäßig	nein	
Thymian	gut	nein	
Tuberose	gut	ja	
Veilchenblätter	gut	ja	

Tabelle A19: Lichtechtheit von Farbmitteln

Die Lichtbeständigkeit von Farben ist ein wesentlicher Qualitätsparameter und gemäß DIN 54003 definiert.

Lichtechtheit	Zuordnung
8	hervorragend
7	vorzüglich
6	sehr gut
5	gut
4	ziemlich gut
3	mäßig
2	gering
1	sehr gering

Tabelle A20: Unbedenkliche Farbmittel für Seifen

Folgende Farbmittel sind uneingeschränkt in Kosmetikprodukten zugelassen, hautverträglich, alkalibeständig und lichtecht.

Farbmittel	Color Index (C.I.)	Gewinnung
Erde gelb	77492	natürliche Minerale (Pigmente)
Erde rot	77491	
Erde grün	77288	

Farbmittel	Color Index (C.I.)	Gewinnung
Pigment Red 101	77491	synthetische Pigmente
Cochemine, Karminrot	75470	
Perl Dark Yellow, Blue Sky, Perl Olive Yellow	Gemisch aus: 77019, 77891, 77492	
Pigment Green 7	74260	
Pigment Red 174	45410	
Pigment Yellow 1	11680	
Titanoxid	77891	
Pigment Yellow 42	73000	
Pigment Blue 29	77007	

Tabelle A21: Sicherheitsdatenblätter

Jeder Hersteller oder Lieferant von Chemikalien (Gefahrstoffen) ist lt. EU-Recht verpflichtet, zu jeder einzelnen Chemikalie ein Sicherheitsdatenblatt zu erstellen und dieses mitzuliefern oder dem Anwender online verfügbar zu machen. Es lohnt sich auf jeden Fall auch für unsere Zwecke, uns mit den wichtigsten Gefahrstoffen (z. B. Natronlauge, Glycerin) vertraut zu machen.
Eine sehr zweckmäßige Übersicht ist online auf dem Server der Freien Universität Berlin unter folgendem Link zu finden, auf dem auch die wichtigsten Sicherheitsdatenblätter direkt abrufbar sind:

Sicherheitsdatenblätter online	
https://bit.ly/38eG6dd	

Tabelle A22: Verzeichnis der Seifenrezepte

Naturseife	Duftnote	Zu empfehlen für	Enthält u. a.:	Seite
„tranquillo"	blumig (zarte Rose)	alle Hauttypen	Olivenöl, Rosenhydrolat	162
„ritenuto"	blumig (dezent nach Jasmin)	trockene und normale Haut	Avocado- und Olivenöl, Kokosnussfett	168
„meno mosso"	süß (nach Milch und Honig)	trockene und normale Haut, Mischhaut (isotone Wirkung)	Oliven- und Rapsöl, Kokosnussfett, Ziegenmilch, Honig, Salz	172
Rasierseife „a tempo"	frisch, krautig, leicht holzig	normale Haut, Mischhaut und fettige Haut	Sonnenblumenöl HO, Schmalz (bio), Kokosnussfett, Kamillenaufguss	178
Salzseife „o sole mio"	nicht beduftet	fettige und unreine Haut (austrocknend)	Sonnenblumenöl HO, Kokosnussfett, gesättigte Kochsalzlösung	184
„calando"	würzig	trockene und normale Haut, Mischhaut	Olivenöl, Kokosnussfett	190
„molto"	nicht beduftet	empfindliche, trockene und normale Haut	Sonnenblumen- und Rizinusöl, Kokosnussfett	192
„andante"	nicht beduftet	normale Haut, Mischhaut	Distel-, Erdnuss-, Rizinusöl, Kokosnussfett	194
Kinderseife „giocoso"	sehr dezent nach Kamille	empfindliche und trockene Haut	Olivenöl, Babassufett, Sheabutter, Kamillenhydrolat	196
„sostenuto"	süß	trockene und normale Haut (isotone Wirkung)	Avocado- und Rizinusöl, Kokosnussfett, Salz	198
„marcato"	würzig	normale Haut, Mischhaut	Distelöl HO, Rindertalg (bio), Kokosnussfett, Kamillenhydrolat	200
„moderato"	würzig	trockene und normale Haut	Rindertalg (bio), Reiskeimöl, Kokosnussfett, Orangenhydrolat	204
„scherzando"	würzig	trockene und normale Haut	Schweineschmalz (bio), Kokosnussfett, Rapsöl	206

Naturseife	Duftnote	Zu empfehlen für	Enthält u. a.:	Seite
„teneramente"	nicht beduftet	empfindliche, trockene und normale Haut	Sonnenblumenöl HO, Kokosnussfett, Schweineschmalz (bio), Kuhjoghurt	208
„vitace"	süß, balsamisch, Honignote	trockene und normale Haut	Erdnussöl (bio), Kokosnussfett, Schweineschmalz (bio), Schafmilchjoghurt, Natriumzitrat	210
„vivo"	blumig	trockene und normale Haut	Olivenöl, Schweineschmalz (bio), Kokosnussfett, Lavendelhydrolat, Natriumzitrat	213
„espressivo"	würzig, nach Lorbeer	normale Haut, Mischhaut und unreine Haut	Oliven- und Lorbeeröl, Kokosnussfett, Haferdrink	215
„impensierito"	süß, nach Honig	trockene und normale Haut, Mischhaut (isotone Wirkung)	Sonnenblumenöl HO, Babassufett, Reiskeimöl, Kuhjoghurt, Honig, Salz	218
„a bene placito"	Kräuter	normale Haut, Mischhaut und fettige Haut	Distelöl HO, Babassuöl, Ziegenmilch	220
„cantabile"	nicht beduftet	trockene und normale Haut	Sonnenblumenöl HO, Kokosnussfett, Kakaobutter, Mandeldrink	223
„lesto"	nicht beduftet	trockene und normale Haut (isotone Wirkung)	Olivenöl, Kokosnussfett, Nachtkerzenöl, Mangobutter, Sojadrink, Salz	225
„andantino"	blumig	empfindliche, trockene und normale Haut (isotone Wirkung)	Avocadoöl, Kokosnussfett, Cupuaçubutter, Salz	228
„grazioso"	blumig	trockene und normale Haut	Oliven- und Mandelöl, Kokosnussfett, Seidenprotein, Lavendelhydrolat	230
„non troppo"	frisch, leicht fruchtig	normale Haut, Mischhaut und fettige Haut	Oliven- und Hanföl, Distelöl HO, Kokosnussfett, Mandeldrink	233
„rubato"	würzig	trockene und normale Haut, Mischhaut (isotone Wirkung)	Oliven- und Reiskeimöl, Kokosnussfett, Bienenwachs, Salz	235

Naturseife	Duftnote	Zu empfehlen für	Enthält u. a.:	Seite
„colla parte"	würzig, holzig	alle Hauttypen (isotone Wirkung)	Olivenöl, Kürbiskernöl, Kokosnussfett, Bienenwachs, Salz, Stärke	238
Zarte Peelingseife „ma non tanto"	würzig	trockene und normale Haut (besonders schonend für das Gesicht)	Oliven- und Sojaöl, Kokosnussfett, Olivenbutter, Jojobeads, Natriumzitrat	240
Peelingseife „a capriccio"	fruchtig, dezent nach Honig	alle Hauttypen (isotone Wirkung)	Olivenöl, Erdnussöl HO, Kokosnussfett, Mandeldrink, Honig, Orangenschalen, Salz	243
Peelingseife „mosso"	würzig	normale Haut, Mischhaut	Olivenöl, Kokosnussfett, Schweineschmalz (bio), Salbei	245
„con fuoco"	holzig, würzig	normale Haut	Rapsöl, Palmfett (bio), Kokosnussfett	250
„tempo qiusto"	würzig	trockene und normale Haut	Sonnenblumenöl HO, Kokosnussfett, Rizinusöl, Natriumzitrat	252
„ritenente"	dezent würzig (nach Oregano)	Mischhaut, fettige Haut	Oliven- und Sojaöl, Kokosnussfett, Oreganohydrolat, Salz, Maisstärke, Natriumzitrat	254
„stringendo"	blumig	empfindliche, trockene und normale Haut	Oliven- und Mandelöl, Kokosnussfett, Sheabutter (bio), Mandeldrink	257
„risoluto"	blumig	normale Haut, Mischhaut	Fettstange, Distelöl HO, Kokosnussfett, Buttermilch	260
„con spirito"	Kräuter	trockene und normale Haut	Oliven- und Reiskeimöl, Kokosnussfett, Schafsmilch	262
„larghetto"	nicht beduftet	empfindliche, trockene und normale Haut	Avocadoöl, Kokosnussfett, Cupuaçubutter, Buttermilch	265
„con espressione"	blumig, leicht holzig	empfindliche, trockene und normale Haut	Avocadoöl, Kokosnussfett, Cupuaçubutter, Kokosmilch	267

Naturseife	Duftnote	Zu empfehlen für	Enthält u. a.:	Seite
„grave"	nicht beduftet	empfindliche, trockene und normale Haut (isotone Wirkung)	Avocadoöl, Kokosnussfett, Sheabutter (bio), Kuhjoghurt, grüner Tee, Zucker, Salz	270
„a battuta"	frisch, leicht blumig	normale Haut, Mischhaut	Olivenöl, Distelöl HO, Kokosnussfett, Kakaobutter, Minzhydrolat	273
„con moto"	dezent würzig	trockene und normale Haut (isotone Wirkung)	Sonnenblumenöl HO, Kokosnussfett, Schweineschmalz (bio), Salz, Zucker	275
„suivez"	würzig	trockene und normale Haut (isotone Wirkung)	Schweineschmalz (bio), Kokosnussfett, Erdnussöl (bio), Salz, Natriumzitrat	278
Rasierseife „a piacimento"	würzig frisch mit leichter Holznote	normale Haut, Mischhaut	Erdnussöl (bio), Kokosnussfett, Schweineschmalz (bio), Salbeiauszug	281
„ad libitum"	durch Restseifen definiert	alle Hauttypen	Olivenöl, Kokosnussfett, Reiskeimöl, Restseifen	286
„simsalabim"	Seife einschmelzen			302
Testreihen				
Testreihe 1 „a piacere" Zusätze:	frischer, grüner Blumenduft	alle Hauttypen	Grundseife: Olivenöl, Kokosnussfett, Schmalz (bio)	306
			1. Kuhmagermilch	308
			2. Kuhvollmilch	309
			3. Buttermilch	311
			4. Kuhjoghurt	313
			5. Ziegenmilch	315
			6. Ziegenjoghurt	317

Naturseife	Duftnote	Zu empfehlen für	Enthält u. a.:	Seite
Testreihen				
Testreihe 1 „a piacere“ Zusätze:	frischer, grüner Blumenduft	alle Hauttypen	7. Schafjoghurt	318
			8. Mandeldrink	320
			9. Haferdrink	322
			10. Sojadrink	324
			11. Kokosmilch	326
			12. Natriumlaktat	328
			13. Stärke	330
			14. Bienenhonig	333
			15. Seidenprotein	334
			16. Natriumzitrat	336
Testreihe 2 „giusto“ Zusätze:	blumig	normale Haut und Mischhaut	Grundseife: Oliven- und Traubenkernöl, Palmfett (bio), Kokosnussfett	338
	Kaffee		1. Kaffee	340
	blumig		2. Haushaltszucker	342
	--		3. Salz	343
Testreihe 3 „quasi“ Zusätze:	unparfümiert	trockene und normale Haut	Grundseife: Sonnenblumenöl HO, Erdnussöl (bio), Kokosnussfett	345
			1. Mangobutter	345
			2. Cupuaçubutter	347
			3. Olivenbutter	349
			4. Kakaobutter	351
			5. Sheabutter	353

Tabelle A23: Tabellenverzeichnis

Tabelle A24: Verzeichnis der Abbildungen in den Kapiteln

Tabelle A25: Online Einkaufen (Beispiele)

Rohstoffe und Zubehör	Land
www.alexmo-cosmetics.de	Deutschland
www.alpe-cos.com	Deutschland
www.art-of-beauty.at	Österreich
www.behawe.com	Deutschland
www.brambleberry.com	USA
www.cosmopura.de	Deutschland
www.diebrise.at	Österreich
www.dragonspice.de	Deutschland
www.dreiangel.ch	Schweiz
www.essence.de	Deutschland
www.fragrancy.de	Deutschland
www.gracefruit.com	Großbritannien
www.kosmetikmacherei.at	Österreich
www.kosmetik-manufaktur.at	Österreich
www.lumbinigarden.de	Deutschland
www.manske-shop.com	Deutschland

Rohstoffe und Zubehör	Land
www.naturesgardencandles.com	USA
www.naturschoenheit.at	Österreich
www.rusticescentuals.com	USA
www.rosarome.de	Deutschland
www.scentperfique.com	Großbritannien
www.seifenschneider-mrk-tools.com	Deutschland
www.omikron-online.de	Deutschland
www.waldehoe.at	Österreich

Tabelle A26: Abkürzungen

Abkürzungen	Bedeutung
A	Grundfläche
b	Breite
BF	Blockform
C	Kohlenstoff
$C_3H_5NaO_3$	Natriumlaktat
CAS	Chemical Abstracts Service (internationaler Bezeichnungsstandard für chemische Stoffe)
CLP-Verord- nung	Classification, Labelling and Packaging (Einstufung, Kennzeichnung und Verpackung von Stoffen und Gemischen) CLP-Verordnung setzt das global harmonisierte System zur Einstufung und Kennzeichnung von Chemikalien (GHS) der UNO um.
CP	Cold Prozess
EL	Esslöffel
FA	Fettansatz
FS	Fettsäure
FP	Flammpunkt
GFA	Gesamtfettansatz
h	Höhe
H	Wasserstoff

Abkürzungen	Bedeutung
HMF	Hydroxymethylfurfural
H_2O	Wasser
HO-Öle	High-Oleic-Öle
JZ	Jodzahl
K	Kalium
KOH	Kaliumhydroxid
l	Länge
m	Masse
M	Molmasse (Molekulargewicht)
Na	Natrium
NaCl	Natriumclorid
NaOH	Natriumhydroxid
O_2	Sauerstoff
OHP	Oven Hot Process
pH	pH-Wert (Maß für sauren oder basischen Charakter einer wässrigen Lösung)
POZ	Peroxidzahl
SZ	Säurezahl
T	Temperatur
TL	Teelöffel
V	Volumen
VZ	Verseifungszahl
WHO	Welthandelsorganisation
WWF	World Wide Fund For Nature (internationale Natur-und Umweltschutzorganisation)

Sachverzeichnis

Glossar

ätherische Öle
Aus aromatischen Pflanzen durch Kaltpressung oder mittels Wasserdampfdestillation gewonnene, leichtflüchtige duftende Öle, die auch verwendet werden, um Seifen zu parfümieren. Vorsicht: Die in der Parfümherstellung durch Alkoholextraktion gewonnenen ätherischen Öle sind wegen ihres Alkoholgehalts für die Seifenherstellung nicht geeignet.

Allergene
Stoffe, die allergische Reaktionen auslösen können. Die EU-Kosmetikverordnung definiert allergene Stoffe und deren maximal zulässige Konzentration in Seifen und sonstigen Kosmetikprodukten.

Andicken (Seifenleim)
Bei der Kaltverseifung kommt es unter stetigem Rühren normalerweise zu einem langsamen Andicken des Seifenleims (siehe „Zeichnen"). Zusätze wie z. B. Duftstoffe, Wachse und Butter können allerdings zu einem blitzartigen Erstarren des Seifenleims führen, sodass sich bereits im Reaktionsgefäß feste Brocken bilden, die nicht mehr in die Form gegossen werden können.

Antioxidantien
Natürlich vorkommende oder synthetisch hergestellte Stoffe, die das Ranzigwerden von Ölen und Seifen hinauszögern.

Azofarbstoffe
Synthetische, stark färbende Farbstoffe. Charakteristisch für Azofarbstoffe sind eine oder mehrere Azobrücken (-N=N-). Sie sind farbstabil, lichtecht und können kräftige Farben haben.

Beerenwachs (Japanwachs)
Kein Wachs im chemischen Sinn, sondern ein Gemisch aus Glycerinestern mit einem hohen Anteil an Palmitinsäure. Schmelzpunkt: 48–54°C; VZ_{KOH}: 180–220; Unverseifbares: 1–4%.

Bienenhonig
Naturprodukt mit wasserbindenden und antibakteriellen Eigenschaften. Enthält 27–44% Fruktose, 22–41% Glukose und 15–21% Wasser sowie in geringen Mengen auch Saccharose, Maltose, Melezitose, Di- und Oligosaccharide, Blütenpollen, Mineralstoffe, Proteine, Enzyme, Aminosäuren, Vitamine, Farb- und Aromastoffe.

Bienenwachs
Wird in der Seife als Konsistenzgeber eingesetzt. Der natürliche, honigartige Duft hält der Verseifung nicht stand. Zusammensetzung: 70–75% Ester höherer Fettsäuren und höherer Fettalkohole, 10–15% freie Fettsäuren, 11–17% ungesättigte und gesättigte Kohlenwasserstoffe, Vitamin A, Mineralien, Proteine, natürliche Farbstoffe und Aromen. Ein Bienenvolk kann im Jahr ca. 380 Gramm Wachs produzieren (auf 1 Kilogramm Wachs ca. 7 Kilogramm Honig). Schmelzpunkt: 55–65°C; VZ_{KOH}: 70–80; Unverseifbares: ca. 50%.

Bioverfügbarkeit
Anteil eines Wirkstoffes, der unverändert im Blutkreislauf zur Verfügung steht. Sie gibt an, wie schnell und in welchem Umfang der Stoff (z. B. ein Arzneimittel) aufgenommen wird und am Wirkort zur Verfügung steht.

CAS-Nummer
CAS-Registernummer, engl. CAS Registry Number (CAS = Chemical Abstracts Service). Internationaler Bezeichnungsstandard für chemische Stoffe, der jedem in der CAS-Datenbank registrierten chemischen Stoff eine eindeutige Nummer zuordnet.

Casein
Milchprotein, das zu Käse und Quark weiterverarbeitet wird. Diese Produkte verdanken ihre feste Konsistenz der Gerinnung des Caseins. Es gehört zu den häufigsten Auslösern von Kuhmilchallergien.

Charge
Produktionsserien von Rohstoffen mit gleichen Eigenschaften. Naturstoffe wie z. B. Fette und Öle unterscheiden sich von Charge zu Charge je nach Erntezeit, Anbaugebiet und Verarbeitung des Ausgangsmaterials. Damit schwankt auch die Qualität des entstandenen Produkts. Jede Charge bekommt eine Chargennummer, der Datum, Anbaugebiet, Qualitätsmerkmale und untersuchte Kennzahlen zugeordnet werden. So kann die Zusammensetzung des Rohstoffes rückverfolgt werden.

Cupuaçubutter
Konsistenzgeber für Naturseifen. Hauptbestandteile: 43% Ölsäure, 33% Stearinsäure, 7% Palmitinsäure; VZ_{KOH}: 180–200; Unverseifbares: 1,2%; Haltbarkeit: ca. 12 Monate (gekühlt).

destilliertes Wasser
Durch Destillation gewonnenes, reines Wasser, das frei von Verunreinigungen, Salzen, organischen Stoffen und Keimen ist.

Detergentien
Meist synthetisch hergestellte Stoffe, die die Oberflächenspannung von Flüssigkeiten herabsetzen und sich daher zu Reinigungszwecken eignen (z. B. enthalten in Spül-, Reinigungs- und Waschmitteln).

Emulsion
Stabile, sich nicht trennende Mischung von Öl in Wasser oder Wasser in Öl.

Ester
Neutrale chemische Verbindung, die durch die Reaktion einer Säure mit einem Alkohol entstehen. Seifen sind nichts anderes als Ester von Fettsäuren mit Glycerin, einem dreiwertigen Alkohol.

Fettansatz s. Gesamtfettansatz

Fettsäure
Organische Säure pflanzlicher oder tierischer Herkunft aus mindestens acht Kohlenstoffatomen in Form einer Kette. An einem Ende trägt sie einen Säurerest. In der Seifenherstellung definieren die verwendeten Fettsäuren die Eigenschaften der Seife.

Fixateure (Fixative)
Schwerflüchtige Riechstoffe oder geruchlose Stoffe, die in der Lage sind, Geruchskomplexe haltbarer, d. h. weniger flüchtig, zu machen. Beispiele sind balsamische Harze (Benzoe, Peru, Tolu, Styrax), Moschus, Ambra, Tibet, Tonka, Galbanum, Vetiver, Oponaxharz, Weihrauch, Iris, Eichenmoos, Araucaria, Zedern-, Guajak-, Sandelholz.

Flammpunkt
Die niedrigste Temperatur, bei der sich über einem Stoff ein zündfähiges Dampf-Luft-Gemisch bilden kann. Der Flammpunkt bietet einen Orientierungswert bezüglich der Flüchtigkeit eines Duftstoffes.

fungistatisch
Eigenschaft von Stoffen, das Wachstum von Pilzen zu hemmen.

fungizid
Eigenschaft von Stoffen, Pilze und Pilzsporen abzutöten.

Gelphase
Die Gelphase findet während der selbstständigen Verseifung statt, also nachdem der Seifenleim bereits in die Form gegossen wurde. Indem die Seifenform mit Decken, Handtüchern oder in Styroporkisten isoliert wird, heizt sich der Seifenleim durch Reaktionswärme auf

70–80°C auf und wird gelartig. Seifen, die eine Gelphase durchlaufen haben, zeichnen sich durch eine verkürzte Trockenzeit und eine besonders glatte Oberfläche aus. Die Gelphase muss durch Kühlung der Form verhindert werden, wenn der Seifenleim temperaturempfindliche Zusätze enthält.

gesättigt (Fettsäuren)
Gesättigte Fettsäuren enthalten keine Doppelbindungen zwischen den C-Atomen.

Gesamtfettansatz (GFA)
Gesamtheit der Fette und Öle, die in einem Seifenrezept verwendet werden. In diesem Buch wird mit unterschiedlichsten Fettansätzen gearbeitet, die stets eine Menge von 1000 g ergeben.

Gesamtkeimzahl (GKZ)
Wichtiger hygienischer Indikator. Sie gibt an, wie viele Mikroorganismenkolonien (Bakterien, Pilze) sich auf einem Agarnährboden im Verlauf von 48 Stunden Bebrütung bilden.

Glycerin (E422)
Dreiwertiger Alkohol, der bei der Verseifung von den Fettsäuren abgespalten wird. In der Industrie wird er als wertvoller Rohstoff (Feuchtigkeitsspender, Grundstoff in der Arzneimittelproduktion, Frostschutzmittel, Weichmacher, Schmierstoff, Futtermittel etc.) aus dem Seifenleim „ausgesalzen". In der Naturseife verbleibt er als wertvoller Inhaltsstoff, der Wasser bindet.

H-Milch
Ultrahocherhitzte Milch, die kurzzeitig auf 135–150°C erwärmt und danach langsam abgekühlt wird. Dieser Prozess tötet alle in der Milch vorhandenen Keime ab. Ungeöffnet ist sie 6–8 Wochen haltbar.

Heißverseifung
OHP (Oven Hot Process): Herstellungsprozess, bei dem der Verseifung von außen Wärme zugeführt wird, was sowohl die Reaktion als auch die Wasserverdunstung beschleunigt. Wird v. a. in der industriellen Seifenproduktion angewandt.

High-Oleic-Öle (HO-Öle)
Öle mit einem hohen Anteil an Ölsäure, die durch Raffination aus speziellen Pflanzenzüchtungen gewonnen werden (z. B. Distelöl, Sonnenblumenöl, Rapsöl). Sie sind hitzestabil und nicht leicht verderblich. Sonnenblumenöl (HO) hat z. B. einen Ölsäureanteil von 75–93%. Die Pflanzen werden auf konventionelle Art aus einer in Russland gefundenen Mutante gezüchtet.

Hydrolate
Wässrige Auszüge, die durch Wasserdampfdestillation aus Pflanzen gewonnen werden. Sie entstehen als Nebenprodukte bei der Herstellung ätherischer Öle und können in Naturseifen als Laugenflüssigkeit anstelle von destilliertem Wasser eingesetzt werden. Sie sorgen in der Seife für einen dezenten Duft und durch die gelösten Wirkstoffe der Pflanzen für hautberuhigende und antibakterielle Effekte.

hydrophil
„Wasserliebend"; hydrophile Stoffe haben ebenso wie Wasser eine polare Struktur und sind gut wasserlöslich.

hydrophob
„Wasserfürchtend"; hydrophobe Substanzen sind unpolar aufgebaut und daher der elektrochemischen Struktur von Wasser entgegengesetzt; sie lösen sich in Wasser nicht.

hygroskopisch
Eigenschaft von Stoffen, Wasser anzuziehen.

INCI-Nummer
Die International Nomenclature of Cosmetic Ingredients (INCI) bildet die internationale Richtlinie für die korrekte Angabe der Inhaltsstoffe von Kosmetika. Damit soll vor allem Allergikern die Möglichkeit gegeben werden, ein Produkt vor dem Kauf auf Allergene zu prüfen.

Jodzahl (JZ)

Experimentell ermittelte Maßzahl, die den Anteil an ungesättigten Fettsäuren in Fetten/Ölen beschreibt. Je höher die Jodzahl, desto eher neigt ein Fett/Öl zur Oxidation, d. h. zum Verderb.

Jojobaöl

Hauptbestandteile: Gadoleinsäure, Erucasäure und Ölsäure; Schmelzpunkt: 7°C; VZ_{KOH}: 90–98; Unverseifbares: 37–49%.

Kakaobutter

Hauptbestandteile: 30–39% Ölsäure, 30–37% Stearinsäure, 23–31% Palmitinsäure; VZ_{KOH}: 192–198; Unverseifbares: 0,4%; Haltbarkeit: ca. 12 Monate (gekühlt).

Kalkseifen

Schwer lösliche Magnesium- bzw. Kalziumsalze langkettiger Fettsäuren, die sich bei der Verwendung von Naturseifen mit hartem Wasser bilden. Sie fallen als Kalkrückstände aus und vermindern die Waschkraft der Seife.

Kaltverseifung

CP (Cold Process): Herstellungsprozess, bei dem der Verseifung von außen keine Wärme zugeführt wird. Dies trifft für alle in diesem Buch besprochenen handwerklich hergestellten Seifen zu. Durch die Reaktionswärme läuft die Verseifungsreaktion bei Temperaturen bis zu ca. 60–80°C ab.

KOH

Kaliumhydroxid. Wird als Lauge für die Herstellung von Flüssigseifen und in der Mischverseifung gemeinsam mit NaOH verwendet.

Laktat

Salz der Milchsäure, das bei der Seifenherstellung in Form von Natriumlaktat zur Anwendung kommt, um den Seifenschaum zu modellieren, d. h., um einen besonders cremigen Schaum zu erzielen (z. B. in Rasierseifen).

Lanolin s. Wollwachs

Lauge

Für die Verseifung unbedingt notwendige stark alkalische Substanz. Heute werden fast ausschließlich Natronlauge (NaOH) und Kalilauge (KOH) verwendet. In den Urzeiten der Seifenherstellung wurde Lauge aus Holzasche gewonnen.

Laurinsäure

Fettsäure mit 12 C-Atomen. Mit Laurinsäure hergestellte Seifen sind fest und schäumen gut.

Linoleinsäure

Mehrfach ungesättigte Fettsäure mit 18 C-Atomen. Durch die ungesättigten Kohlenstoffverbindungen oxidiert sie besonders leicht.

Mangobutter

Hauptbestandteile: 44–53% Ölsäure, 33–44% Stearinsäure, 6–10% Palmitinsäure; VZ_{KOH}: 180–200; Unverseifbares: 0,5-1%; Haltbarkeit: ca. 12 Monate (gekühlt).

Membran, semipermeable

Membran mit einer Porengröße, die das Durchtreten kleiner Moleküle (z. B. Wasser oder Lösungsmittel), nicht jedoch größerer Moleküle (z. B. Kochsalz oder Eiweiß) ermöglicht. Bestehen in den gelösten Stoffen Konzentrationsunterschiede zwischen den beiden durch die Membran getrennten Räumen, so tritt Wasser bzw. Lösungsmittel durch die Membran, und zwar auf die Seite mit einer höheren Konzentration der gelösten Stoffe, um diese Konzentrationsunterschiede auszugleichen.

Milchsäure

Stoffwechselprodukt der Milchsäurebakterien, das durch Milchsäuregärung in Sauermilcherzeugnissen (Joghurt, Dickmilch, Kefir) entsteht. Milchsäure wirkt antibakteriell.

Chemisch ist Milchsäure ($C_3H_6O_3$) eine Hydroxycarbonsäure. Die Salze und Ester der Milchsäure heißen Laktate. Laktate sind wasserlöslich.

Mischverseifung
Verseifung mit einer Kombination aus KOH und NaOH, z. B. für Rasierseifen.

Myristinsäure
Gesättigte Fettsäure mit 14 C-Atomen. In Kombination mit Laurinsäure (12 C-Atome) ergibt sie feste Seifen, die üppig schäumen.

NaOH
Natriumhydroxid (Ätznatron, kaustisches Soda; chem. Formel: NaOH) ist ein weißer, hygroskopischer Feststoff und dient üblicherweise als Lauge bei der Herstellung fester Seifen.

Natriumzitrat (E331)
Ungefährlicher Konservierungsstoff in der Lebensmittelindustrie. Wird der Seife als Wasserenthärter zugesetzt, um Kalkseifen zu verhindern.

Oberflächenspannung
Bestreben von Flüssigkeiten, ihre Oberfläche klein zu halten. Dadurch kommt es zur Bildung von Wassertropfen.

Oleinsäure
Einfach ungesättigte Fettsäure mit 18 C-Atomen; Hauptbestandteil von Olivenöl.

Olivenbutter
Hauptbestandteile: 50–54% Ölsäure, 28–30% Stearinsäure, 12–14% Palmitinsäure; VZ_{KOH}: 185–196; Unverseifbares: ca. 1%; Haltbarkeit: ca. 6 Monate (gekühlt).

Osmose
Spontanes Durchtreten von Wasser oder einem anderen Lösungsmittel durch eine semipermeable Membran, die für das Lösungsmittel, jedoch nicht für die darin gelösten Stoffe, durchlässig ist.

Oxidation
Chemischer Vorgang, bei dem ein Stoff (z. B. eine Fettsäure) mit Sauerstoff (zumeist aus der Luft) reagiert. Rost ist z. B. ein Oxidationsprodukt von Eisen. Wenn Fettsäuren oxidieren, werden sie ranzig.

Palmitinsäure
Gesättigte Fettsäure mit 16 C-Atomen. Sorgt für feste Seifen und stabilisiert den Schaum.

Paraffin
Gemisch aus gesättigten Kohlenwasserstoffen. Es schmilzt bereits bei niedrigen Temperaturen, ist ölig oder wachsartig, brennbar, ungiftig, wasserabstoßend, geruch- und geschmacklos.

Parfümöl
Flüssiges Gemisch, das meist aus Alkohol und Riechstoffen besteht. Für die Seifenherstellung sind nur Parfumöle geeignet, die nicht in Alkohol gelöst sind.

Peroxidzahl
Maßzahl für die Beurteilung des Verderbs bzw. der Ranzigkeit von Fetten/Ölen. Je höher die POZ, desto mehr ist das Fett bereits oxidiert (ranzig).

pH-Wert
Skala von 1 bis 14, die die Säure- bzw. Laugeneigenschaften von chemischen Substanzen misst. < 7 = sauer; > 7 = basisch; 7 = neutral.

Pigment
Natürliche oder synthetische (organische oder anorganische) unlösliche Farbstoffe, die oft aus Metalloxiden bestehen.

Proteine
Eiweiße, bestehend aus langen Ketten von Aminosäuren. Sie wirken in der Seife als Emulgatoren und Schutzkolloide und sorgen für feinporigen, cremigen Schaum. Der Zusatz von Proteinen führt zu einer starken Temperaturerhöhung im Seifenleim und kann dadurch Denaturierung verursachen. Proteine dicken den Seifenleim an.

Ranzigwerden (Ranzen)
Oxidativer Prozess, bei dem Fettsäuren mit Luftsauerstoff reagieren. Die entstehenden Abbauprodukte verursachen den typischen ranzigen Geruch. Dies betrifft sowohl Öle und Fette als auch die fertige Seife und führt langfristig zum Verderb des Produkts. Durch den Zusatz von Antioxidantien und richtige Lagerung kann diesem natürlichen Prozess entgegengewirkt werden.

Rasierseife
Spezialseife, die eine besonders hautschonende und gleichzeitig gründliche Rasur ermöglicht. Sie wird meist durch Mischverseifung mit KOH und NaOH hergestellt. Oft werden spezielle Zusätze wie Kaolin verwendet.

Reaktionsbedingungen
Bei der handwerklichen Herstellung von Seifen sind vor allem Temperatur, Flüssigkeitsmenge (Laugenkonzentration) und Rührgeschwindigkeit von Bedeutung.

Reifezeit
Benötige Lagerzeit der Seife, bis das gesamte Wasser von der Oberfläche verdunstet ist. Kann in Abhängigkeit von der Fettsäurezusammensetzung von vier Wochen bis zu eineinhalb Jahren betragen. Wird durch Wiegen der gelagerten Seife ermittelt. Bleibt das Gewicht konstant, ist die Seife reif. Die Verseifungsreaktion selbst ist bereits nach 2–3 Tagen abgeschlossen.

Rinseoff-Produkt
Begriff aus der Kosmetik für Produkte, die beim Gebrauch innerhalb kurzer Zeit von der Haut abgewaschen werden. Hierzu gehören auch Seifen. Durch die kurze Kontaktzeit mit der Haut sind die Ansprüche an Rinseoff-Produkte in Bezug auf Allergien und Hautverträglichkeit niedriger als an Produkte mit langer Einwirkzeit (z. B. Hautcremes). Andererseits ist es mit Rinseoff-Produkten nicht möglich, dieselben pflegenden Effekte zu erzielen.

Rizinusöl, Ricinusöl
Pflanzenöl, das aus den Samen des tropischen Wunderbaums (Ricinus communis) gewonnen wird. In der Pharmazie auch Oleum Ricini s. Castoris, Oleum Ricini virginale und Kastoröl genannt. Es besteht aus verschiedenen Triglyceriden, die als wesentliche Fettsäure (über 85%) Ricinolsäure enthalten. Rizinusöl als Seifenbasis schäumt schwach, unverseifte Ricinolsäure führt hingegen zu starker Schaumbildung. Wird durch den starken hygroskopischen Effekt oft in Haarseifen und in der Shampooherstellung verwendet.

Rohstoffe
Naturprodukte, deren Qualität und Haltbarkeit mit jeder Charge schwanken. So können in gleicher Weise hergestellte Seifen durchaus verschieden lang haltbar sein.

Rosmarin
Immergrüner Strauch mit intensivem, aromatischem Duft. Er enthält 2,5% ätherische Öle, 8% Gerbstoff, Flavonoide, Glycolsäure, Bitterstoffe, Saponine und Harze. Rosmarin wirkt antibakteriell und ist ein natürliches Konservierungsmittel in Seifen. Er ist seit langem traditioneller Bestandteil von Parfüms („Ungarisches Wasser", „Kölnischwasser").

Säurezahl (SZ)
Kennzahl, die den Gehalt an freien Fettsäuren in einem Fett bzw. Öl definiert. Je höher die Säurezahl, desto ranzanfälliger ist das Öl.

Salz
Aus Steinsalz, Siedesalz und Meersalz gewonnene kristalline Substanz, die in der Seifenherstellung für Salzseifen verwendet wird. Handelsübliches Kochsalz ist nahezu reines Natriumchlorid

(NaCl), das in Spuren Wasser und bis zu 2,5% Fremdsalze (darunter Magnesium- und Calciumsalze) sowie verschiedene Spurenelemente enthält.

Schutzkolloid
Hochmolekulare Verbindungen, die bei der Seifenherstellung ein Ausfällen bzw. Zusammenklumpen der Primärpartikel verhindern. Sie haben einen hydrophoben Teil, der sich an die Primärpartikel anlagert, und einen hydrophilen Teil, der sich der wässrigen Phase zuwendet. Durch diese Anlagerung an der Grenzfläche verringern sie die Grenzflächenspannung und verhindern die Agglomeration der Primärteilchen. Zudem erhöhen sie die Viskosität an der Grenzfläche und, da alle Schutzkolloide große Mengen an Wasser binden, erhöht sich gleichzeitig die Viskosität der betreffenden Dispersion.

Semipermeabilität
Eigenschaft von substanziellen oder physikalischen Grenzflächen (oft Membranen), „halbdurchlässig" zu sein: Kleine Moleküle können durchwandern, während größere Moleküle durch die Membran daran gehindert werden.

Sheabutter
Hauptbestandteile: 39–60% Ölsäure, 25–51% Stearinsäure; VZ_{KOH}: 165–188; Unverseifbares: 2–10%; Haltbarkeit: ca. 24 Monate (gekühlt). Je nach Anbaugebiet schwankt die Zusammensetzung stark.

Sicherheitsdatenblatt
Zusammenfassende Darstellung aller Stoffeigenschaften, die für den sicheren Umgang mit dem Stoff von Bedeutung sind, einschließlich Hinweisen zur korrekten Lagerung und Entsorgung sowie Verhaltensanweisungen im Falle von Freisetzung des Stoffes oder Kontakt mit Haut oder Schleimhäuten.

Sodaasche
Natriumkarbonat, das sich als lose weiße Schicht auf der Oberfläche von Seifen bildet, welche im Kaltverfahren hergestellt wurden. Entsteht durch eine Reaktion von Natrium in der Seife mit Kohlendioxid aus der Luft. Harmlose Nebenerscheinung, die trocken von der Seifenoberfläche abgewischt werden kann.

Sojawachs
Schmelzpunkt: 50–55°C (abgekühlt bleibt es bis ca. 30°C flüssig); VZ_{KOH}: 193; Unverseifbares: 0,2–2%.

Stärke
Komplexes Kohlenhydrat, wichtiger Inhaltsstoff von Pflanzen. In der Seife wirkt Stärke als Konsistenzgeber, unterstützt die Bildung eines cremigen Schaums und wirkt als Schutzkolloid. In höherer Dosierung führt es zur Temperaturerhöhung im Seifenleim und kann denaturieren.

Stearinsäure
Gesättigte Fettsäure mit 18 C-Atomen. Sorgt für feste Seifen und stabilisiert den Schaum.

Syndet
Abkürzung für „synthetisches Detergens". Synthetisch hergestellte waschaktive Substanz, die zur Gruppe der Tenside gehört und zu Reinigungszwecken verwendet wird.

Tenside
Substanzen, die die Oberflächenspannung einer Flüssigkeit oder die Grenzflächenspannung zwischen zwei Phasen herabsetzen und so die Bildung von Dispersionen ermöglichen oder unterstützen.

Überfettung
Bewusste Unterdosierung der Lauge im Seifenrezept, um in der fertigen Seife einen höheren Gehalt an nicht verseiften Fetten und somit eine besonders gute Hautverträglichkeit zu erzielen. Die Waschkraft wird damit allerdings reduziert und die Haltbarkeit der Seife verkürzt.

ungesättigt (Fettsäuren)
Ungesättigte Fettsäuren enthalten eine oder mehrere Doppelbindungen zwischen den C-Atomen.

Unverseifbares
Natürliche Fette enthalten neben Fettsäuren auch andere Bestandteile (höhere Alkohole, Kohlenwasserstoffe, Triterpene, Vitamine etc.), die nicht verseifen und in der fertigen Seife verbleiben oder beim Verseifungsprozess denaturieren. Sie können die Eigenschaften der Seife sowohl positiv (z. B. antioxidativ) als auch negativ (erhöhte Ranzanfälligkeit) beeinflussen.

Verseifungsreaktion
Die jedem Seifenherstellungsprozess zugrunde liegende Reaktion zwischen Lauge (in der Regel NaOH oder KOH) und Fetten bzw. Ölen, bei der letztere in Fettsäureester (Seifen) und Glycerin aufgespalten werden.

Wollwachs (Lanolin) Schmelzpunkt: 38–48°C; VZ_{KOH}: 90–110; Unverseifbares: 45%.

WWF (World Wide Fund For Nature)
1961 gegründete Stiftung und eine der größten internationalen Natur- und Umweltschutzorganisationen, die sich für den Erhalt der biologischen Vielfalt der Erde, die nachhaltige Nutzung natürlicher Ressourcen und die Eindämmung von Umweltverschmutzung und schädlichem Konsumverhalten einsetzt.

Zeichnen (Seifenleim)
Der Seifenleim zeichnet, wenn er seine Konsistenz so verändert, dass eine kleine Probe des Leims, die man entnimmt und in das Gemisch zurückgießt, auf der Oberfläche Linien bildet.

Zersetzungstemperatur
Temperatur, bei der es zur Zersetzung (Abbau, Degradierung) einer chemischen Verbindung in kleinere Moleküle oder in einzelne Elemente kommt. Haushaltszucker zersetzt sich z. B. bei Temperaturen über 160°C, Fruchtzucker ab 106°C, Traubenzucker ab 83°C (Monohydrat), Maltose ab 160°C, Milchzucker ab ca. 220°C und Honigprotein bereits ab ca. 80°C.

Zucker
Vielfältige Stoffe aus der Gruppe der Kohlenhydrate, die in der Seifenherstellung eingesetzt werden, um die Schaumbildung zu unterstützen und einen stabilen, cremigen Schaum zu erzeugen. Zucker machen den Seifenleim fließfähiger. Bis auf Haushaltszucker (Saccharose) heizen sie den Seifenleim auf. Durch die starke Temperaturentwicklung kann es zur Denaturierung (Karamellisierung) und zu Geruchsentwicklungen kommen.

Literaturverzeichnis

1) http://www.chemie.de/lexikon/Tenside.html, aufgerufen am 12.12.16.
2) G. Vollmer, M. Franz, Chemie in Bad und Küche, Thieme Verlag, 1991, S. 21.
3) https://www.leo-bw.de/web/guest/detail-gis/-/Detail/details/DOKUMENT/wlb_rationierungsmarken/00005897/Seifenkarte, aufgerufen am 05.05.18.
4) http://landbote.info/wetterau-anno-1918/; Foto Ausstellung des Friedberger Wetterau-Museums zum Ersten Weltkrieg; aufgerufen am 04.05.18.
5) http://www.bezirksmuseum.at/de/bezirksmuseum_6/bezirksmuseum/geschichtstexte/contentfiles/641/Bezirke/Bezirk-06/1914_-_Text_29.09.2015.pdf, aufgerufen am 04.05.2018.

6) Kelvin M. Dunn, Scientific Soapmaking, The Chemistry of the Cold Process, Clavicula Press, VA, 2010.

7) https://web.archive.org/web/20170321170437/http://www.olionatura.de/_oele/fettkennzahlen.php

8) W. Kind, J. Nüßlein, Der waschtechnische Wert von Schaum, Fette und Seifen, Heft 6, 1941.

9) F. Greiner, Aktuelle Technologien in der Kosmetik, Hüthig Verlag 1987, S. 132.

10) Dr. H. Schönfeld, Chemie und Technologie der Fette und Fettprodukte, Bd. 4, Springer Verlag, 1939, S. 138.

11) F. Greiner, Aktuelle Technologien in der Kosmetik, Hüthing Verlag 1987, S. 138.

12) https://utopia.de/oeko-test-rapsoel-67778/; aufgerufen am 12.10.18.

13) https://www.lgl.bayern.de/lebensmittel/warengruppen/wc_13_fette_oele/ue_2008_pflanzenoele.html; aufgerufen am 23.06.18.

14) E. Schwarz, H.W. Spier, G. Stüttgen, Normale und pathologische Physiologie der Haut II, Springer Verlag, 1997.

15) O.Braun-Falko, M. Gloor, H.C. Korting, Nutzen und Risiko von Kosmetika, Springer Verlag, 2000.

16) F. Büchner, E. Letterer, F. Roulet, Handbuch der Allgemeinen Pathologie, Bd. 4, Springer Verlag, 1959.

17) http://skincare.dermis.net/content/e01aufbau/e585/index_ger.html; aufgerufen am 06.06.16.

18) http://www.gesundheitsfoerdernde-hochschulen.de/Inhalte/B_Basiswissen_GF/B9_Materialien/B9_Dokumente/Dokumente_international/19Verf_WHO_BZgA93.pdf ; aufgerufen am 25.05.18.

19) Krammer et al., Klinische Antiseptik, Springer Verlag, 1993.

20) Greiner Franz, Aktuelle Technologien der Kosmetik, Hüthing Verlag, S. 149.

21) W. Worret, W. Gehring, Kosmetische Dermatologie, 2. Auflage, Springer Verlag, 2008, S. 36.

22) G. Vollmer, M. Franz, Chemie in Bad und Küche, Thieme Verlag, 1991, S. 19.

23) https://www.infektionsschutz.de/haendewaschen/; aufgerufen am 16.06.18.

24) Centers for Disease Control and Prevention. Guideline for Hand Hygiene in Health-Care Settings: Recommendations of the Healthcare Infection Control Practices Advisory Committee and the HICPAC/SHEA/APIC/IDSA Hand Hygiene Task Force. MMWR 2002; 51.

25) Freeman MC, Stocks ME, Cumming O, Jeandron A, Higgins JP, Wolf J, Prüss-Ustün A, Bonjour S, Hunter PR, Fewtrell L, Curtis V. Hygiene and health: systematic review of handwashing practices worldwide and update of health effects. Trop Med Int Health. 2014 Aug;19(8):906-16. doi: 10.1111/tmi.12339. Epub 2014 May 28. Review. PubMed PMID: 24889816

26) https://uanews.arizona.edu/story/germs-spread-fast-at-work-study-finds

27) https://www.fsis.usda.gov/wps/wcm/connect/9bb3a252-e12e-40e5-b76b-cb46a2322c3f/FSCRP_Year+2_Final_Aug2019.pdf?MOD=AJPERES, aufgerufen am 18.11.19.

28) Heinze, J. E., & Yackovich, F. (1988). Washing with contaminated bar soap is unlikely to transfer bacteria. Epidemiology and infection, 101(1), 135–142. doi:10.1017/s0950268800029290

29) https://www.verwaltung.steiermark.at/cms/dokumente/11683559_74836296/61594a2c/203%20bis%20214%20aus%20Mitteilungen%2042-43-%20Lebensbedingungen%20der%20Schimmelpilze.pdf; aufgerufen am 16.06.18.

30) Worret, Gehring, Kosmetische Dermatologie, Springer Verlag, 2004, S. 40.

31) H. Janistyn, Handbuch der Kosmetika und Riechstoffe, Bd. 1, Hüthing Verlag, 1978, S. 427.

32) Dr. H. Schönfeld, Chemie und Technologie der Fette und Fettprodukte, Bd. 4, Springer Verlag, 1939, S. 330.
33) C. Garbe, G. Rassner, Dermatologie: Leitlinien und Qualitätssicherung für Diagnostik und Therapie, Springer Verlag, 1998, S. 335.
34) https://www.wissen.de/raetsel/runzelige-haut, aufgerufen am 24.09.18.
35) https://www.karger.com/Article/FullText/328223, aufgerufen am 07.07.19.
36) Kirschner und Göppel, Handbuch der Pflanzenöle: für Praxis, Wellness und Hausapotheke, Param Verlag, 2014.
37) Silke Restemeyer, DGE, 20.06.2014, in https://www.welt.de/gesundheit/article129297808/
38) Ch.Gertz - DGF Workshop „Fast Alles über Rapsöl", Hagen, Nov 2005; in: http://www.dgfett.de/meetings/ archiv/hagen2005/gertz1.pdf, aufgerufen am 01.03.18.
39) https://www.lung.mv-regierung.de/wasser_daten/Dateien/Kap_4_2_2_3_Schwermetall.html, aufgerufen am 01.03.18.
40) https://www.biorama.eu/kokosoel_palmoel/, aufgerufen am 27.07.19.
41) https://www.regenwald.org/themen/palmoel/kokosoel-keine-alternative-zu-palmoel#topics
42) https://lebensmittel-warenkunde.de/lebensmittel/fette-oele/tierische-fette/rindertalg.html, aufgerufen am 08.05.18.
43) https://www.lebensmittellexikon.de/sch00200.php, aufgerufen am 06.05.18.
44) https://www.spektrum.de/lexikon/ernaehrung/rinderfett/7656, aufgerufen am 07.05.18.
45) https://www.spektrum.de/lexikon/ernaehrung/schmalz/7930, aufgerufen am 01.02.18.
46) https://www.pexels.com/de/foto/aroma-einmachglas-essen-gefass-725998, aufgerufen am 01.02.18.
47) https://www.lebensmittellexikon.de/g0000220.php, aufgerufen am 12.01.18.
48) http://www.lebensmittelklarheit.de/produkte/gaenseschmalz, aufgerufen am 07.05.18.
49) Kelvin M. Dunn, Scientific Soapmaking, The Chemistry of the Cold Process, Clavicila Press, Farmville, 2010, Seite 303 ff.
50) http://images.umweltberatung.at/htm/duftstofffolder.pdf, aufgerufen am 09.08.18.
51) http://www.umweltbundesamt.de/themen/gesundheit/umwelteinfluesse-auf-den-menschen/chemische-stoffe/duftstoffe, aufgerufen am 06.07.18.
52) http://duftstoffverband.de/duft/duftlexikon, aufgerufen am 30.05.18.
53) Günther Ohloff, Irdische Düfte, Himmlische Lust. Eine Kulturgeschichte der Duftstoffe, Birkhäuser, Seite 11.
54) https://www.bmgf.gv.at/home/Gesundheit/VerbraucherInnengesundheit/Kosmetische_Mittel/EU-Kosmetikverordnung, aufgerufen am 07.07.18.
55) https://www.buzer.de/s1.htm?g=kosmetikv+1997undf=1, aufgerufen am 06.07.18.
56) Hugo Janistyn, Handbuch der Kosmetika und Richstoffe, Bd 1, 3. Auflage, Hüting Verlag, S. 671.
57) https://www.jean-puetz-produkte.de/news/gefaehrliche-aetherische-oele.php, aufgerufen am 15.08.18.
58) Dr. H. Schönfeld, Chemie und Technologie der Fette und Fertigprodukte, Bd. 4, Springer Verlag, 1939, S. 419 ff.
59) F. Winter, Die moderne Parfümerie, Springer Verlag, 1949, S. 845.
60) Dr. H. Schönfeld, Chemie und Technologie der Fette und Fettprodukte, Seifen und seifenartige Stoffe, Bd. 4, Springer Verlag, 1939, S. 403ff.

61) https://ethz.ch/de/news-und-veranstaltungen/eth-news/news/2016/11/cadmium-im-boden-und-in-kakaobohnen.html, aufgerufen am 01.08.19.

62) https://www.global2000.at/publikationen/pestizid-cocktail-schokoladen, aufgerufen am 02.08.19.

63) https://www.olionatura.de/oele-und-buttern/cupuacubutter, aufgerufen am 29.06.18.

64) J. Pütz, Ch. Nikas, Das Lexikon der sanften Kosmetik, VGS Verlagsgesellschaft, Köln, 1988, S. 86.

65) http://www.alles-zur-allergologie.de/Allergologie/Artikel/4404/Allergen, Allergie/Wollwachs/Wollwachsalkohle/, aufgerufen am 11.04.18.

66) G. Vollmer, M. Franz, Chemie in Bad und Küche, Thieme Verlag, S. 23.

67) Dr. Otto Lange, Technik der Emulsionen, Springer Verlag, 1929, S. 144 ff.

68) Petra Neumann, Seifen sieden, Eugen Ulmer, 2018, S. 150.

69) O. Braun-Falko, H.C. Kotimg, Griesbach Konferenz, Hautreinigung mit Syndets, Springer Verlag, 1990, S. 137 ff.

70) https://gesund.co.at/meersalz-heilende-wirkung-haut-26572/, aufgerufen am 10.10.18.

71) W. Kölle, Wasseranalysen richtig beurteilen, Wiley-VCH, 2001.

72) https://spatacular.de/5-tipps-minimalismus, aufgerufen am 23.11.18.

73) https://www.welt.de/icon/beauty/article163411734/Warum-die-neuen-Cremes-kaum-noch-Inhaltsstoffe-haben.html, aufgerufen am 20.11.18.

74) http://kosmish.de/blog/2018/02/22/kosmetik-fasten, aufgerufen am 23.11.18.

75) https://www.carlroth.com/downloads/sdb/de/6/SDB_6771_AT_DE.pdf, aufgerufen am 12.10.18.

76) file:///J:/Downloads/105033_SDS_DE_DE%20(2).PDF, aufgerufen am 23.11.18.

77) https://www.carlroth.com/downloads/sdb/de/4/SDB_4351_DE_DE.pdf, aufgerufen am 12.10.18.

78) http://www.auva.at/cdscontent/load?contentid=10008.544559, aufgerufen am 29.11.18.

79) http://www.hedinger.de/uploads/media/Natriumhydroxid_v013.pdf

80) Dr. H. Schönfeld, Chemie und Technnologie der Fette und Fettprodukte, Seifen und seifenartige Stoffe, Springer Verlag, S. 175.

81) Kelvin M. Dunn, Scientific Soapmaking, The Chemistry of the Cold Process, Clavicila Press, Farmville, 2010, S. 317 ff

82) Kelvin M. Dunn, Scientific Soapmaking, The Chemistry of thr Cold Process, Clavicila Press, Farmville, 2010, S. 287.

83) Dr. H. Schönfeld, Chemie und Technologie der Fette und Fettprodukte, Seifen und seifenartige Stoffe, Springer Verlag, S. 175.

84) Deutsche Gesellschaft für Fettwissenschaft e.V.; http://www.dgfett.de/, aufgerufen am 10.01.19.

85) https://www.olionatura.de, aufgerufen am 10.01.19.

86) http://home.snafu.de/helmert/Milch/ Materialien_Downloads/milch.pdf, aufgerufen am 27.03.2018.

87) W. Grimmer, H. Weigmann, Handbuch der Milchwirtschaft, Bd. 1, Springer Verlag, 1930.

88) Dr. H. Schönfeld ,Chemie und Technologie der Fette und Fettprodukte, Bd. 4, Springer Verlag, 1939, S. 229.

89) https://eur-lex.europa.eu/LexUriServ/LexUriServ.do?uri=OJ:L:2009:342:0059:0209:DE:PDF, aufgerufen am 06. 01.19.

90) http://www.alles-zur-allergologie.de/Allergologie/Artikel/3688/Allergen,Allergie/Duftstoffe, aufgerufen am 06. 01.19.

91) https://www.allum.de/stoffe-und-ausloeser/sanierung/deklarationspflichtige-duftstoffe, aufgerufen am 06. 01.19.

92) https://www.bfr.bund.de/cm/343/bfr_empfiehlt_europaweit_einheitliche_regelung_fuer_den_einsatz_neuer_duftstoffe_in_kosmetischen_mitteln.pdf

93) https://www.allum.de/stoffe-und-ausloeser/sanierung/deklarationspflichtige-duftstoffe

Autorenbiografie

Dr. Ing. Jelena Voss, geboren in Moskau, ist promovierte Verfahrenstechnikerin und kann auf eine jahrzehntelange Berufslaufbahn in Forschung, Lehre und Industrie zurückblicken. Seit einigen Jahren setzt sie sich mit der handwerklichen Herstellung von Naturseifen auseinander. Ihr besonderes Interesse gilt den gesundheitlichen, hygienischen und medizinischen Aspekten von Hautreinigung und -pflege. www.jelenas-naturseifen.at

Dr. med. Michael Mandak ist niedergelassener Facharzt für Innere Medizin. Er studierte in Graz Humanmedizin und klassisches Saxophon. Neben seiner mehr als 30-jährigen Berufserfahrung als Arzt ist er als Musiker, Kabarettist und freiberuflicher Autor tätig. Sein persönlicher Interessensschwerpunkt ist die Wechselwirkung von Musik, Gesundheit und Wohlbefinden.

Danksagung

Dieses Buch widmen wir unserer Familie. Vielen Dank an unsere Tochter, Dr. rer. nat. Constance Maria Voss, die ihr chemisches und biochemisches Detailwissen theoretisch und in der Praxis bei vielen gemeinsamen Experimenten eingebracht und das Kapitel „Herstellung von Hydrolaten" verfasst hat. Lieben Dank auch an unsere Tochter Bianca für viele Anregungen und an unser Enkelkind Lenny für das Interesse am Lesen.

Constance Maria

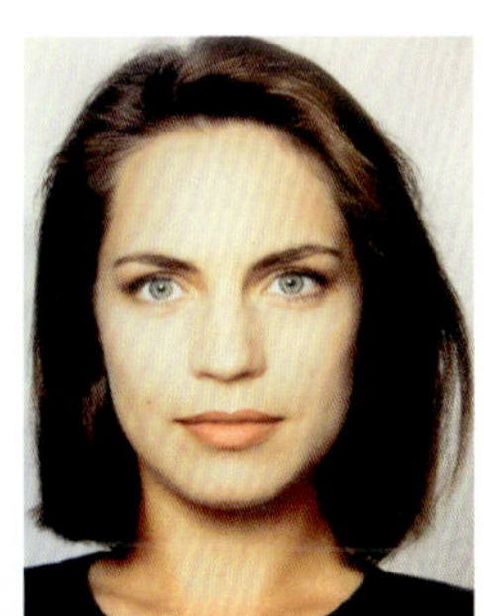

Bianca

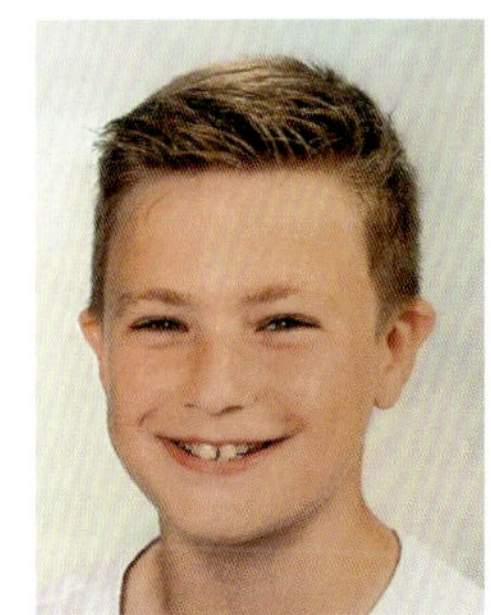

Lenny

Wir bedanken uns beim Braumüller Verlag und bei unseren Lektorinnen Anita Luttenberger und Viktoria Schmidtmayr und der Grafikerin Ines Flattinger für die hervorragende Betreuung.

Impressum
Bibliografische Information der Deutschen Nationalbibliothek
Die Deutsche Nationalbibliothek verzeichnet diese Publikation in der Deutschen Nationalbibliografie; detaillierte bibliografische Daten sind im Internet über http://dnb.d-nb.de abrufbar.

1. Auflage 2020

Servitengasse 5, A-1090 Wien
www.braumueller.at

Fotos: © Jelena Voss
Andere Quellen:Daniela Klemencic: S. 27, 57, 79, 81, 84, 112, 114, 121, 122, 123, 125, 126/127, 131, 132/133, 134, 143, 144, 145, 146, 160, 164-166, 181, 185; S. 5: shutterstock/© Kate Babiy; S. 6: shutterstock/© Nataliia Melnychuk; S. 10/11: shutterstock/© images72; S. 13: © Wikimedia Commons (Public Domain); S. 14: shutterstock/© CK2 Connect Studio; S. 16: shutterstock/© Pixel-Shot; S. 17: shutterstock/© malialeon; S. 20: shutterstock/© LightField Studios; S. 23: © Wikimedia Commons (Public Domain); S. 27: shutterstock/© focal point, shutterstock/© Peter Hermes Furian, shutterstock/© baibaz; S. 33: shutterstock/ © New Africa; S. 36: shutterstock/© Anna Hoychuk; S. 37: shutterstock/© Paladjai; S. 38: shutterstock/© Alila Medical Media; S. 40: shutterstock/© N E O 6 i A M, shutterstock/©Piyawat Nandeenopparit; S. 41: shutterstock/© Andrew Fisenko; S. 46: shutterstock/© graphixmania, shutterstock/©Loladelic; S. 48: shutterstock/ © 3drenderings; S. 53: shutterstock/© NuTz; S. 55: shutterstock/© PV productions; S. 64: shutterstock/© D. Pimborough; S. 65: shutterstock/© Victorl; S. 87: shutterstock/© New Africa; S. 88: shutterstock/© Africa Studio; S. 93: shutterstock/ © P-fotography; S. 94: shutterstock/© hlphoto; S. 107: shutterstock/© nadianb; S. 111: shutterstock/© images72; S. 118/119: shutterstock/© cr-P-fotography; S. 124: shutterstock/© mdbildes; S. 149: shutterstock/© Kiryl Lis; S. 151: © Dr. Richter Premiumdestillen; S. 155: shutterstock/© Africa Studio; S. 156: shutterstock/ © sun ok, shutterstock/© domnitsky; S. 157: shutterstock/© Danny Smythe, shutterstock/© spline_x; S. 158/159: shutterstock/© Svittlana; S. 248/249: shutterstock/© catalina.m; S. 332: shutterstock/© Antonova Ganna; S. 341: shutterstock/© Gulsina; S. 347: © Wikimedia Commons (Public Domain); © Fotostudio Sissy Furgler, Graz.

Lektorat: Viktoria Schmidtmayr
Druck und Bindung: optimal media GmbH, Röbel/Müritz
ISBN 978-3-99100-310-6